Service Manner

비즈니스맨과 취업준비생을 위한 필독서

서비스매너

장순자 지음

백산출판사

머리말

오늘날 많은 기업들이 기업의 브랜드 가치를 향상시킬 수 있는 중요한 핵심요소 중 하나로 고객과 관계된 현장업무를 꼽고 있다. 또한 기업 운영도 서비스 중심 조직으로 구성하고 종사원들도 고객 중심 마인드로 업무를 수행하도록 훈련시키고 있다.

이처럼 기업의 종사원들이 고객 중심 마인드로 무장하고 올바른 서비스 자세와 태도로 체화되어 편안한 서비스를 제공하여 고객을 환대함으로써 기업의 경쟁력은 향상되는 것이다. 따라서 기업에서는 직원을 채용할 때부터 대인관계에 있어서 호감 가는 이미지를 바탕으로 기본적인 서비스매너를 갖춘 사람들을 채용하려 애쓰고 있다.

서비스매너는 비즈니스 현장에서만 필요한 것이 아니라 공공장소나 해외여행 등 일상생활에서도 폭넓게 활용되고 있다. 특히 요즘같이 취업이 어려운 상황에서는 면접력 강화를 위해 이미지 메이킹과 서비스매너 훈련을 통해 더욱 좋은 이미지와 올바른 서비스매너를 가질 수 있도록 자신을 업그레이드할 필요가 있다.

그동안 서비스매너관련 교재들은 주로 호텔이나 항공 등 관광이나 외식산업 종사자들의 교육교재로 활용되어 왔으나, 최근에는 관공서나 병원, 백화점, 일반 기업체의 직원들에게도 서비스매너의 중요성이 확산됨으로써 그 활용범위가 점차 확대되어 가고 있다. 직장인들이나 일반인들도 대인관계에서의 성공을 위하여 매너에 대해 많은 관심을 가지고 있다.

이처럼 서비스매너에 대한 관심이 증가함에 따라 보다 전문적이고 체계화된 교재가 절실히 필요한 상황이다. 이에 저자는 호텔과 항공사 및 공항공사 등 관광서비스업체에서 최근까지 오랫동안 서비스 현장에서 근무한 경력과 대학교 항공서비스학과 교수로서의 이론 연구를 바탕으로 올바르고 이해하기 쉬운 서비스매너 교재를 집필하게 되었다.

PREFACE

본 교재는 총 3편으로 구성되어 있다. 제1편은 매너 이론편으로 서비스 · 이미지 · 고객과 대인관계 등에 있어서의 올바른 매너의 역할과 중요성을 인식할 수 있도록 설명하였고, 제2편은 기본 매너 실무편으로 이론과 함께 실습을 병행할 수 있도록 하였다. 주요 내용은 이미지 메이킹 요소인 표정 · 인사 · 자세태도 · 용모복장 · 말씨화법 · 전화 등의 매너를 상세한 실습방법과 함께 자기평가를 통해 피드백할 수 있도록 하였다. 마지막으로 제3편은 매너 활용편으로 직장에서의 매너를 비롯하여 글로벌한 일상생활의 다양한 공공현장에서 실제적으로 활용할 수 있는 매너들로 구성하였다. 전반적으로 서비스매너를 잘 모르는 일반인도 쉽게 이해하고 습득할 수 있도록 상세히 설명하는 한편, 관련 그림과 사진을 많이 삽입하였고 주요 정보나 비법은 별도로 정리하여 이해를 도왔다.

이 책은 특히 최신자료를 중심으로 내용을 작성하였으며, 한 학기 강의교재로 활용할 수 있도록 전체적인 내용의 흐름과 강의 분량을 고려하여 13장으로 구성하였다. 본서가 대학의 강의 교재뿐만이 아니라 일반인 · 비즈니스맨 · 서비스업체 종사원 · 서비스관련 학과 학생과 취업준비생을 비롯해서 기업과 서비스맨 양성기관의 서비스매너 교재로도 많이 이용되기를 바란다.

그동안 저자의 졸저 「서비스 매너」를 참고하고 활용하여 주신 선 · 후배 및 교수님들의 큰 격려에 머리 숙여 감사를 드린다. 처음 책을 출간할 때 면밀히 검토하였으나 몇 군데 오 · 탈자를 발견하고 아쉬웠는데, 다행히 조속히 재판이 진행되어 바로잡을 수 있게 되었다.

마지막으로 향후 배전의 노력으로 본서의 미흡한 부분에 대해서는 보완할 계획임을 약속드리며, 여러모로 도와주신 출판사 관계자 여러분께 감사함을 전한다.

2015년 7월
저자

차　례

제 1 편　매너 이론편

제 **3** 편 매너 활용편

제 **1** 편

매너 이론편

서비스와 매너 / 이미지와 매너 / 고객 및 대인관계와 매너

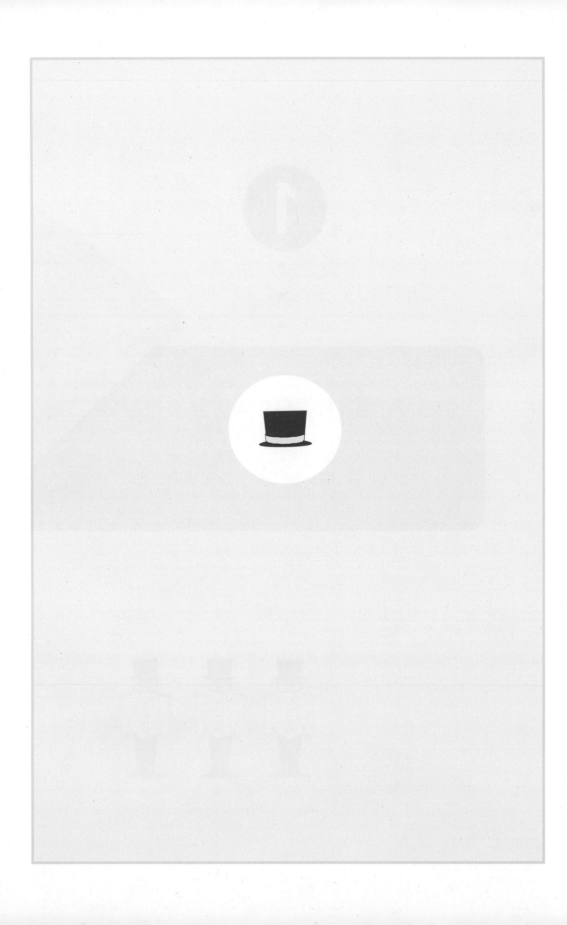

제 1 장 서비스와 매너

제1절 서비스의 이해

1 서비스의 개념

1) 서비스의 의미

미국의 마케팅협회에 의하면 '서비스란 판매를 위하여 제공되거나, 또는 제품의 판매와 관련해서 준비되는 여러 활동, 편익, 만족'이라고 정의되고 있으며, 오락서비스, 호텔서비스, 수송서비스 등을 예로 들고 있다.

서비스의 어원은 라틴어로 servitium(노예 봉사)이며 'sevrus'에서 오늘날 사용하는 'service'로 정착되었다. 시대적 특성에서 알 수 있듯이 초기에는 '노예계층의 의무적인 성격을 지닌 봉사 행위'의 개념으로 인식되었다.

- 현대적 개념의 서비스는 주로 다음과 같은 의미로 사용하고 있다.
  ① 무료 제공의 의미 : 덤(플러스 알파적인 요소), 식사 후 제공되는 후식이나 주문하지 않은 서비스의 제공 등이 있다.

② 사후관리의 의미 : 애프터 서비스(after service), 물품 판매 후 고장 수리, 고객 관리를 위한 정보 제공이나 불편사항 해결 등. 애프터서비스는 기업의 주요 전략이고, 최근에는 사전 관리(before service) 서비스 전략을 추구하기도 한다.

③ 봉사의 의미 : 의료 서비스, 각종 민원 서비스 등의 의미. 주로 보수를 바라지 않고 타인을 위해 봉사하는 것을 말하며, 공공장소나 소외된 계층을 중심으로 이루어지는 봉사활동이 있다.

④ 친절한 행위 : 환대(hospitality), 호텔이나 레스토랑에서 고객을 상대로 접대하는 서비스의 본질적인 의미로 오늘날 관광, 의료산업 서비스 현장에서 광범위하게 사용되고 있다.

2 서비스의 특성

서비스는 보이는 유형적인 상품이 아니라 보이지 않는 무형재라고 할 수 있다. 그러면서도 보이는 것보다는 더욱 강하게 작용하는 속성이 있다. 유형재의 제품과 비교하여 볼 때 무형적 서비스의 주요 특성은 다음과 같다.

1) 무형성

무형성은 서비스의 가장 기본적인 특성이라고 할 수 있다. 서비스의 무형성으로 인하여 고객이 구입하기 전에는 견본을 보여주거나 오감을 통하여 사전감지가 어렵다.

◆ 서비스 무형성의 가장 큰 특징

① 서비스를 받는 사람은 유형의 제품보다 상대적으로 인식이 곤란함
② 사용하는 사람과 제공하는 사람이 있지만 소유권 이전이 불가능함
③ 경쟁자로 하여금 모방이 용이함

2) 동시성

서비스는 제품과 달리 사전에 만들어서 고객에게 제공하지 못하고 소비자가 이용하고자 할 때 제공자에 의해 제공되면서 동시에 소비되는 특성이 있다. 생산과 소비의 동시성은 서비스를 제공하는 사람의 자질에 의해 크게 작용하기 때문에 서비스직원의 선발과 훈련이 매우 중요하다.

◈ **서비스 동시성의 가장 큰 특징**

① 제품과 달리 대량생산을 통한 재고 저장이 어렵기 때문에 시간과 공간의 제한이 있음
② 재고의 비저장성으로 인해 추가 수요에 대응 곤란
③ 정확한 수요예측에 의한 계획생산의 어려움

3) 이질성(비표준성)

서비스는 창출과 제공과정에서 고객과 직원 등의 인적요인과 환경요인에 따라 서비스결과의 이질성을 갖게 된다. 즉 서비스가 생산되고 전달되는 것은 고객·시간·환경·직원에 따라 서비스의 내용이나 질이 다를 수 있다는 것이다.

그리고 고객에 따라 십인십색(十人十色), 나아가서는 일인십색(一人十色)의 다양한 욕구로 인해 이질성은 더욱 심화되고 서비스 표준화의 어려움이 존재한다. 이와 같이 서비스는 균일화가 어렵기 때문에 어떻게 서비스를 일정수준 이상으로 유지하는가와 표준화시키는가가 가장 큰 문제이다.

◈ **서비스 비표준성의 가장 큰 특징**

① 비표준적이며 가변적임
② 표준화가 어려우므로 때로는 표준가격이 무의미한 요금의 차이가 있음
③ 다양한 고객의 욕구를 충족시킬 수 있는 전문 서비스요원이 필요함

4) 소멸성(일회성)

서비스는 이용고객에게 전달되는 동시에 상품으로서의 역할을 다하고 소멸되어진다. 예를 들면 정해진 시간 안에 항공좌석이 판매되지 않고 항공기가 이륙하면 그 항공좌석은 저장했다가 다시 판매하는 것이 불가능하다.

◈ 서비스 소멸성의 가장 큰 특징
  ① 즉시 사용하지 않으면 사라짐
  ② 재고형태로 보존할 수 없음(비저장성)
  ③ 한번 제공된 서비스는 원상태로의 환원이 어려움

제품과 서비스의 차이점

구 분	제 품	서비스
형 태	유형	무형
생산과 소비의 구분	생산과 소비가 분리됨	생산과 동시에 소비가 이루어짐
상품의 성질	동질성 유지 및 표준화 용이	표준화 어려움
저장성	수요 및 공급 조절가능	저장 불가
고객참여	간접적 참여	직접적 참여
판매경로	유통경로의 복잡 및 다양화	유통경로의 단순화
생산 · 판매형태	인적 의존성이 낮음	인적 의존성이 높음
이용심리	생활 필요성에 의한 이용	소득증감에 따라 수요변화

3 고객 서비스의 본질

우리는 매일 식당, 호텔, 은행, 병원 등과 같은 다양한 서비스 시설에서 여러 종류의 서비스를 받고 있다. 서비스를 제공받으면서 고객의 입장에서 좋은 서비스와 좋지 못한 서비스를 인식하게 된다. 특히 서비스 산업관련 업종에서 근무하거나 근무하려는 의지가 있다면 고객의 입장을 이해하는 동시에 서비스를 제공하는 입장에서 서비스 상황을 이해할 필요가 있다.

즉 고객의 관점과 서비스 제공자로서의 관점이 상호작용을 해야 고품질의 서비스가 실현될 수 있다. 고객 서비스의 본질이 무엇인지 고객의 관점과 서비스 제공자로서의 관점에서 정리하면 다음과 같다.

1) 고객 관점에서의 서비스

① 고객 서비스란 나를 돌보는 것을 의미한다.
② 고객 서비스란 미소로 환영받는 것이다.
③ 고객 서비스란 내가 문제가 있을 때마다 전화하는 곳이다.
④ 고객 서비스란 컴퓨터보다는 실제로 사람과 대화하는 것이다.
⑤ 고객 서비스란 나의 요구사항을 즉시 들어주는 것이다.

2) 서비스 제공자 관점에서의 서비스

• 고객 서비스란 단지 할 일을 하는 것이다.
• 고객 서비스란 친절해야 한다.
• 고객 서비스란 최대한 신속해야 한다.
• 고객 서비스란 고객에게 미소 짓게 하는 것이다.
• 고객 서비스란 판매를 유도하는 것이다.
• 고객 서비스란 고객에게 무한한 도움을 주는 것이다.

이와 같이 고객과 서비스 제공자는 각기 다르게 인식하고 있다.

④ 인적서비스의 중요성

고객 서비스의 3대 요소는 하드웨어(hard ware), 소프트웨어(soft ware), 휴먼웨어(human ware)이다. 하드웨어는 시설, 설비, 유니폼, 청결도 등 가시적 요소이며, 소프트웨어는 마일리지 시스템 등 지원 시스템과 업무 절차 등 비가시적인 요소이고, 휴먼웨어는 인적자원 요소를 말한다. 이 3가지 구성요소가 잘 구비되어야 훌륭한 서비스가 제공될 수 있다.

그중에서도 서비스의 무형성, 동시성, 이질성, 소멸성 등의 특성으로 인해 인적서비스의 중요성이 더욱 강조되고 있다.

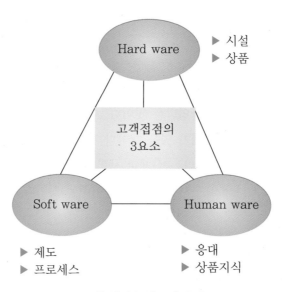

고객 서비스의 3대 요소

고객이 이탈하는 이유에 대한 조사 결과 중 첫째가 종업원의 무관심과 불친절로서 68%이고, 상품에 대한 불만은 14%로 나타났다. 이는 고객은 환대받고 싶은 욕구가 강해서 제품이나 시스템이 다소 미흡해도 친절하고 호의적으로 대하면 그 기업을 떠나지 않지만, 시설과 지원시스템이 최고 수준일지라도 서비스를 수행하는 구성원이 불친절하고 무례하다면 그 업체를 이탈한다는 것이다.

　많은 고객이 이탈하게 되면 그 업체의 서비스 수준은 전반적으로 점점 하락하고 기업의 이미지도 실추될 것이다. 이것은 하드웨어와 소프트웨어는 편익을 제공하지만 감동을 주지는 못하기 때문에 시설이 최고라고 해서 최고의 서비스가 보장되지는 않는다는 것이다. 결국 인적서비스의 수준이 기업 서비스의 질적인 평가를 좌우한다고 해도 과언이 아니다.

MOT의 구성요소와 고객만족의 핵심요소

구 분		핵심요소
HARD	시설	− 쾌적성, 편리성, 안정성 − 점포 수, 위치
	상품	− 신제품 개발, 품질, 다양성 − 상품구색/진열
SOFT	제도	− 업무처리 현장 권한, 규정 − 업무처리 구비서류
	프로세스	− 업무처리절차/처리속도 − 고객중심 Flow
HUMAN	응대	− 친절성, 호감성, 서비스+α − 서비스 기준 이행
	상품지식	− 상품/업무관련 지식 − 고객가치에 대한 지식

　따라서 서비스 제공자는 진실한 인간미와 확고한 서비스 마인드와 훌륭한 서비스매너를 갖춘 인적자원을 제공하여야 한다. 언제나 친절하고 밝은 표정과 인사, 행동에서 고객들이 환영받는 듯한 기분 좋은 느낌이 남도록 해야 한다.

　최고의 서비스는 시설, 시스템이 훌륭해야 함은 물론이고 훌륭한 인적서비스를 제공해야 고객의 이미지에 각인되어 고객과의 좋은 관계가 형성되고,

오랫동안 고객과의 관계가 유지되면서 고객의 충성심을 이끌어낼 수 있다. 기업들은 인재를 선발해서 지속적인 교육 훈련을 통해 고품질의 서비스를 제공해야 한다. 이와 같이 인적서비스의 중요도로 인해 인적자원에 대한 서비스매너 교육의 필요성이 더욱 강조된다.

5 고품질 서비스

1) Win-Win 서비스 사이클

고객에게 고품질의 서비스를 제공하기 위해서 고객과 서비스 제공자 모두가 승리해야 한다는 것이다. 이 말의 뜻은 고객의 승리는 곧 서비스 직원의 승리라는 의미이다. 예를 들면 직원이 손해를 봄으로써 고객이 이기는 것이 아니고 또한 고객이 손해를 봄으로써 직원이 이기는 것이 아니다. 양쪽 모두 승리할 때 고품질의 서비스 수준이라는 것이다.

이와 같이 고품질 서비스를 제공하기 위해서는 서비스 제공자와 고객 간의 Win-Win 상황이 필요하다. 이것을 '고객과 함께 누리는 승리(Winning with the customer)'라고 한다.

고객만족을 통해 고객은 감사와 고마움의 표시를 하며 이탈하지 않고 기업과의 지속적인 관계를 유지하면서 기업에 격려와 성원을 보내주게 되고, 직원은 보람을 느끼며 더욱 열심히 하려는 의지로 인해 서비스 경쟁력이 향상된다.

> ┌ **고객** : 고객만족, 낮은 이탈률로 기업과 지속적인 관계형성-충성심
> ├ **직원** : 고품질 서비스 제공-고객만족-회사의 높은 이익률-높은 직무
> │   만족도, 낮은 직원 이직률-고객만족-고품질 서비스 제공
> └ **기업** : 높은 이익률-브랜드 가치 상승-매출 증대-경쟁력 상승-낮은
>   직원 이탈률

직원 모두가 이렇게 열심히 일함으로써 기업의 브랜드 가치는 상승하고 매출은 증대되며 상대 기업에 앞서 경쟁력이 상승된다. 경쟁력 상승은 회사의 높은 이익으로 나타나 기업은 업계 서열이 상승되고 직원들에게 많은 성과금을 지불하게 된다. 따라서 직원들의 직무 만족도가 높아져 직원들은 기업을 떠나지 않고 충성을 다하게 된다. 이러한 충성심은 다시 고객에게 더욱 고품질의 서비스를 제공하게 되며 고객은 만족을 넘어 감동하게 될 것이다.

이와 같이 고객의 승리와 서비스 제공자의 승리는 같이 이루어져야 한다.

2) Lose-Lose 서비스 사이클

고객이 서비스에 만족하지 않고 불만이 생기면 고객은 실망과 분노로 이탈을 하고 기업과의 관계를 끊고 떠나버린다. 고객이 떠난 기업의 직원들은 신바람이 나지 않아 스트레스가 쌓이며 업무 능률도 저하되어 고객에게 좋은 서비스를 제공하지 못해서 고객은 점점 이탈하게 된다.

결국 기업은 브랜드 가치가 하락되어 매출이 감소됨으로써 적은 이익률로 서비스 경쟁력도 하락한다. 이러한 기업에서 일하는 직원들은 직무 만족도가 낮아 이직을 결심하게 되고, 전문적인 직원의 이탈로 인해 서비스의 질은 낮아져 다시 고객불만으로 이어짐으로써 최악의 상황이 나타나게 된다.

> ─ 고객 : 고객불만, 높은 이탈률로 기업과 거래관계 소원─악선전
> ─ 직원 : 저품질 서비스 제공─고객불만─회사의 낮은 이익률─낮은 직무
>   만족도, 높은 직원 이직률─고객불만족─저품질 서비스 제공
> ─ 기업 : 낮은 이익률─브랜드 가치 하락─매출 감소─경쟁력 하락─높은
>   직원 이탈률

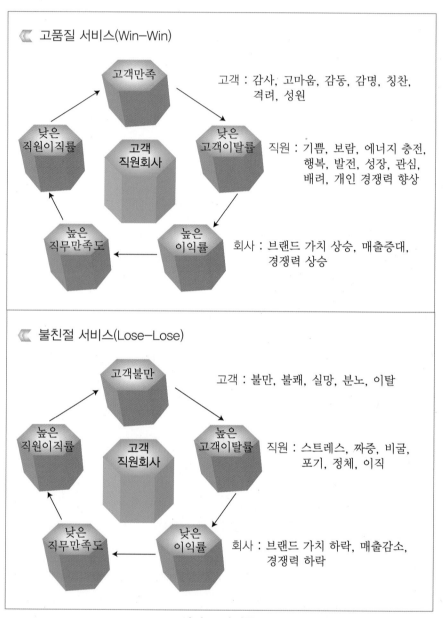

고품질 서비스(Win-Win)

고객만족

고객 : 감사, 고마움, 감동, 감명, 칭찬,
격려, 성원

낮은
직원이직률

고객
직원회사

낮은
고객이탈률

직원 : 기쁨, 보람, 에너지 충전,
행복, 발전, 성장, 관심,
배려, 개인 경쟁력 향상

높은
직무만족도

높은
이익률

회사 : 브랜드 가치 상승, 매출증대,
경쟁력 상승

불친절 서비스(Lose-Lose)

고객불만

고객 : 불만, 불쾌, 실망, 분노, 이탈

높은
직원이직률

고객
직원회사

높은
고객이탈률

직원 : 스트레스, 짜증, 비굴,
포기, 정체, 이직

낮은
직무만족도

낮은
이익률

회사 : 브랜드 가치 하락, 매출감소,
경쟁력 하락

서비스 사이클

$\boxed{6}$ 나의 서비스 성향 진단

① 언제나 상대방을 반갑게 맞이하고 얼굴표정이 밝고 따뜻한가?

② 말씨가 부드럽고 자상한가?

③ 늘 남들에게 봉사한다는 마음자세를 갖추고 있는가?

④ 겸손하고 친절한 자세로 전화를 받는가?

⑤ 남들과 대화를 나눌 때 혹시 상대방이 불쾌하게 여길 수 있는 행동을 하지 않는가?

서비스 성향 진단표

구분	항 목	∨
1	나는 처음 만난 사람과 대화하는 것을 좋아한다.	
2	친구가 고민을 털어놓을 때 어떻게 해서든 해결해 주려고 노력하는 편이다.	
3	나는 명절에 집안이 시끌벅적한 것이 좋다.	
4	처음 본 사람들은 나에게 호감 가는 인상이라고 말한다.	
5	친구가 오해를 하고 화를 내도 일단 참고 보는 성격이다.	
6	길을 가다 누군가 길을 물어보면 자세히 알려주는 편이다.	
7	친구나 가족을 위해 깜짝 파티를 준비해 본 적이 있다.	
8	사람들은 내가 매사에 긍정적이라고 한다.	
9	나는 어른을 만날 때와 친구를 만날 때의 옷차림을 구분하는 편이다.	
10	나는 한 가지 일을 짜증내지 않고 꾸준히 하는 편이다.	
11	나는 상대의 얼굴만 봐도 마음상태를 알 수 있다.	
12	나는 자원봉사를 하거나 후원금을 낸 적이 있다.	
13	나는 주위 사람들에게 상냥한 편이다.	

구분	항 목	v
14	약속이 있을 경우 털털한 모습으로 나가기보다 꾸미고 나가는 편이다.	
15	지하철이나 버스를 타면 노약자에게 자리를 양보한다.	
16	필요하다면 자존심을 버릴 용기가 있다.	
17	주위 사람들에 대해 관심이 많은 편이다.	
18	평소에 설득력이 강한 편이다.	
19	나는 사진을 찍을 때 활짝 웃는 모습이 자연스럽다.	
20	문제를 해결할 때 감정보다는 이성을 앞세운다.	

나의 서비스 성향

Type	서비스 성향
A형 (17~20개)	– 당신은 타고난 서비스맨이다. – 만약 서비스업을 택하면 아주 훌륭하게 고객만족을 실천할 수 있다. – 지속적으로 단골 고객을 만들 수도 있고, 문제 해결 능력도 뛰어나다. – 인내심이 많고 리더십이 강하다. – 어디에서나 주목받는 스타일이라 사람을 직접 상대하는 직업이 가장 잘 어울린다.
B형 (12~16개)	– 비교적 높은 서비스 성향을 가지고 있고 인간관계도 원만한 편이다. – 서비스업을 택해도 무난하게 어울리며, 감성적이고 두뇌회전이 빠르다. – 아직 서비스 방법을 잘 모르거나 충분한 자극을 주지 않았기 때문에 당신은 얼마든지 서비스를 잘할 능력이 잠재되어 있다.
C형 (7~11개)	– 잠재적으로 서비스 성향이 어느 정도는 있다. – 하지만 지금 충분한 동기 부여가 되지 않아 당신의 능력이 발현되지 못하고 있으며, 어떤 때는 서비스를 잘하다가 어떤 때는 트러블이 생기는 등 변화가 조금 심한 편이다. – 약간 무뚝뚝한 편이며 자기 중심적인 성향이 강하지만 집중력이 강해 한 번 마음먹은 일은 끝까지 해내는 책임감(의욕) 있는 타입이다. – 만약, 서비스업에 관심이 있다면 교육에 참여하거나 자기 계발을 통해 능력을 보여줄 수 있다.

Type	서비스 성향
D형 (1~6개)	– 서비스업에 종사하기에는 조금 부담스러운 서비스 성향이 있다. – 신중파이기 때문에 업무를 기획하거나 지원하는 쪽이 더 어울린다. – 내성적이고 혼자 있기를 좋아하며 한 번 마음에 상처를 받으면 오래가지만 본인 스스로 그러한 성향을 알고 있기 때문에 다른 사람의 서비스를 정확하게 평가할 수 있는 장점이 있다.

◈ 서비스 제공자로서의 필수 자질

① 일에 대한 순수한 열정

② 새로운 경험에 대한 열린 의식

③ 업무수행에 관해 새롭거나 다른 방식을 배울 의지

④ 항상 배우려는 자세

⑤ 타인과 함께, 타인을 위해 일하는 것을 진정으로 즐김

⑥ 고객에게 '중요한 사람이다'라고 느끼게 해줄 능력 소유

⑦ 신속하게 일을 감당할 충분한 체력 소유

⑧ 새로운 요구와 경험에 유연하게 적응하는 능력

제2절 매너, 에티켓, 예절의 이해

1 매너의 개념

매너(manner)의 어원은 마누아리우스(Manuarius)라는 라틴어에서 유래되었으며 Manuarius는 manus와 arius로 구성되어 있다. 손(hand)의 의미

가 있으며 사람의 행동이나 습관을 뜻하는 마누스(manus)와 방법이나 방식(way)의 의미를 지닌 아리우스(arius)의 합성어이다. 따라서 어원으로 보면 매너는 인간의 행동방식 또는 습관의 표출이라 정의할 수 있다.

다시 말하면 매너는 사람마다 가지고 있는 독특한 습관이나 행동방식으로 해석된다. 즉 어떤 일을 할 때 더 바람직하고 유쾌하며 우아한 느낌을 주고자 소망하는 데서 비롯된 습관이라 할 수 있다. 이러한 매너는 상대에 대한 일종의 경의의 표현이자 배려 혹은 상대를 인식한 행동으로 서비스의 기본이라고 할 수 있다. 즉 에티켓이 마음을 담은 행동으로 표출된 것이 매너이다.

매너나 에티켓을 귀찮은 것으로 인식하고 마음을 담지 않은 채 습관적으로 반복하는 것을 매너리즘(mannerism)이라 표현하는 것처럼, 저마다 갖고 있는 독특한 행동방식이나 습관이지만 상대를 배려하는 마음이 담기지 않으면 매너가 좋은 사람으로 인식될 수 없다.

매너는 결코 어렵거나 까다로우며 거추장스러운 격식이 아니다. 언제 어디서나 서로의 존재를 인정해 주려는 노력에서 비롯된 행동의 표출이다. 매너는 바란다고 해서 손쉽게 형성되는 것이 아니다. 항상 다른 사람을 배려하고, 특별한 상황에서 주의 깊게 관찰하고, 모든 상황에 대해서 다시 한 번 더 생각하는 습관, 생각과 행동을 일치시키려는 노력과 자세, 상대의 문화나 전통을 이해하려는 노력을 통해 몸에 형성되는 것이다.

매너가 좋지 않을 경우 좋은 이미지를 형성하기 어려워서 서비스맨의 자질이 부족해 보여 고객이 기피하게 된다. 반면 매너가 좋은 경우 좋은 이미지로 인해 인정을 받고 훌륭한 서비스맨이 될 수 있다. 이와 같이 서비스맨에게 매너는 고객을 위해서도 자신을 위해서도 필수불가결한 기본 자질이다. 특히 비즈니스맨의 매너는 회사의 이미지와도 직결된다는 데서 그 중요성이 강조된다.

2 에티켓의 개념

에티켓(etiquette)이란 용어는 원래 프랑스어로써 우리의 예의범절과 유사한 말이다. 그 유래는 옛날 프랑스 베르사유 궁전에 들어가는 사람에게 출입증의 형태로 표(ticket)를 나누어주었는데, 그 표에는 궁전 내에서 유의할 사항이나 예의범절이 쓰여 있었기 때문에, 그 표가 에티켓이란 말의 어원이 된 것이다.

또 다른 설에 의하면, 에티켓은 프랑스어의 'estiquier', 즉 '나무말뚝에 붙인 출입금지'라는 용어에서 생겨났다고도 한다. 이는 화장실이 없는 베르사유 궁전 파티에 참석한 사람들이 용변을 보기 위해 정원에 들어가는 사건이 자주 발생하자 당시 정원사가 정원 주변에 출입금지라는 말뚝을 박아 출입을 막았는데, 이때 쓴 말이 프랑스어로 에티켓이었다고 한다. 그 후 '마음의 화원을 해치지 않는다'라는 개념으로 예절이란 의미로도 사용하게 되었으며 오늘날 타인을 배려하는 마음을 에티켓으로 나타내고 있다.

현대사회에서 여럿이 함께 살아가면서 접촉하거나 행동할 때 공통적으로 적용되는 규범을 지키지 않으면 서로 충돌하거나 혼란을 가져오게 된다. 예를 들면, 차가 교차로에 꼬리를 물고 진입해서 멈춰서 있음으로 해서 교통흐름을 방해한다거나 공연장 입장권을 구입하기 위해 줄서기를 하지 않고 새치기를 하면 타인의 눈살을 찌푸리게 한다. 이렇듯 법적 구속력은 없지만 사회활동을 보다 부드럽고 쾌적한 분위기로 만들기 위해 지켜야 할 규범적 성격을 가진 것이 에티켓이다.

에티켓의 기본은 상대를 먼저 생각하는 친절한 마음에서 비롯된다. 기초적인 단위의 공동사회나 국가 간에 인간이 집단생활을 하는 곳에는 저마다의 풍습이 있다. 한국인은 예를 갖추어 고개를 숙여 맞절을 하지만, 서양인들은 악수와 포옹을 하고, 티베트인은 코를 부비면서 인사를 한다. 이와 같이 서로 다른 상대방의 문화와 전통을 존중하면서 지켜야 할 생활예절이 바로 에티켓이다. 아울러 상대의 인격을 존중하고 우리와 다름을 이해하면서 상대방의 마음을 다치지 않도록 노력하는 자세가 필요하다.

에티켓의 속성은 공공적·의무적·이질적·가변적·행동적·보편적 속성으로 설명할 수 있으며, 에티켓의 기본 요소는 상대를 먼저 생각하는 친절한 마음, 공명정대한 정신, 타인에 대한 관대함, 자제력, 성실함, 유머, 자존심, 상식 등으로 정리할 수 있다.

3 매너와 에티켓의 차이점

매너와 에티켓은 상대방에 대한 배려 또는 예의를 다하는 의미로 서로 크게 구분 없이 사용하고 있지만 몇 가지 차이점이 있다.

① 에티켓은 형식, 매너는 방식

에티켓은 지켜야 할 규범이고, 매너는 행동방식이다. 에티켓은 서양에서 사람과 사람 사이의 합리적인 행동기준을 가리킬 때 사용되어 왔으며, 이것을 행동으로 표출한 것이 매너다. 즉 에티켓이 정해진 행동규범이라면 매너는 에티켓을 행동으로 나타낸 것이라 할 수 있다.

> ● 이웃 어른을 만나 인사하는 것은 에티켓이며, 그 인사를 공손하게 하느냐 성의없게 하느냐는 매너에 속하는 문제이다.

② 에티켓은 문화·관습의 차이 인정, 매너는 문화·관습 초월

에티켓은 국가나 지방의 문화와 관습에 따라 다를 수 있지만, 매너는 국경, 관습, 문화를 초월한다. 에티켓의 관점에서는 사회 상호 간의 문화, 생활방식 등 타 문화에 대한 이해가 필요하지만 매너의 관점에서는 에티켓의 기본 개념을 바탕으로 배려와 존중이라는 이타적 정신이 요구된다.

③ 에티켓은 사회적 약속, 매너는 개인의 특성

에티켓은 누구와 만날 때 스스로의 행동을 보다 단정하고 부드럽게 하며 좋은 기분을 갖기 위해 하는 일종의 사회적 약속이다. 반면 매너는 개인이 저마다 갖고 있는 독특한 습관이나 몸가짐을 뜻한다.

④ 에티켓은 '지킨다 또는 지키지 않는다', 매너는 '좋다, 나쁘다'로 표현

에티켓은 공공의 의미로 '지킨다 또는 지키지 않는다'로 표현되지만 매너는 개인적 혹은 개별적 의미로 '좋다 혹은 나쁘다'라고 표현되는 경우가 많다. 에티켓은 사람들과의 관계를 부드럽고 원만하게 하기 위해서 하는 공동 약속이라 할 수 있어서 공공의 의미를 많이 내포하고 있지만, 매너는 타인과의 교류 시 불쾌감을 주지 않기 위한 몸짓이나 마음 씀씀이로 어떤 일을 할 때 보다 우아한 감각을 익히기 위해 생겨난 습관으로 개인 또는 개별의 의미를 많이 내포하고 있다.

결론적으로 에티켓도 지키지 않는 사람에게 좋은 매너를 기대할 수는 없다. 에티켓은 매너의 기본단계로서 상대의 마음을 불편하지 않게 하는 예절의 행동된 습관이 행동화된 것이라면, 매너는 '이렇게 해줬으면…' 하는 상대의 마음을 헤아리고 생활 속의 습관이 행동으로 표출되는 즉 에티켓의 세련된 표출방식인 것이다.

에티켓이 공공성을 지닌 예절로써 현대 사회인에게 필수적인 규범성을 갖는 데 비해 매너는 자의적으로 선택이 가능한 인격의 표시로서 대인관계에서 더욱 강조되는 덕목이라고 할 수 있다.

매 너

★ 행동양식
★ 국경, 관습, 문화를 초월
★ 개인이 가지고 있는 독특
  한 습관이나 몸가짐
★ 개인적, 개별적 의미로 "좋
  다" 혹은 "나쁘다"로 표현

에티켓

★ 지켜야 할 규범
★ 국가나 지방의 문화와 관습
  에 따라 다를 수 있다.
★ 다른 사람과의 사회적 약속
★ 공공의 의미로 "지킨다"
  "지키지 않는다"로 표현

④ 예절의 개념

'예'는 곧 마음의 근원이며, 예는 곧 인(仁)의 사상이며, 예는 곧 사랑의 실천이다. 예란 인간이 가진 순수한 감정과도 상통하는 것이라고 할 수 있다. 따라서 예란 인간이 가진 감정이 행동이라는 하나의 채널을 통하여 겉으로 나타난 의식의 작용이라고 할 수 있다.

예절이란 예의와 범절의 준말로써 공동생활에서 서로 마찰을 없애고 불편함을 덜기 위한 마음가짐이며 약속이고, 나를 낮추고 상대방을 존중하는 마음자세이며 행동규범이다.

우리가 예절을 배우는 것은 집단에서 다른 사람들과 잘 어울려 지낼 수 있는 능력을 기르는 것이다. 인간은 사회적인 동물이다. 혼자서는 살아갈 수 없는 존재이며 사람과 사람과의 관계 속에서 살아가고 있다. 인간이 삶을 영위하고 있는 이상 예절은 필수적으로 상존하는 예식과도 같다.

우리의 전통예절에서 예절이란 '일정한 생활문화권에서 오랜 생활습관을 통한 하나의 공통된 생활방법으로 정립되어 관습적으로 행해지는 사회 계약적인 생활규범'이라 정의하고 있다. 관습적으로 행해지는 예절은 사람이 인간으로서의 자기관리와 사회인으로서의 대인관계를 원만하게 하기 위해서 있어야 하는 당위적인 것이 되었으며 인간관계 형성에 있어서 불문율처럼 되어 있다.

현대생활 속에서 예절은 인간적인 능력과도 통한다. 사람으로서 행하여야 할 도리를 올바로 행할 수 있다는 것은 바로 그 사람의 능력인 것이다. 그러므로 예절 바른 사람은 인간관계에서 충분히 성공할 수 있을 것이다. 인간관계의 성공은 인생의 성공을 의미하기도 한다.

제2장 이미지와 매너

제1절 이미지와 이미지 메이킹

1 이미지의 정의

이미지(image)의 어원은 라틴어로 닮은 모습, 모방(imago)에서 유래된 것으로 사람들의 마음속에 떠오르는 상(像)을 의미한다. 즉 어떤 사물 또는 사람에게서 받는 인상, 남의 눈에 비친 나의 모습 등을 의미한다고 할 수 있다.

이미지는 어떤 대상을 마주할 때 떠오르는 감각적 성질을 지닌 연상이라는 의미로 사용되어 왔고, 최근에는 마케팅 분야에서 개인뿐만 아니라 기업, 제품 등에 대해 이미지라는 용어를 활용하면서 '어떤 대상의 외적 형태를 인위적으로 모방하거나 재현하는 것'이라는 의미로 확대되었다.

따라서 이미지의 현대적 의미는 사람들이 어떤 대상을 생각했을 때 직접 혹은 간접적으로 느껴지는 사람 혹은 사물에 대한 생각, 생김새와 말씨, 언어구사 능력, 대화 시의 동작, 자세, 헤어스타일, 복장 등의 외적 요소와 성격, 능력, 가치관 등 내적 요소 등이 만들어진 총제적인 인상을 의미한다.

이미지는 외적 이미지와 내적 이미지로 구성되어 있다. 외적 이미지는 외모, 표정, 자세, 태도, 복장, 습관 등 겉모습을 통해 나타나는 감각적 인식을 바탕으로 된 것으로 비교적 짧은 시간 안에 즉시 생성된다는 특성이 있다.

즉 외적 이미지는 짧은 시간 안에 모방이 가능하고 유사성을 지닐 수 있다는 효과가 있다. 한편 내적 이미지는 성격, 업적 등을 통하여 새겨지는 정신적 형상을 의미한다. 예를 들면 역사적인 인물의 업적을 통해 그와 관련된 내적 이미지를 연상하며 새길 수 있는 것이다.

결론적으로 이미지는 '어떤 대상을 연상하거나 접하게 될 때 자신의 잠재적 인식, 경험의 유사성을 바탕으로 형성되는 각자의 감각적이고 주관적인 정신작용'이라 정의할 수 있다.

② 이미지 메이킹과 매너

우리가 일상에서 대면하는 모든 사람들에게는 각자의 이미지가 있으며 우리 역시 이미지를 통해 타인에게 각인된다. 따라서 특히 서비스맨에게는 상대가 편안함을 느낄 수 있는 친근감과 부드러운 이미지가 절대적으로 필요하다. 이는 업장과 상품, 서비스에 대한 호감을 형성하게 되고 나아가서는 기업의 이미지 제고에 긍정적인 효과가 크다.

이와 같이 현대사회에서 이미지 메이킹은 곧 경쟁력이다. 이미지 파워라는 말이 있듯이 이미지가 큰 영향력을 발휘하기 때문에 사람들은 이미지 메이킹에 시간과 돈을 투자하고 상대방에게 좀 더 좋은 이미지를 주기 위해 많은 노력을 하고 있다.

사람들은 누구나 정도의 차이는 있을 뿐, 타인에게 보여지는 자신의 모습에 관심을 갖고 있고 아울러 좋은 모습을 보이고 싶어 한다. 그만큼 대인관계에 있어서 실질적으로 이미지 메이킹의 중요성을 느끼기 때문이다. 따라서 우리는 자신의 삶을 성공적으로 만들기 위해 자신의 이미지 관리에 좀 더 신중을 기해야만 한다.

개인의 이미지는 타고나서 변형이 어려운 것이 아니라, 후천적인 학습에 의해 얼마든지 개선해서 좋은 이미지를 만들어 갈 수 있다는 것을 명심해야 한다. 이미지 메이킹(making)은 자신의 이미지를 상대방이나 일반인에게 각인시키기 위해 자신이 원하는 대상이나 목표에 닮아가려고 노력하는 과정이라고 정의할 수 있다. 시간과 노력을 통해 자신의 이미지를 호감 가는 이미지로 연출하는 것이기 때문에 이미지 메이킹이 중요하고 또한 필요하다고 하겠다.

좋은 인상과 느낌을 받은 사람은 매력적인 이미지로 상대방에게 각인될 가능성이 높다. 그리고 그 매력이 더 크게 효과를 발휘하려면 매력적인 외양에 맞는 매너와 언행, 성격 등이 함께해야 한다. 이처럼 이미지 메이킹은 외적인 이미지를 강화하고 긍정적인 내적 이미지를 끌어낼 수 있도록 하여 시너지 효과를 일으킬 수 있다.

제2절 이미지의 속성과 첫인상의 중요성

메라비언의 법칙에 의하면 이미지는 다양한 요소로 구성되어 있어 종합적으로 평가받게 된다는 것을 알 수 있다.

이미지의 55%는 시각적 이미지(표정, 인사, 자세와 태도, 용모와 복장)를 통해 결정되고, 청각이미지(음성, 억양, 목소리 크기나 느낌)가 38% 영향을 미치고, 7%가 말의 내용인 언어적 이미지가 결합하여 전체 이미지가 평가된다. 시각적 이미지 55% 중에서도 태도가 차지하는 부분이 20%로 큰 비중으로 평가받게 되는 것을 볼 때 서비스매너의 자세와 태도가 아주 중요함을 알 수 있다.

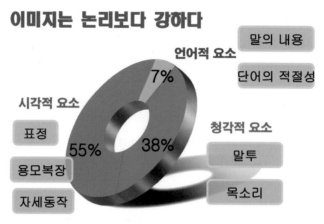

이미지는 논리보다 강하다

언어적 요소 — 말의 내용, 단어의 적절성 — 7%

시각적 요소 — 표정, 용모복장, 자세동작 — 55%

청각적 요소 — 말투, 목소리 — 38%

미국의 심리학자 메라비언의 추론에 의함

이미지 구성요소(메라비언의 법칙)

1 이미지의 속성

사람들은 저마다의 이미지를 갖고 있을 뿐 아니라, 많은 만남을 통해 상대의 이미지를 새기며 살아간다. 눈을 감고 자신이 생각나는 사람을 선택해서 그의 이름과 생김새, 음성, 말투, 걸음걸이 등을 연상하다 보면 그 사람에 대한 느낌이 형성된다.

이렇듯 주관성이 크게 작용하는 탓에 이미지는 같은 대상이라도 경우에 따라서는 사람마다 다르게 느껴질 수가 있다. 이처럼 이미지는 다양한 속성이 통합된 것이지만 내면적 요소인 성격이나 취향도 이미지의 변수로 작용한다.

1) 고착성 : 첫 이미지가 작용

이미지는 자극에 의해 형성되고 그 자체가 쉽게 변하기도 하며 스스로 강화되는 특성을 가지고 있다는 말처럼 이미지는 자신의 필요에 따라 변신을 시도해서 연출할 수는 있겠지만 그 변화가 상대에게 전달되는 것은 별도의 문제이다. 한번 새겨진 이미지는 어떤 특정한 계기가 없는 한 쉽게 변하지 않고 오히려 강화되는 속성을 갖는다.

2) 다양한 요소의 조합 : 복합적

이미지는 그 대상이 지닌 다양한 속성의 한 부분일 뿐이어서 전체를 표현하기에는 한계를 갖는다. 한 개체에는 수없이 많은 부분이 있고 보이는 것은 빙산의 일각에 불과한 것이다. 이렇게 이미지는 다양성, 복합성을 지녔다.

3) 주관적 작용 : 변수

어떤 관점으로 어떤 면을 보느냐에 따라서 다르게 작용한다. 어떤 사람이 어떠한 시각으로 나의 다양한 모습 중 어떤 면을 보느냐에 따라서 그 이미지는 실제와 다른 모습으로 각인될 수 있다.

4) 경험의 작용 : 개인차

경험 등이 추가 작용하면 더 복잡해지는 것이다.

5) 선택적 속성 : 연출 가능

사람들 역시 저마다의 이미지를 갖고 있을 뿐만 아니라 수많은 만남을 통해서 상대의 이미지를 새기며 살아간다. 또 다양한 속성 중에서 가장 두드러진 느낌을 선택하여 별명으로 표현하기도 한다. 그리고 이미지로 새기는 것이다.

6) 대표성 등

2 첫인상 이미지의 중요성

1) 첫인상의 중요성

우리는 보통 '이미지가 좋다'라는 말보다는 '인상이 좋다'라는 말을 많이 한다. 그리고 그 인상 중에서 중요하게 작용하는 것이 바로 '첫인상'이다. '인상이 좋다'라는 것은 한마디로 첫인상의 중요성을 강조한 것이다.

현대생활의 대인관계에 있어서 첫인상만큼 중요한 것은 없다. 직장이나 사회생활을 영위하는 과정은 물론이고 채용면접이나 맞선 등 인간관계 형성을 비롯해 많은 부분에서 크게 영향을 미치기 때문이다.

2) 첫인상의 효과

첫인상의 중요성

초두효과 (Primacy Effect)	초기의 정보가 후기에 접한 정보보다 강력하게 작용한다.
맥락효과 (Context Effect)	같은 정보도 첫인상에 따라 다르게 해석한다.

부정성효과 (Negativity Effect)	부정적 정보가 긍정적 정보보다 강력하게 작용한다.
후광효과 (Hallo Effect)	매력적인 사람과 함께함으로써 자신의 가치가 올라갈 것으로 인식한다.

① 초두효과(Primacy Effect)

초두효과는 초기 정보가 후기 정보보다 훨씬 더 강하게 작용하기 때문에 첫인상이 쉽게 바뀌지 않는 현상이다. 첫인상의 효과에 대한 미국의 심리학자 솔로몬 애쉬의 실험에서 두 집단의 사람들에게 어떤 인물에 대한 성격을 여섯 가지 특성으로 나누어 실험하면서, 한 집단은 긍정적인 내용을 먼저 들려주고 다른 한 집단은 부정적인 내용을 먼저 들려주었을 때 다음과 같은 현상으로 나타났다고 한다.

긍정적인 내용을 먼저 들었던 첫 번째 집단의 사람들은 부정적 내용을 먼저 들었던 두 번째 집단의 사람들에 비해 훨씬 더 긍정적인 평가가 이루어진다는 결과가 나왔다. 사람에 대한 성격특성 중 어떤 내용을 먼저 들었는지에 따라 사람들은 완전히 다른 인상을 형성하게 되어 있다.

결국 첫인상의 새로운 이미지는 언제든지 긍정적인 요소들의 정보가 훨씬 더 영향을 주게 되어 상대에게 초기의 정보를 긍정적으로 전달하도록 해야 한다.

② 맥락효과(Context Effect)

맥락효과는 처음 제시된 정보가 나중에 들어오는 정보에 영향을 미치게 되어 전반적인 맥락을 제공하는 현상이다. 첫인상이 좋은 여자가 애교를 부리면 귀엽게 느껴지지만, 첫인상이 좋지 않은 여자가 애교를 부리면 정상으로 보이지 않는다.

이처럼 똑같은 정보라도 첫인상에 따라 완전히 다르게 해석된다. 첫인상에 대해 처음 인지한 정보가 나중에 들어오는 정보에 대한 근거를 제공하기 때문이다. 예를 들어 첫인상이 좋은 사람이 머리가 좋다고 하면 그 사람을 현명하고 지혜로운 사람으로 판단한다. 하지만 첫인상이 나쁜 사람이 머리가 좋다는 것을 알게 되면 그 사람은 교활한 사람이라고 생각하게 되는 효과를 맥락효과라고 한다.

③ 부정성효과(Negativity Effect)

부정성효과는 어떤 사람에 대한 첫인상이 매우 좋았는데 그 사람에 대한 나쁜 말을 들으면 그 사람에 대한 긍정적인 인상이 나쁜 인상으로 바뀐다는 것이다. 반면 어떤 사람에 대한 첫인상이 좋은 사람은 나쁘게 평가되었어도 그 사람에 대한 긍정적인 말의 정보, 예를 들어 '성실하다, 근면하다'라는 말을 들었다면 '이기적이다'라는 부정적인 정보를 주어도 그 사람을 나쁜 인상으로 바꾸는 데에는 아무런 영향을 주지 않는다.

이와 같이 호감 가는 첫인상은 부정적인 정보를 접하면 쉽게 나쁜 쪽으로 바뀔 수 있다. 그러나 한번 나쁘게 인식된 첫인상은 긍정적 정보가 적용되어도 좋은 쪽으로 바뀌지 않는다. 즉 부정적인 정보는 긍정적인 정보보다 훨씬 더 중요하게 작용되기 마련이며, 이처럼 부정적인 정보가 긍정적인 정보보다 인간형성에 더 강하게 작용하는 것을 말한다.

④ 후광효과(Hallo Effect)

후광효과는 어떤 사람에 대하여 판단할 때, 그 사람의 긍정적 또는 부정적 특성을 논리적 관계가 성립하지 않음에도 일반화시켜 판단하는 경향이나 현상을 말한다. 이것은 어떤 사물이나 사람을 평가함에 있어서 부분적인 속성에서 받은 인상 때문에 다른 측면에서의 평가나 전체적인 평가가 영향을 받는 것이다.

이것은 한번 내린 긍정적 혹은 부정적인 인상이 다른 영역의 대인평가에도 영향을 미치게 하는 역할을 한다. 첫 번째 만났을 때 상대방에게 호감을 느끼게 되면 그 사람은 또한 매력적이고 지적이고 관대하다는 등의 평가를 받게 된다. 그러나 첫 만남에서 부정적인 인상으로 평가받는다면 그 사람은 남을 속이는 바람직하지 못한 인상으로 평가받게 된다.

그렇기 때문에 매너가 훌륭하고 매력적인 사람이 그렇지 않은 사람에 비해 대인관계, 지적능력, 적극성, 성실성 등의 거의 모든 면에서 유리한 평가를 받는다는 것이다.

3) 첫인상 관리의 중요성

우리는 흔히 상대방에 대한 첫인상이나 각자 갖고 있는 고유의 이미지로 그 사람에 대해서 평가를 한다. 첫인상의 판단은 만나서 6초 안에 평가된다고 하고 상대방으로부터 받는 인상은 처음 30초 동안에 90%가 결정된다고 한다. 그만큼 첫인상이 대인관계에서 중요하다는 것이다. 그리고 그 짧은 시간 안에 형성된 인상이나 이미지는 나중에 쉽게 바꾸기가 어렵다는 데서 첫인상 관리가 더욱 중요함을 알 수 있다.

① 첫인상의 중요성을 항상 생각해라

첫인상이란 '첫눈에 느껴지는 한 사람에 대해 마음에 남는 느낌'을 말하며, 이러한 첫인상이 결정되는 데 걸리는 시간은 보통 5~6초 정도라고 한다. 그러나 이렇게 형성된 첫인상을 바꾸는 데는 많은 시간과 노력이 필요하다고 한다.

첫인상이 중요한 것은 처음에 각인된 이미지가 오랫동안 기억 속에 남기 때문이다. 첫인상이 좋지 않을 때 다시 좋은 인상으로 바꾸려면 적어도 연속해서 7시간에서 40시간을 투자해서 노력해야 회복할 수 있다는 실험결과가 있다.

② 첫인상의 초두효과(初頭效果)를 기억하라

심리학에서는 한 사람의 첫인상이 잘못 입력되면 그 사람의 좋은 면까지도 거부하게 되는 현상을 초두효과라고 한다. 다시 말하면 첫인상을 갖는 데 있어 앞선 정보가 뒤따르는 정보보다 더 큰 영향력을 발휘한다는 것이다. 그리고 이러한 첫인상으로 우리는 상대방을 평가한다.

따라서 얼굴의 표정관리를 통해 첫인상을 상대에게 좋게 심어놓으면 서로 간에 신뢰가 형성되어 좋은 관계를 계속 유지할 수 있다. 좋은 첫인상의 시작은 부드러운 눈빛으로 얼굴에는 미소를 보이는 것으로부터 시작된다. 그리고 꾸준한 훈련을 통해서 습관이 되도록 하여야 한다.

③ 시간 경과에 따라 이미지 판단요소도 달라진다는 것을 기억하라

시간 경과에 따른 이미지 판단요소

구분	특징	판단요소
첫 인상	• 외모에 의해서 상대편이 일방적으로 평가한다. • 5~6초 안에 신속하게 이루어진다. • 외모만을 보고 성격이나 신뢰감에 대한 연상을 일으킨다. • 단 한 번뿐이다. • 나에 대해 긍정적, 부정적인 마음을 갖게 한다.	표정, 모습, 인사, 자세, 동작, 이미지 등
중간 인상	• 첫인상에 대한 평가에 의해 지속적으로 영향을 받는다. • 부정적인 첫인상을 바꿀 수 있는 유일한 시기이다. • 긍정적인 첫인상을 강화할 수 있는 시기이다. • 생각을 행동으로 실천하게 하는 시기이다.	행동과 대화가 대부분의 이미지 를 차지
끝 인상	• 긍정적인 생각을 한다고 느끼면 소홀하기 쉽다. • 긍정적인 중간인상을 마무리 각인시키는 시기이다. • 신뢰감을 형성한다. • 지속적인 만남을 가질 것인가를 결정한다.	감사인사, 행동, 전화, 시선 등

이미지를 형성하는 다양한 요소들은 사람을 만나는 처음부터 끝까지 모두 영향을 주는 것이 아니라 만남의 시간이 지남에 따라 영향을 주는 판단요소들도 변하게 된다. 따라서 상대방에게 좋은 인상이나 강한 인상을 주기 위해서는 이미지를 형성하는 요소들이 시간이 지나면서 어떻게 적용되는지를 이해하고 적절히 활용하여 좋은 이미지를 만들어야 한다.

3 이미지 메이킹의 중요성

요즈음의 광고는 제품을 직접 광고하기보다는 제품의 이미지를 부각시키는 광고를 한다. 이미지의 중요성을 보여주는 예이다. 기업의 광고뿐만 아니라 기업의 면접 때도 그 사람의 보이는 이미지를 중시하고 있다. 이렇게 현실에서 중요하게 작용하는 이미지를 있는 그대로 타인의 주관적인 판단에만 맡겨둘 수는 없다. 호감을 생성하는 이미지의 연출, 즉 이미지 메이킹(image making)이 중요하고 필요하기 때문이다.

이미지 메이킹이란 스스로 바람직한 상을 정해놓고 그 이미지를 현실화하기 위한 개인의 의도적인 노력으로, 개인이 추구하는 목표를 이루기 위해 자기 이미지를 통합적으로 관리하는 행위, 즉 자신의 이미지를 다른 사람들에게 좋은 이미지로 전달할 수 있도록 자신을 만들어가는 의도적인 변화과정이라고 할 수 있다.

우리가 어떤 사람을 처음 만날 때 그 사람의 첫인상은 아마도 일차적으로 보이는 외형적 이미지이며, 그중에서도 제일 영향을 주는 것은 그 사람의 표정이라 하겠다. 무표정한 얼굴은 친근감이나 신뢰감을 줄 수 없어 상대의 마음을 닫게 하며 찡그린 표정은 사람들을 긴장하고 불편하게 만든다.

언제나 입가에 자연스러운 미소를 지닌 사람은 타인을 편안하게 하면서 신뢰감을 줄 수 있다. 따라서 우리는 좋은 인간관계 형성을 위해서 좋은 표정으로 호감이 가는 느낌을 전달하도록 노력해야 한다. 호감을 주는 첫인상과 긍정적인 이미지의 연출은 성공적인 사회생활을 위한 필수요소이다.

제3절 성공적인 이미지 메이킹 전략

이미지는 내적 이미지(personality)와 외적 이미지(appearance)로 구분되어진다. 내적 이미지는 인간관계, 상대방에 대한 이해력과 배려심, 개인의 성격 등으로 나눌 수 있으며, 외적 이미지는 표정, 목소리, 걸음걸이, 체형, 제스처, 헤어스타일과 메이크업 등의 시각적으로 쉽게 판단할 수 있는 요소들로 구분해 볼 수 있다.

이미지란 실상과 허상, 균형과 조화이다. 즉 외형의 모습과 마음가짐, 매너가 조화를 잘 이루었을 때 가장 성공적인 이미지를 창출해 낼 수 있다. 성공을 위해서는 뛰어난 실력만 중요한 것이 아니라, 그 위치에 맞는 이미지 연출도 중요하다.

이미지 메이킹은 겉만 그럴듯하게 치장하는 것이 아니고, 포장만 하는 위장술도 아니다. 자기계발을 통해 숨은 개성을 찾아서 알리는 노력이다. 이미지 메이킹의 첫 단계는 자기 자신을 정확하게 아는 것으로부터 출발한다. 현재 자신의 장점과 단점은 무엇인지를 파악함으로써 효과적인 이미지를 창출할 수 있다.

1 이미지 메이킹의 방법

이미지 메이킹의 방법 중에 하나는 현재의 있는 그대로의 모습으로 자신의 이미지를 만들어가는 것이다. 이 방법은 수수하면 수수한 대로 자신을 드러내는 것도 순수하고 진실된 면이 있어서 좋다. 하지만 진실된 모습을 상대가 알게 되기까지 많은 시간과 만남이 필요하다. 또한 많은 사람들에게 좋은 모습을 짧은 시간 안에 보여줄 수 없다는 한계가 있다.

또 하나의 방법은 자신과 유사한 인물을 모델링하는 방법이다. 자신이 연출할 수 있는 인물을 선정하여 그를 모방하는 것이다. 이 모방방법은 쉽게 자신의 이미지를 전달하지만 모방에서 끝내지 말고 자신의 개성에 좋은 이미지를 구현해야 진정으로 좋은 이미지가 될 수 있다.

1) 이미지 요소

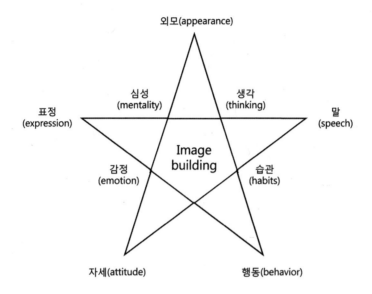

① 시선(눈빛) : 눈은 마음의 창

그 사람의 됨됨이와 진실됨을 알 수 있다. 대화 내내 상대의 눈을 친근한 눈빛으로 부드럽게 바라보는 것이 좋다.

② 말씨 이미지 : 생각과 말을 행동으로 표현

매너는 생각과 말이 행동으로 표현되는 것이며, 말씨는 모든 행동의 기본이 된다.
- 경어 사용 : 타인에게 경어를 사용함으로써 상대를 존경하고 배려한다는 의미이며 이는 자신의 이미지를 향상시키는 데 좋은 수단이 된다.
- 품위 있는 언어 사용 : 자신의 인품을 표현하는 수단이다.

- 음성연출 : 부드러운 목소리와 적당한 톤은 상대방의 기분을 좋게 하고 신뢰감을 주므로 자신의 의사를 효과적으로 전달할 수 있다.

③ 표정 이미지 : 환한 미소와 밝은 표정

상대방에게 호감을 주는 자연스럽고 부드러운 미소와 아름다운 표정을 보여줘야 한다. 이는 마인드 컨트롤과 자신의 모습을 거울에 비춰보는 것으로 확인할 수 있으며 훈련을 통해 개선해 나갈 수 있다.

④ 용모 이미지 : 단정한 용모와 복장

때와 장소에 어울리는 헤어스타일, 체형에 맞는 복장, 어울리는 메이크업, 적절한 액세서리 등을 활용해서 호감을 연출한다. 체형을 보완하면서도 개성을 충분히 살릴 수 있는 복장을 갖춘다.

⑤ 태도 이미지 : 올바른 서비스 자세와 태도

단정한 자세와 자연스러운 정중한 태도는 상대의 마음을 편하게 한다. 몸에 체화된 세련된 매너로 좋은 이미지를 줄 수 있다.

2) 좋은 이미지 연출 전략

가슴에서 출발 (감성)	– 상대방에 대한 예의이자 도리이다. – 자신을 위한 투자이다. – 입장을 바꾸어 생각하면 저절로 해답이 나온다(역지사지).
머리로 판단 (지성)	– 상황에 맞아야 한다. – 상대방이 필요로 하는 것이어야 한다.
손과 발로 표현 (행동)	– 상대방의 마음을 편하게 해주어야 한다. – 어색하지 않고 자연스럽게 표출한다. – 제대로 표현되어야 한다.

이미지는 전체를 대신하는 일부분을 보여주는 것이기 때문에 부분적인 이미지를 연출할 수도 있지만 궁극적으로는 연출이 아니라 자신의 실체가 자연스럽게 체화되어 있는 가운데 드러나는 것이어야 한다. 그러기 위해서는 따뜻한 감성으로 마음을 열고 받아들이며 이성적으로 판단하여 행동으로 나타나야 한다.

3) 이미지 메이킹의 효과

인간이 자신에 대해 가지는 자기 이미지는 긍정적이거나 부정적일 수 있다. 자기 이미지가 긍정적인 사람은 대인관계가 원만하기 때문에 직장에서 문제가 별로 없고 그로 인해 직장에서의 자기 성취나 생산성 향상을 수반하게 되고 고객만족을 창출하는 원동력이 된다.

그러나 자기 이미지가 부정적인 사람은 대인관계가 원만하지 못해서 직장 동료나 상사와의 관계에서 불협화음으로 인해 의사소통에도 문제가 생기기 쉽다. 결국 부정적인 자기 이미지를 가진 사람은 직장에서 고립되거나 실패하게 될 확률이 높다는 것을 의미한다.

자기 이미지가 개인에게 미치는 영향은 다음과 같다.

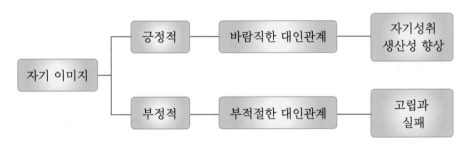

그러나 부정적인 이미지는 긍정적인 이미지 메이킹을 통하여 다음의 세 가지의 효과를 기대할 수 있다.

첫째, 자아존중감이 향상된다.

둘째, 열등감 극복으로 자신감이 제고된다.

셋째, 궁극적으로 대인관계 능력 향상의 효과가 있게 된다.

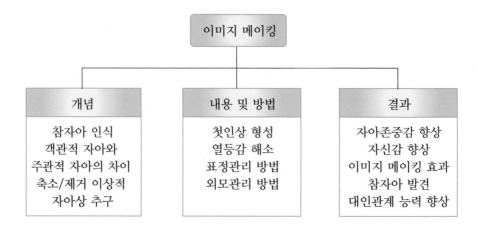

2 이미지 메이킹의 5단계 전략

첫째, Know yourself(자기 자신을 잘 알아야 한다)

자신의 이미지를 창출하기 위해서는 먼저 자신을 파악해야 한다. 자신을 객관화함으로써 마케팅에서의 SWOT분석처럼 자신의 장점과 단점을 파악하고 자신의 선택과 관련한 기회와 장애요인을 파악하고 그것을 기초로 자신의 장점을 극대화해야 한다. 이 단계에서 주위의 친한 사람들과의 대화를 통해 평소 자신에게서 느낀 '나의 이미지'에 대해 조언을 구하는 것도 좋은 방법이다.

'지금의 나'를 기준으로 스스로의 장점을 확인하고, 그 장점에 집중하여 그것을 더욱 발전시켜라. 약점에 집중하여 보완하는 것만으로는 크게 성과를 보거나 발전할 수 없다. 뛰어난 업적을 남긴 대부분의 성공한 유명인사들의 공통점은 장점에 집중하여 이미지를 부각시켰다는 것이다.

둘째, Model yourself(자신의 모델을 설정해야 한다)

이미지를 형성해 나가는 첫걸음은 자신의 모델을 설정함으로써 자신이 추

구해 나갈 방안을 구체화할 수 있다. 자신이 선호하는 모델을 모방하는 단계
이다. 서비스의 달인이라는 칭호를 받는 사람들의 모습과 행동을 모방하면서
자신의 발전을 도모하는 것이다. 또한 모방에서 더 나아가 자신의 개성을 살
릴 수 있도록 노력하여 자신만의 차별화를 추구해야 한다.

셋째, Develope yourself(자신을 개발해야 한다)

바람직한 이미지는 가식적이고 인위적인 연출이 아닌 철학이 깃든 서비스
맨의 이미지여야 하고 기교가 아닌 진정 고객을 존중하는 진실된 마음이 표
출되는 이미지여야 한다. 따라서 자신의 완성을 위해 많은 노력을 하는 것이
중요하다. 자기 개발을 위해서는 적극적이고 능동적인 사고가 필요하며, 자
기 확신을 바탕으로 한 지속적인 노력이 있어야 할 것이다.

넷째, Direct yourself(자신을 연출해야 한다)

자신의 개성을 살린 이미지를 상황과 대상에 맞도록 표현하는 것이 이미지
연출이다. 이를 위해 부드러운 미소와 표정, 바른 자세와 태도, 헤어스타일
과 패션 등을 활용하고 매너로 이것이 드러날 수 있도록 자신의 이미지를 최
적화해야 한다.

> ◈ 호감 가는 좋은 이미지를 연출하기 위해 갖추어야 할 것들
> ① 스마일
> ② 겸손한 태도
> ③ 엄격한 시간관리
> ④ 품위 있는 말씨
> ⑤ 조리 있는 화술
> ⑥ 단정한 용모 복장
> ⑦ 능숙한 표현력

다섯째, Market yourself(자신의 가치를 팔아야 한다)

아무리 좋은 물건을 만들어도 마케팅에 실패하면 그 상품은 제 가치를 평가받지 못하는 것이 현대사회의 특징이다. 이미지 메이킹의 마지막 단계는 바로 자신의 가치를 상대에게 인식시키고 높은 평가를 받아서 자신을 인정받도록 하는 단계이다. 상품에 가치를 입히는 것처럼 서비스맨도 우선 자신의 능력을 상품화할 수 있어야 한다. 나아가서는 상품화에 그치는 것이 아니라 신뢰감을 줄 수 있는 차별화된 개인 이미지(PI : Personal Image)를 구축하여 자신을 브랜드화해야 한다.

이와 같이 명품은 하루아침에 만들어지는 것이 아니다. 명품 이미지가 되기 위해서는 각고의 노력이 필요하다. 고객이 높은 가격을 지불하더라도 자신의 서비스를 구매할 수 있도록 하기 위해서는 장인의 정신으로 자신을 단련시켜 나가야 할 것이다. 서비스맨은 자신의 이미지를 상품화하고, 브랜드화하고, 나아가 자신을 명품화해야 한다.

③ 좋은 이미지 메이킹 방법 10가지

1) 상상(Imagination) 훈련

상대를 만나기 전에 상황과 장면을 설정해서 상상해 보는 것으로 상상을 통해 자신이 원하는 분위기를 조성해 보면 긴장감을 해소하고 자신감을 생성하는 데 도움이 된다. 면접이나 처음 강의할 때도 이 훈련방법을 활용하면 좋다.

2) 자신감 갖기

자신이 자기를 믿지 않으면 다른 사람들은 더욱 믿지 못한다. 자아 존중감을 길러 자신의 이미지를 긍정적으로 각인시켜야 한다.

3) 타인에 대한 배려와 존중

상대에게 먼저 다가가고 언제나 누구한테나 정중한 말씨와 태도로 대한다. 특히 하급자나 연하자를 배려하고 정중하게 대한다면 오히려 훌륭한 이미지를 받게 될 것이다.

4) 가벼운 실수도 때로는 매력

실수하는 모습이 오히려 인간적으로 느껴져 친근감을 느낄 수도 있다. 완벽한 사람일수록 틈새를 보이면 그 효과가 배가 된다.

5) 성공한 사람의 이미지를 보이기

이미 성공한 사람처럼 자신 있게 행동한다. 프로다운 행동과 확신에 찬 눈빛으로 상대를 똑바로 응시하면서 자신 있게 대화한다. 승무원을 지망하는 사람은 '나는 승무원이다'라는 이미지를 보여줘야 한다.

6) 밝고 화사한 옷 입기

사람들은 밝은 느낌을 좋아한다. 밝은 색상의 옷은 그 사람을 긍정적인 성격의 소유자로 생각하게 만든다.

7) 항상 환한 얼굴 보여주기

평소에 입모양, 눈과 함께 얼굴 전체가 웃는 모습을 거울을 보고 연습한다. 그래야 자연스러운 환한 웃음이 나오면서 상대방한테 자신을 환호한다는 느낌을 줄 것이다.

8) 바른 자세 유지

걷거나 서 있을 때 혹은 앉아 있을 때에도 언제나 허리를 반듯하게 펴고 반듯한 자세를 보여준다.

9) 상대에 대한 정보 수집하기

취미나 철학, 고향 등 상대에 대한 정보를 수집하고, 좋아하는 것이 무엇인지 파악하고 대화에 임한다.

10) 스킨십 하기

악수는 친밀감을 더해주는 인사법이다. 신체 접촉은 여러 번 이상 만남의 효과를 준다. 악수할 때는 밝게 웃으면서 손에 살짝 힘을 준다.

4 나의 이미지 지수 체크

〈이미지 A〉

질 문	Y	N
현재 내 이미지에 대해 만족하는 편이다		
뚜렷한 희망과 목표가 있다		
나쁜 습관보다 좋은 습관을 더 많이 가지고 있다		
다른 사람이 나를 어떻게 생각할까 늘 의식한다		
매사에 긍정적이고 적극적이다		
감정적이기보다 이성적이다		
서점에 가면 자기개발서나 성공스토리를 다루는 코너를 항상 찾는다		
클래식 음악을 들으며 책 읽는 것을 즐긴다		
각종 문화행사에 대한 관심이 많다		

질 문	Y	N
분노를 느낄 때 심호흡을 하면 흥분이 가라앉는다		
눈치가 빠른 편이다		
무력감과 우울증에 빠져 있는 시간이 짧다		
자동차나 전철 속에서 성공한 미래의 모습을 자주 그린다		
매일 짧게라도 명상을 한다		
사람과 만나는 것이 즐겁고, 대인관계도 원만하다		
남에게 말한 계획은 반드시 지키려고 노력한다		
항상 메모하는 습관을 가지고 있다		
스트레스를 받으면 영화를 보거나 좋아하는 운동을 한다		
컴퓨터 앞에 앉아 있는 시간이 즐겁다		
생각하고 고민하는 것보다는 먼저 행동으로 옮긴다		
시간 약속을 잘 지키는 편이다		
수다를 떨고 나면 시간이 아깝다는 생각이 든다		
하루의 수면시간은 다섯 시간 내외이다		
심심하고 무료한 시간이 별로 없다		
따라 하고 싶은 이미지 모델이 있다		

〈이미지 B〉

질 문	Y	N
대체로 외모에 만족한다		
거울이 있으면 습관적으로 몸 전체의 표정을 본다		
매력적인 사람을 만나면 그 사람의 외적 이미지를 유심히 관찰한다		

질 문	Y	N
평소 잘 웃는 편이다		
모르는 사람을 만날 때 웃으면서 인사할 수 있다		
다른 사람으로부터 꾸중을 들을 때 멋쩍은 미소를 띤다		
사람 앞에 나서는 것이 결코 두렵지 않다		
외모에 항상 신경을 쓴다		
얼굴에 트러블이 생기면 재빨리 진료를 받거나 조치를 취한다		
체중이 불어나면 즉시 식사량 조절에 들어간다		
자신에게 어울리는 컬러를 알고 자신의 체형에 어울리는 패션감각을 가지고 있다		
튀는 패션 컬러와 스타일을 좋아하며 상황에 맞는 옷을 입을 줄 안다		
깔끔하고 단정한 패션 스타일을 좋아한다		
상사를 만날 때 검정색 옷(양복)을 입지 않는다		
여러 종류의 스카프(넥타이)를 갖고 있다		
귀고리, 목걸이, 반지, 팔찌 등의 액세서리를 한꺼번에 다 착용하지 않는다		
자세는 구부정하지 않고 반듯하며 걸음걸이도 당당하다		
몸짓과 제스처는 우아하고 품위가 있다		
인사성이 좋고 친절하다		
상대방을 배려하는 습관이 몸에 배어 있고 공중도덕을 잘 지킨다		
내 목소리가 상대에게 거부감을 주지 않는지를 늘 의식한다		
교양 있는 말투로 겸양어를 자주 사용한다		
상대의 말을 잘 듣는 편이다		
대화를 할 때 상대의 눈을 쳐다본다		
음식을 깨끗하게 먹고 소리를 내지 않는다		

※ 해당되는 항목에 'O'표시를 한 후 그 숫자를 합산한다.

◈ 평가 결과

① Ⅰ영역(A, B가 각각 12~25)

내적 이미지와 외적 이미지 모두에 관심이 많고 삶의 의욕 역시 강한 타입. 자신만의 개성을 지속적으로 잘 개발한다면 원하는 모든 것을 이룰 수 있음

② Ⅱ영역(A 12~25, B 12 미만)

내적 이미지 가치를 중시하여 외적 이미지를 추구하는 사람들에게 우월감을 느끼기도 하는 타입. 지성에 맞게 외적 이미지를 보완하면 매력적인 사람이 될 것임

③ Ⅲ영역(A, B 각각 12 미만)

이미지에 관심이 부족하고 패배의식을 지닌 탓에 자신감이 부족한 타입. 적극적인 행동으로 외적 이미지를 구축해 가면 나의 이미지도 강화될 수 있음

④ Ⅳ영역(A 12 미만, B 12~25 미만)

외적 이미지에 관심은 많으나 자신에 맞는 외적 이미지를 찾지 못해서 내적 이미지의 강화효과를 보지 못하는 타입. 전략적 차원에서 외적 이미지를 강화하면서 자신감을 재고하다 보면 이미지 강화도 가능함

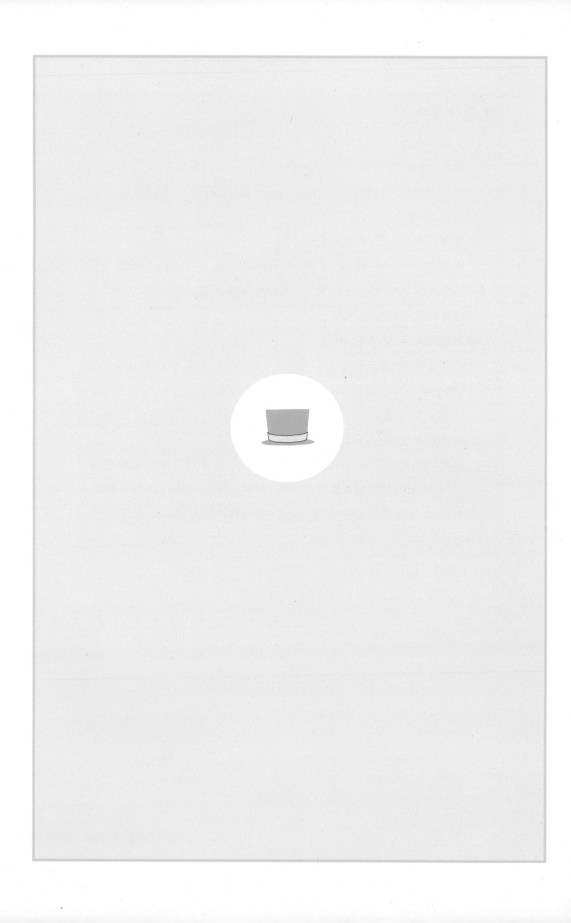

제**3**장 고객 및 대인관계와 매너

제1절 고객과 매너

1 고객의 개념

고객의 어원은 영업을 하는 사람에게 대상자로 찾아오는 사람, 화객(華客)에서 그 유래를 찾아볼 수 있다. 또한 한자 어원을 보면 고객은 돌아볼 고(顧)로 '돌보다, 찾아보다 사랑하다, 보살피다'의 의미이며 손님의 객(客)은 '사람, 단골손님, 손님' 등의 의미가 있음을 알 수 있다.

> ◆ 고객의 사전적 정의
>
> ① Guest
>
> host가 초대한 사람인 반면, guest는 초대받은 손님, 즉 환대해 줘야 할 손님의 의미가 있다. 이와 같이 guest는 환대 서비스를 제공하는 서비스 기업에서 고객을 지칭하는 용어로써 호텔이나 고급 레스토랑에서 주로 사용되고 있다.

② Customer

기업에서 구매자를 관리하는 차원에서 고객과의 관계 형성과 유지를 위해 고객을 단순고객이라기보다 단골고객의 의미로 사용하는 용어가 customer이다. 사전적 의미를 살펴보면, custom은 '어떤 물건이나 대상을 습관화하는 것'으로 정의하고 있다. 즉, customer는 일정기간 수차례 반복적으로 구매가 이루어진 사람을 의미한다. 고객·단순구매자와 차이를 두고 사용한다는 것을 알 수 있다.

③ Consumer

Consumer는 최종 소비자를 뜻한다. Consumer는 상품을 최종 소비하는 대상을 말하며 중간도매상이나 제조업자가 구매한 경우에는 이런 용어를 사용하지 않으며, 현대 서비스 기업에서도 잘 사용하지 않는다.

위의 내용으로 정리를 하면, 소비자와 고객은 동질적인 사람을 의미하지만, 기업의 입장에서 볼 때 소비자란 잠재적으로 구매 가능성이 있는 모든 생활자를 의미하며 협력업체나 대리점, 종업원 등은 제외되는 개념이다.

반면에, 고객이란 회사 대내외에서 자신의 기업경영 활동에 영향을 미치는 모든 사람과 조직을 의미한다.

고객은 다시 내부고객과 외부고객으로 분류할 수 있다. 직원들 즉 부하·동료·상사 등은 내부고객으로 대리점·협력업체·최종소비자 등은 외부고객으로 구분할 수 있다. 기업에서는 '외부고객'을 자신의 기업과 제품과 서비스를 구매한 경험이 있는 소비자를 의미하는 반면 '소비자'는 자사의 제품과 서비스를 구매한 적이 없는 일차적 차원의 소비자까지도 포함한다. 따라서 기업에서는 광범위한 소비자 서비스라는 용어보다는 고객 서비스란 용어를 주로 사용한다.

◈ 고객의 특징

- 고객은 자기 중심적이다.
- 고객은 자기 불만을 회사에 말하지 않는다.
- 고객은 관심받고 싶어 한다.
- 고객은 공평한 처리를 원한다.
- 고객은 참을성이 없다.
- 고객은 완벽한 처리를 원한다.

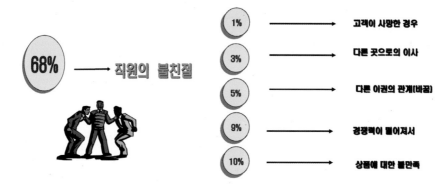

고객이 거래를 중단하는 이유

68% → 직원의 불친절

1% → 고객이 사망한 경우
3% → 다른 곳으로의 이사
5% → 다른 이권의 관계(바꿈)
9% → 경쟁력이 떨어져서
10% → 상품에 대한 불만족

2 고객 서비스의 중요성

현대의 급변하는 환경 속에서 기업이 생존하기 위해서는 사회의 변화 트렌드를 이해하고 효과적으로 대응해 나가야 한다. 공급시장이 확대되고 다양해짐에 따라 서비스나 상품에 대한 고객들의 욕구도 독특하고 다양한 유형으로 변화되고 있다. 따라서 기업들은 타 기업과 차별화하여 생존할 수 있는 기업의 마케팅 활동을 모색해야 한다.

기업의 마케팅 활동에서 모든 사람을 소비자(consumer)라고 볼 수 있다. 그리고 소비자 중에서 한번이라도 개인이나 조직과 거래관계를 형성한 사람을 '고객(customer)'이라고 할 수 있다. 또한 이들 고객 중에서 지속적인 관계를 유지하는 사람을 우리는 고정고객, 단골고객(client) 또는 충성고객이라 한다.

기업의 마케팅 활동은 바로 이러한 소비자들 중에서 거래 유치 활동을 통해 고객과의 관계를 형성하고 나아가서는 만족한 고객을 만들고 이를 유지함으로써 고정고객을 확보해 나가는 활동을 말한다.

고객만족을 높이기 위해서는 고객의 기대를 충족시킬 수 있는 제품을 제공하고 고객의 불만을 효과적으로 처리하는 것이 중요하다. 고객만족 경영이란 최종고객에게 만족을 주는 것이 목표이지만 이것은 인적자원의 활용에 의해 가능하므로 기업의 일선에서 일하는 협력업체 등의 중간고객과 서비스 제공자인 직원 등 내부고객의 만족이 선행되어야 한다.

③ 고객 눈높이 서비스매너

고객 서비스에서는 유형의 물건에 더하여 서비스 활동과 같은 무형의 인적자원의 서비스가 특히 중요하다. 서비스 근무자들은 올바른 행동과 통제를 통해 서비스매너 기술을 향상시킬 수 있으며 효과적인 행동을 통하여 서비스의 차별화를 이룰 수 있다. 그렇게 함으로써 서비스를 받는 고객들이 원하고 예상하고 가치가 있다고 인정하는 서비스의 친절함을 느낄 것이다. 이를 위해 고객 중심적 관점(눈높이)의 서비스에 초점을 맞추어야 한다.

1) 고객 관점(눈높이) 서비스

사업의 본질과 사업의 성공에 중요하다는 고객 중심의 생각을 반영하고 있는 것이다.

●무엇일까요?

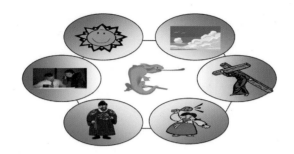

- 고객은 왕이다.
- 고객은 우리의 존재 이유다.
- 고객 없이는 아무것도 가진 것이 없다.
- 우리의 사업에 대한 정의를 고객이 내린다.
- 고객을 이해하지 못하면 우리의 사업을 이해하지 못하는 것이다.
- 고객이 느끼지 못한다면 양질의 서비스를 제공하는 것이 아니다.
- 고객으로부터 급여가 나온다.
- 고객은 업무에 끼어드는 사람이 아니라 업무의 목적이다.
- 고객은 제3자가 아니라 사업의 일부이다.

2) 고객 서비스매너 기술 10가지

- 시의적절한 서비스를 제공하라
- 고객의 요구를 융통성 있게 수용하고 편의를 제공하라
- 고객의 요구를 앞서서 예견하라
- 효과적인 의사전달기술을 활용하라
- 고객에게 피드백을 요청하라
- 긍정적인 몸짓 언어를 사용하라
- 고객의 특별한 요구에 귀를 기울여라
- 친절하고 공손한 태도와 음성으로 말하라
- 까다로운 손님은 세련되고 건설적으로 대하라

- 조직적으로 업무를 수행하라

3) 단골고객 관리 서비스 방법

- 고객 서비스 실천을 생활화하라
- 고객의 이름과 개인적 특성을 파악하고 기억하라
- 상품 + α의 서비스가 아니라 상품 × α의 서비스를 하라
- 단골고객 없이 기업의 미래가 존재할 수 없다는 것을 명심하라
- 단골고객이 우리의 보수와 승진까지도 보장한다는 사실을 기억하라
- 고객이 나를 위해 존재하고 내가 고객을 위해 존재한다는 상생의 원리 (win-win)를 실천하라
- 고객은 기분 좋은 일은 잊어버려도 기분 나쁜 일은 오래 기억한다는 사실을 명심하라

④ MOT(진실의 순간 : Moment Of Truth)

고객의 눈높이에 맞춰서 서비스를 제공하려면, 서비스 제공자가 고객과 접촉하는 바로 그 순간에 가장 중요한 활동이 이루어진다는 것을 염두에 두어야 한다. 즉 이때가 고객 서비스를 결정짓는 순간이고 이 순간이 바로 고객이 서비스를 평가하는 시점이다. 스칸디나비아 항공사의 얀 칼슨(Jan Carlzon)은 이 순간을 한마디로 '진실의 순간'이라 이름 붙였다.

고객이 기업의 한 부분(종업원, 직원)과 접촉하여 서비스(품질에 대한 인식)에 영향을 미치는 15초 내의 결정적인 순간을 말한다.

고객 서비스가 이루어지기 시작하여 진실의 순간이 왔을 때 기업의 모든 초점은 아래 그림에서 보는 바와 같이 과거의 전통적 서비스 관점에서 나타난 것과 같은 명령 하달체계에 따른 서비스 업무 순서는 완전히 뒤바뀌어 고객 중심의 서비스 관점으로 나타나 고객을 최우선으로 인식하는 형태가 되어야 한다. 현장 서비스 근무자의 역할이 매우 중요함을 알 수 있다.

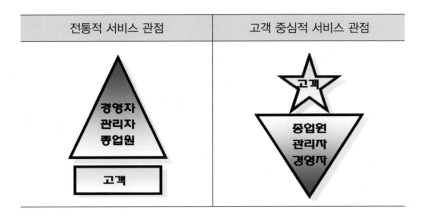

현장 서비스 근무자인 호텔의 프런트데스크 직원, 식당 서비스 직원, 룸서비스 직원, 항공권이나 호텔 판매, 그리고 여행사 직원 등은 매일 수백 번 진실의 순간을 맞게 된다. 이는 일선의 서비스 제공자 한 사람 한 사람이 전체 조직을 위해 절대적으로 중요하다는 사실을 나타낸다. 모든 서비스 제공자가 성공하지 못하면, 조직의 성공은 없다. 진실의 순간에서 고객이 승리자가 되는 것이 서비스 제공자 개개인의 승리에 필수적이라는 사실을 명심해야 한다.

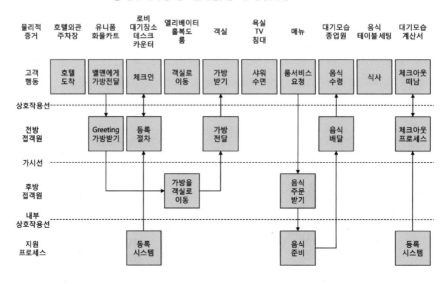

Service Blue Print

물리적 증거	호텔외관 주차장	유니폼 화물카트	로비 대기장소 데스크 카운터	엘리베이터 홀복도 룸	객실	욕실 TV 침대	메뉴	대기모습 종업원	음식 테이블세팅	대기모습 계산서
고객 행동	호텔 도착	벨맨에게 가방전달	체크인	객실로 이동	가방 받기	샤워 수면	룸서비스 요청	음식 수령	식사	체크아웃 떠남

상호작용선 --

| 전방
접객원 | | Greeting
가방받기 | 등록
절차 | | 가방
전달 | | | 음식
배달 | | 체크아웃
프로세스 |

가시선 --

| 후방
접객원 | | | | 가방을
객실로
이동 | | | 음식
주문
받기 | | | |

내부
상호작용선 --

| 지원
프로세스 | | | 등록
시스템 | | | | 음식
준비 | | | 등록
시스템 |

제2절 인간관계와 매너

1 인간관계(人間關係)의 의미

인간관계는 둘 이상이 빚어내는 개인적이고 정서적인 관계를 가리킨다. 이러한 관계는 사랑, 연대, 일상적인 사업관계 등의 사회적 약속에 기반을 둔다. 인간관계는 어떤 관점에서 바라보느냐에 따라 서로 다르게 정의되기 때문에 인간관계를 한마디로 정의하기는 어렵다. 따라서 다음과 같이 인간관계에 대한 몇 가지 의미에 대해 설명하고자 한다.

1) 인간관계의 일반적 의미

'인간은 사회적 동물이다'라는 아리스토텔레스의 말처럼 대부분의 사람은 깨어 있는 시간의 약 75%를 타인과의 만남 속에서 생활하고 있다. 즉 사람들은 가족관계, 동료관계, 선후배관계, 친구관계 등 다양한 관계를 맺고 있는 것이다. 따라서 인간관계란 사람과 사람 간의 일정한 관계라 정의할 수 있다. 인간관계(人間關係)의 사전적 의미도 이러한 일반적인 의미를 잘 말해주고 있다.

인간관계의 일반적 의미는 세 가지로 정리할 수 있다.

첫째, 사람과 사람 간의 심리적 관계로서 특정한 목표의식 없이 자연인 상호간에 형성되는 관계 그 자체를 의미한다.

둘째, 대인관계라는 의미로도 사용되는데 사람이 사람을 대면하는 경우에, 개인의 언행과 태도에 관심을 가지고 형성되는 상호관계이므로 이는 개인과 개인의 교양 정도나 대인적 교섭능력과 수용태도에 치중하는 내용으로 이해할 수 있다.

셋째, 인화라는 의리로 사용되는데 공통의 목표의식이 있는 동일집단에서 인간 상호 간에 형성되는 바람직한 심리상태로 이해할 수 있다.

이와 같이 일반적 관점에서의 인간관계는 사회생활에서 항상 존재하고 있는 것으로 특히 기업의 목적을 달성하기 위해서는 인간관계가 원천이 될 수 있다. 직장조직에 있어서 구성원 각 개인의 감정을 어떻게 조정하며, 동료 간이나 상하 간에 의사를 어떻게 소통시킬 것인가 하는 것이 중요한 과제가 될 수 있다. 기업의 발전을 위해서나 개인의 자아실현을 위해서나 구성원들이 협동하여 즐겁게 일할 수 있는 인간관계가 이루어져야 한다.

2) 인간관계의 경영학적 의미

경영학 측면에서의 인간관계란 간단히 말해 기업 조직 구성원들의 근로의

욕을 어떻게 하면 향상시킬 수 있는가에 관심을 두고 있다. 따라서 대인관계란 조직구성원과 기업의 높은 사기를 바탕으로 보다 향상된 생산성과 효율성을 창출하기 위하여 상호 협동하는 수단으로 볼 수 있다.

3) 인간관계의 커뮤니케이션학적 의미

인간의 모든 의사소통과 관련된 연구를 하는 커뮤니케이션은 자아 커뮤니케이션, 대인 커뮤니케이션, 조직 커뮤니케이션, 매스 커뮤니케이션 등 다양하게 분류되고 있다. 학자들은 대인 커뮤니케이션을 인간관계로 보고 있다. 그러나 인간관계란 단순히 서로 만나는 과정에서 외부적으로 표현되는 대인 커뮤니케이션 현상 이외에도 사회적 인지, 사회적 역할 등과 같이 인간관계를 설명하는 또 다른 측면들이 있다. 따라서 커뮤니케이션 측면에서 본 대인관계는 인간관계를 설명하는 필요조건이지만 충분조건은 아니다.

4) 인간관계의 서비스 경영학적 의미

이 관점은 서비스 요원과 소비자와의 관계를 의미하는데 서비스 기업에서 서비스 제공자와 소비자의 원만치 못한 인간관계는 고객 불만족을 야기하게 된다. 서비스 제공자와 소비자의 인간관계의 중요성은 서비스 질에 관한 많은 연구에서 나타나고 있다. 서비스 질의 측정도구인 자이서멀(Zeithamal), 파라슈라만(Parasuraman), 베리(Berry)의 서브콸(SERVQUAL)에 의하면 유형성, 신뢰성, 반응성, 설득성, 공감성 등 5개의 서비스 평가차원이 나타나고 있는데, 이러한 소비자의 평가기준 중에서 반응성, 설득성, 공감성이라는 세 항목은 인간관계적 측면과 밀접한 면이 있다.

❷ 인간관계에 있어서 매너의 중요성

사람은 혼자서는 살아갈 수 없는 사회적인 동물이다. 인간은 사회생활하는 과정에서 모든 것을 추구하며 성장한다. 인간이 자기실현을 향한 삶 속에서 존재가치를 갖기 위해서는 인간관계 유지가 필연적으로 당면한 과제이기도 하다. 인생과 사업에서 성공한 사람들의 성공요인을 조사해 보면 90% 이상이 인간관계를 꼽는 사람들이 많다.

조직 내에서의 좋은 인간관계가 개인의 성공에 있어서 큰 비중을 차지하는 것은 좋은 매너로 인해 좋은 이미지로 평가를 받기 때문임은 이미 알고 있는 사실이다. 즉 훌륭한 대인관계 매너를 통해 이룩한 사회생활이나 직장생활에서의 동료와의 관계나 고객과의 관계에 있어서 맺은 결과가 사회나 직장에서 성공의 밑거름이 된 것이다.

그러나 이렇게 인간관계의 성공으로 이어지는 훌륭한 매너가 행동방식으로 잘 표출되지 않는 것은 무엇 때문일까? 물론 매너에 어긋나는 일과 아닌 일을 법칙처럼 선을 그어 정확하게 가릴 수 없는 것이 현실적인 문제이다. 그러므로 어떠한 경우에도 상대방의 입장을 잘 이해하려는 노력과 함께 행동한다면 그렇게 큰 실례는 범하지 않게 될 것이다.

◈ 매너가 잘 지켜지지 않는 이유

첫째, 매너에 대한 고정관념이 있기 때문이다.

우리들은 예로부터 매너를 억압적이고 어렵게만 배워왔기 때문에, 가능하면 그러한 것이 없는 자연스런 생활이 좋겠다고 생각하기 때문인 것 같다. 따라서 매너나 에티켓은 무엇인가 인간을 속박하는 것으로 생각하는 선입관념이 있는 것이다.

둘째, 이미 자신이 잘 알고 있다고 생각한다.

흔히 누구나 조금씩은 알고 있는 것으로 안이하게만 생각하는 점을 들 수 있다. 실천은 하지 않고 어려운 이론이나 지식만으로 소화하려 하기 때문이다.

현대사회가 다원화되어 감에 따라 현대인의 요구도 다양화되어 가고 있으며 다원화·다양화되어 가는 사회구조는 현대를 살아가는 우리에게 인간관계 관리의 새로운 문제를 제시하고 있다. 이러한 인간의 생활과 불가분의 관계에 있는 인간관계에서 중요한 부분이 사회생활 매너인 것이다. 매너 있게 행동한다는 것은 상대방을 존경하고 있는 것을 알리기 위한 동작이나 태도, 공경, 사양하는 마음에서 비롯된다. 즉 남을 배려할 줄 아는 친절한 마음에서 좋은 매너가 표출될 수 있다.

제3절 고객과의 관계에 있어 좋은 매너 갖추기 훈련

매너에는 두 가지의 측면이 있는데 하나는 인간으로서의 자기관리이고 다른 하나는 사회인으로서의 인간관계이다. 현대인이 사회생활을 원활하게 하려면 우선적으로 자기관리가 선행된 교양인이어야 할 것이다. 교양인이란 예의 기본이 되는 마음가짐, 몸가짐, 인사 등을 바르게 행할 수 있는 사람을 뜻한다. 이런 것들은 비록 자기관리의 개인예절이지만 인간관계의 기초가 되는 데 매우 중요한 의미를 지닌다.

자기관리는 물론 타인과의 관계에 대한 관리와 관련되는 지능을 흔히 감성지능이라 부른다. 지적 지능인 IQ가 높은 사람보다 감성지능인 EQ가 높은 사람이 인생에서 성공할 가능성이 월등히 높다는 연구결과가 있다. 직장인의 경우도 감성지능이 자신이 소속된 조직에서 근무하는 상사나 동료와의 관계는 말할 것도 없고 고객들과의 관계에서 어떻게 작용하는지를 이해하고 감성이 깃든 매너로 행동한다면 인간관계의 성공은 보장될 것이다.

1 감성지수 높이기

대부분의 사람들이 지능지수 즉 IQ가 높은 사람이 업무 수행능력도 뛰어날 것이라 생각한다. 하지만 오랜 연구 결과 IQ가 높은 사람보다 평균적인 IQ를 가진 사람이 업무 수행능력에서 70%나 앞서는 것으로 나타났다. 이런 놀라운 결과로 인해 과학자들은 성공요소에는 IQ 이외에 중요한 다른 변수가 분명히 존재한다고 인식하고 그 해답을 바로 감성지수 즉 EQ에서 찾았다고 한다.

감성지능(EQ)이란, 자신과 타인의 감정을 인식하고 이해하는 능력 그리고 이러한 인식을 활용하여 자신의 행동과 관계를 조절하는 능력을 말한다. 이처럼 EQ는 우리가 행동을 조절하고 사회에서 복잡한 상황을 헤쳐 나가며 바람직한 결과를 얻을 수 있는 결정을 내리는 데 영향을 미친다.

감성지능이 성공에 중요한 역할을 한다는 것은 누구나 잘 알고 있다. 하지만 그것을 어떻게 활용하여 인간관계를 윤택하게 만들 수 있을지에 대해서는 자세히 모르고 있다. 고객과 인간관계에 있어서 성공을 하려면 다른 사람의 감정을 인식하고 이해하는 능력이 필요하다.

1) 자기감정인식

자기감정에 대한 인식은 자신에 대해 얼마나 알고 있는지를 알 수 있는 지수이다. 이 감정인식지수가 높은 사람은 좋고 싫음이 분명해서 의사결정의 능력이 뛰어나다. 그리고 자신의 적성을 잘 이해해서 자신의 미래에 대해서도 구체적인 구상을 할 수가 있고, 자신에게 적합한 직업을 선택할 수 있는 능력이 있다. 반면에 이 지수가 낮은 사람은 판단이 필요한 상황에서 어떻게 해야 하는지 잘 모르는 경향이 있다. 이러한 사람은 '스마일 마스크 증후군'으로 겉은 웃고 있지만 속은 울고 있는 슬픈 병의 소유자이다.

◈ 자기감정인식 훈련 : 자기 스스로에게 귀 귀울여라

① 내가 좋아하는 노래·연예인은? 이유는?

② 내가 좋아하는 행동과 싫어하는 행동은? 각각의 이유는?

③ 내가 기분 좋을 때 하는 행동과 나쁠 때 하는 행동은? 각각의 이유는?

④ 내가 싫어하는 것보다 좋아하는 것에 치중하라.

⑤ 자기가 할 수 없는 일보다 할 수 있는 일에 집중하라. 단점보다는 장점에 집중해야 한다.

2) 자기감정조절

자기감정조절은 상황에 따라 자신의 감정을 통제할 줄 아는 능력을 말한다. 이 능력이 높은 사람은 외부의 분위기와 상황을 제대로 인지하고 거기에 맞춰 자신의 감정을 적절히 조절하고 표현하는 것이 가능하다. 하지만 자기감정조절이 잘 안 되는 사람은 감정의 노예가 된다. 조절력 강화 능력은 긍정적인 자기사고와 꾸준한 자기 반문을 통해서 길러진다.

◈ 자기감정조절 훈련 : 긍정적 사고하기

① 내가 욱하고 화가 날 때 감정을 조절하는 방법은?

② 나는 화가 날 때 어떤 방식으로 화를 내고 있는가?

③ 심호흡을 하면서 10까지 세고 즉각적인 반응을 보이지 마라.

④ 말과 행동의 일치성에 대해 생각하고 행동하라.

⑤ 자신의 문제에 감정적으로 연관되지 않은 사람과 대화하라.

3) 자기동기화

자기동기화는 "천재는 1% 영감과 99% 노력"이라는 명언과 관련 있는 감성지능이다. 자신이 세운 목표를 달성하기 위해 인내력과 의지력으로 끊임없이 자신을 동기화할 줄 아는 능력이다. 자기동기화 능력이 높은 사람은 성공할 확률이 높은 사람이다. 성공의 요소인 끈기, 낙관적 인식, 자신감, 패배를 씻어버릴 수 있는 능력 등이 바탕에 깔려 있는 사람이다. 이 수치가 낮은 사람은 만사 귀찮아 하는 경향이 있고 인내력도 의지력도 없다.

◈ 자기동기화 훈련 : 목표를 수립하고 실행하기
① 마음을 열고 호기심을 가져라.
② 변화가 바로 눈앞에 있다는 것을 인정하라.
③ 내 과거의 인생 이력서와 내 미래의 인생 이력서를 각각 작성 비교하라.
④ 목표를 공개하라.
⑤ 머리 속에 자신이 성공하는 모습을 상상한다.
⑥ 구체적인 목표를 설정하는 습관을 들이면 감성지수가 올라간다.
(예: 3년, 5년, 10년 내 …를 하겠다. 등)

4) 공감적 이해력

공감적 이해력은 타인의 감정을 읽고 감정을 이입하는 능력이다. 이 능력이 높은 사람은 좋지 않은 감정을 다스리고 긍정적인 느낌을 공감적으로 표현하는 감정이 풍부한 사람이다. 반대로 아주 낮은 사람은 소위 '피도 눈물도 없는 사람'이라고 할 정도로 타인의 감정에 관심이 없는 사람이다.

사람은 누구나 어떤 문제가 생기거나 어려움에 처하게 되면 가까운 사람으로부터 이해받고 그 사람이 자신의 감정을 함께 공감해 주기를 바란다. 그때 상대방의 문제나 어려움에 대해서 사실과 정보 뒷면의 어려움에 대한 감정과 느낌까지도 이해하고 공감해 주도록 경청을 해야 한다.

의사소통에 대한 연구 결과 감성적 소통의 약 90%는 언어와 거의 무관하게 이루어진다는 사실이 밝혀졌다. 다른 사람에 대한 감정이입은 상대방에게 집중하여 경청하려는 자세, 말로 표현되지 않는 생각과 감정까지도 파악하려는 노력에서 길러질 수 있다. 상대방의 입장에서 이해하고 표현하려는 마음가짐을 지닐 때 상대방은 친절하다고 느낌과 동시에 자신과 자신의 조직에 대해 좋은 인상을 가질 것이다.

◈ 공감적 이해력 훈련 : 경청능력과 감정이입하기
① 상대방의 입장에서 바라보라.
② 보디랭귀지를 유의해서 살펴보라.
③ 듣는 기술을 연습하라.
④ 다른 사람의 감정을 이해하라.
⑤ 상대방의 감정이나 상황을 보완해 주어라.
⑥ 자연스러운 커뮤니케이션 방식을 개발하라.

5) 대인관계 능력(상황판단력, 유연성)

대인관계 능력은 상황에 맞는 대화와 행동을 하는 능력으로 상황판단이나 일처리를 유연성 있게 수행하는 능력이다. 대인관계 능력이 높은 사람은 상대방이 무엇을 원하는지 지금 어떤 도움이 필요한지 빨리 판단하고 행동한다. 긴박한 상황에서도 긍정적으로 생각하고 그나마 다행이라는 낙관적인 사고로 세상을 바라보기 때문에 상황에 맞게 잘 대처해 나갈 수 있는 능력이다. 반면 대인관계 능력이 낮은 사람은 갑작스런 위기상황 발생 시 많이 당황하면서 항상 비관적으로 세상을 보는 사람이다. 즉 비관주의적인 성향의 사람은 예언에 쉽게 이끌려 그 예언이 적중되도록 하는 경향이 있다.

◈ 대인관계 능력 훈련 : 긍정적인 사고하기와 표현하기
① 항상 입버릇처럼 '잘될 거야~' '나는 행복해'라는 긍정적인 사고하기
② 매사 긍정 언어로 말하기

- 긍정단어 : 평화, 감사, 축복, 사랑, 존경, 이해, 포용, 책임감, 자발성, 용서, 낙관, 친절, 신뢰, 유연함, 용기, 긍정 등
- 부정단어 : 잔인함, 굴욕, 수치심, 비난, 죄의식, 학대, 무기력, 절망, 포기, 슬픔, 후회, 낙담, 두려움, 근심, 회피, 분노, 미움 등
③ 분위기를 파악하고 전체 그림을 보아라.

류시화는 '마음의 거리'를 세상에서 가장 먼 길이라고 했다. 이는 사람의 머리와 가슴까지의 30cm밖에 안 되는 거리지만 머리에서 가슴으로 이동하는 데 평생이 걸리는 사람도 있다는 것이다. 인간관계 능력을 향상시키기 위해서는 자기 인식이 무엇보다 중요하고 자기관리를 통해 상대방의 욕구와 감정을 잘 이해하고 배려하여 행동하는 훈련이 필요하다.

2 친절지수 높이기

1) 좋은 매너를 갖추기 위한 친절이란 무엇인가?

① 친절은 심리적 상황과 관계가 있다.
② 친절은 창조적 발상과 관계가 있다.
③ 친절은 반드시 보상이 따른다.
④ 친절은 청소, 정리정돈 등의 생활화에도 관계가 있다.
⑤ 친절은 투철한 주인의식에서 비롯된다.

2) 나의 친절지수는 얼마나 되는지 평가해 보자

① 나는 언제나 상대방을 반갑게 맞이하고 얼굴표정이 밝고 따뜻한가?
② 나는 말씨가 부드럽고 자상한가?

③ 나는 늘 남들에게 봉사한다는 마음의 자세를 갖추고 있는가?

④ 나는 전화를 겸손하고 친절한 자세로 받는가?

⑤ 나는 남들과 대화를 나눌 때 상대방이 불쾌하게 여길 수 있는 행동을 하지 않는가?

3 Rapport(라포, 공감대) 형성

모든 인간관계의 시작은 라포에서부터 시작된다. 라포란 상대방의 현재상황에 대한 믿음과 이해를 공유하는 감정의 상태를 말하는 것이며, 이것은 수준의 차이가 아니라 상대방과 자신이 비슷한 수준에서 이루어져야 한다. 즉, 라포란 그 수준이 깊어야만 좋은 것이 아니라 서로가 비슷한 수준에서 이루어지는 것이 가장 이상적이라고 할 수 있다.

라포는 두 사람 사이를 이어주는 교량역할을 하는 것이며, 라포가 형성되지 않은 관계에서는 상대방에 대한 어떠한 변화도 기대할 수 없다.

이러한 두 사람 사이의 라포는 인간의 모든 생활에서 이루어지는 상호작용이며, 특히 두드러지게 나타나는 인간관계나 협상ㆍ세일즈ㆍ고객응대ㆍ상담 등에서는 더욱더 중요하게 다루어지고 있다.

라포를 형성하기 위해 상대방의 신체적ㆍ정서적ㆍ언어적 상태를 맞추어(matching) 따라가는 것을 페이싱(pacing)이라고 한다. 우리는 상대방을 pacing함으로써 변화를 유도할 수 있다. 상대방의 pacing이 없이는 자신이 원하는 어떠한 변화도 상대방에게 기대하기 어려울 것이다.

하지만 가장 중요한 것은 라포를 형성하기 위한 pacing은 상대방을 존중하는 마음이 바탕이 되어야 한다는 것이다. 만약 그렇지 않은 pacing은 얼마 가지 못해 상대가 알게 되고 그 이전의 관계보다 더 악화되는 결과를 가져올 수도 있다.

◈ 라포의 정의

① 두 사람 사이를 연결하는 교량역할을 말한다(친밀감).
② 상대방의 상황을 이해하고 공유하는 것을 말한다.
③ 상대방에 대한 존중이 바탕이 되어야 한다.

◈ 라포를 형성하는 방법(B.M.W)

B(Body)	눈의 위치, 얼굴의 긴장 이완 정도 자세(앞으로 구부린, 옆으로 기댄…) 움직임(율동적인, 흔드는, 토닥이는…)
M(Mood)	음정 및 음색(흥분된, 안정된…) 말의 속도 및 리듬, 호흡(규칙적, 불규칙적)
W(Word)	상대방이 이야기하는 말의 내용 (심층적이고 구체적인 차원의 공감)

4 Pre-giving(먼저 주기) 실천

고객과 인간관계에 있어서 미소, 인사, 대화, 칭찬 등을 '내가 먼저' 하면서 먼저 관심을 표명한다. 물질보다는 따뜻한 미소로 진정성을 담아 '내가 먼저 주는 것', '먼저 주기(Pre-giving)'를 하면 받은 사람은 마음의 문을 쉽게 열게 된다. 소위 받은 다음에 주는 것은 그 효력이 먼저 줄 때보다 1/10밖에 안 된다. 그만큼 먼저 주는 효과가 훨씬 배가된다는 얘기다.

'준다'는 것은 불교에서 布施(주는 것)로, 남에게 무엇을 베푸는 것을 말하며, 보시 중에는 돈이 없어도 할 수 있는 7가지 보시를 무재칠시(無財七施)라고 했다. 이 무재칠시를 실천하면 언제 어디서 누구와 만나더라도 성공적인 대인관계로 인하여 상대방을 내 사람으로 만들 수 있다. 그리고 서비스나 마케팅 활동에서도 무재칠시 실천에 의한 설득 매너를 통해 좋은 결과를 얻을 수 있다.

◆ 무재칠시

① 안시(眼施)

부드럽고 편안한 눈빛으로 사람을 대하는 것으로 경계하지 않고 열린 마음으로 사람을 편하게 대해주는 것을 말한다. 편안한 사람이라는 느낌을 줄 수 있다.

② 안시(顔施), 화안시(和顔施)

자비롭고 미소 띤 얼굴(부드러운 표정)로 사람을 대하는 것으로 안시와 비슷한 개념이지만, 안시에 비해 좀 더 밝고 환한 표정을 말한다. 얼굴에 화기애애하고 기쁨으로 가득한 미소를 머금은 표정은 그 자체만으로도 주위의 많은 사람들에게 기쁨을 안겨주는 소중한 보시가 된다. 상대방을 환영한다는 느낌을 줄 수 있다.

③ 언시(言施), 언사시(言辭施)

공손하고 아름다운 말로 사람을 대하는 것. 상대방을 말로 위로하는 것을 말하며, 말 한마디로 천냥 빚을 갚는다는 말이 있듯이 우리의 바른 언어생활이 얼마나 중요한지 알 수 있다. 커뮤니케이션 능력이야말로 대인관계에 있어서 가장 중요한 요소라고 할 수 있다.

④ 심시(心施)

착하고 어진 마음을 가지고 사람을 대하는 것. 상대방에게 마음을 주는 것으로 이웃들에게 베푸는 것을 말한다. 항상 따뜻하고 자비로운 마음으로 대한다면 우리 사회는 한결 아름다운 사회가 될 것이다. 상대방을 배려하는 마음씀씀이로 대인관계 이미지가 좋아질 것이다.

⑤ 신시(身施)

예의 바르고 친절하게 사람을 대하는 것으로, 사람을 만나면 공손한 자세로 반갑게 인사하고, 어른을 만나면 머리 숙여 인사할 줄 알고 몸으로 남에게 베푸는 것이다. 이렇게 공손하고 예의 바른 몸가짐은 주위의 많은 사람들에게 훈훈한 마음을 안겨 주고 매너가 좋다는 평가를 받게 될 것이다.

⑥ 좌시(座施), 상좌시(狀座施)

다른 사람에게 자리를 양보해서 내가 낮은 데 임하고 상대를 올려 주는 것으로 전철이나 버스를 탔을 때 노약자들에게 자리를 양보하는 미덕이야말로 좋은 표본이 될 것이다.

⑦ 방시(房施), 방사시(房舍施)

사람을 방(보금자리)에서 재워주는 것을 말하며, 나의 귀중한 것을 함께 사용하게 해준다는 것이다.

기본 매너 실무편

표정 이미지 관리 / 정중한 인사 매너 / 바른 자세와 안내 매너 /
나를 돋보이게 하는 용모와 복장 매너 /
대화 매너와 화법 / 전화 매너

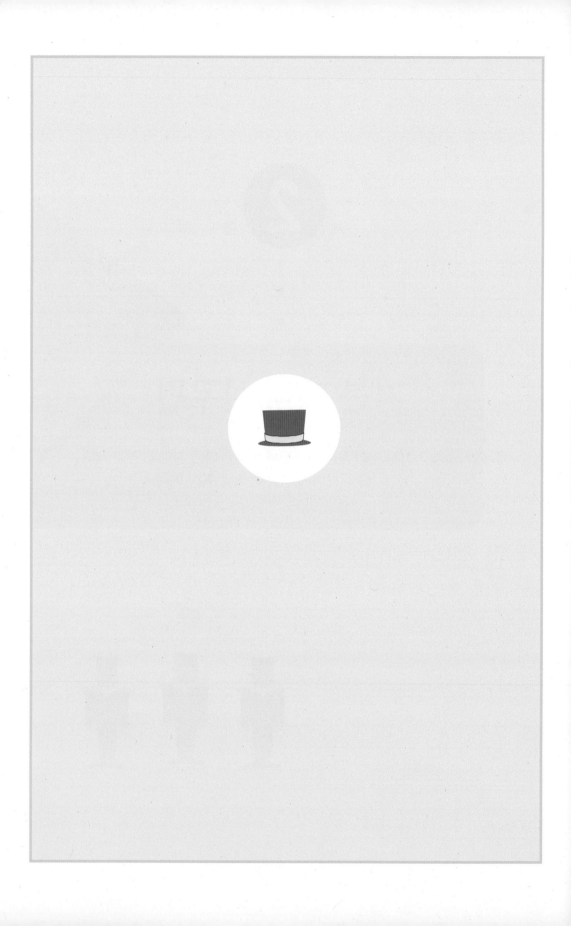

표정 이미지 관리

얼굴은 마음의 거울
긍정적 마음가짐이 아름다운 미소를 만든다.
Eye contact은 관계의 시작이고
가장 오랜 여운을 남긴다

제1절 밝고 호감 가는 표정 연출

1 밝은 표정의 중요성

  얼굴은 그 사람의 마음을 비춰주는 거울로서, 우리 신체에서 자신을 가장 잘 표현할 수 있는 부분이다. 미국의 링컨 대통령이 "사람은 나이 마흔이 되면 자기 얼굴에 책임을 져야 한다"는 말을 남겼다. 그만큼 사람의 얼굴에는 자기의 인생이 드러난다는 것을 의미한다. 그래서 우리는 불혹의 나이에 얼굴에서 편안함을 느끼게 하기 위해 평소 표정의 중요성을 알고 그것을 실천하기 위해 노력해야만 하는 것이다.

  비즈니스 현장에서도 얼굴표정은 상대방에게 호감을 전달할 수 있는 대단히 중요한 요소인 동시에 상대방의 기분을 알 수 있는 근거가 되기도 한다. 일반적으로 얼굴표정만으로도 상대방의 정신적인 건강상태와 마음을 읽는다. 따라서 항상 긍정적인 마음가짐과 함께 늘 아름다운 미소를 지니도록 노력하는 것이 매우 중요하다.

　미소하면 떠오르는 얼굴이 승무원이다. 승무원은 채용 시부터 얼굴이 예쁜 사람을 뽑는 것이 아니라, 얼굴표정이 부드러우면서 미소가 아름다운 사람을 뽑는다. 입사 후에도 꾸준히 아름다운 표정을 만들기 위해 많은 훈련과정을 거쳐, 자연스럽게 미소를 머금은 호감 가는 표정을 만드는 것이다.

　어떻게 하면 아름다우면서 호감 가는 표정을 연출할 수 있을까? 크게 어려운 일이 아니다. 사람의 눈은 혀보다 훨씬 많은 이야기를 한다. 또 눈썹의 역할도 크다. 대화 중에 눈썹을 올리면서 말하는 사람은 그렇지 않은 사람보다 심리적으로 우위에 선다고 한다. 그리고 입 꼬리 주변이 아래로 처져 있으면 나이가 들어보이거나 표정이 어두워 보인다. 이와 같이 비호감 이미지를 호감이미지로 바꾸려면 얼굴근육 훈련을 해야 한다. 얼굴의 눈, 눈썹, 볼, 입 운동 같은 얼굴근육 훈련을 통해 후천적으로 얼마든지 좋은 이미지로 변하게 할 수 있기 때문이다.

◈ 표정의 중요성

① 첫인상이 결정된다.
　표정을 통하여 첫인상(first impression)이 결정되고, 그것이 본인의 이미지를 형성하게 된다.
② 호의적인 태도가 형성된다.
　첫인상이 좋아야 계속해서 대면이 가능해져 인간관계가 지속되며, 호감이나 호의적인 태도를 형성할 수 있다.
③ 밝은 표정은 인간관계의 기본이다.
　밝은 표정은 환영을 의미하고, 자신감을 갖게 해줄뿐더러 소극적인 감정을 치료해서 적극적으로 만들어준다.
④ 상대방의 표정은 나의 책임이다.
　나의 표정이 밝고 환하면 보는 사람으로 하여금 즐겁게 만드는 효과가 있다.

2 밝은 표정의 효과

얼굴은 마음의 거울이며, 그 사람이 살아온 인생의 기록이며 '신상명세서'라고 한다. 얼굴은 항상 다른 사람의 시선에 노출되고 상대는 우리의 밝은 표정을 보고 친절과 상냥한 마음을 판단한다.

그래서 프랑스 어머니들은 자녀들에게 '애야, 너의 얼굴은 너를 위한 것이 아니다. 주위 사람들을 행복하게 해주기 위한 소중한 것이란다.'라고 늘 얘기한다고 한다. 상대방이 나의 표정을 보고 여러 가지 심리변화를 일으키기 때문이다. 우리가 일상생활에서 유난히 기분 좋은 사람들을 만나면 나도 모르게 표정이 밝아지는 것도 이 때문이다.

마음을 아름답게 하면 얼굴표정은 저절로 밝아지며 표정을 밝게 하면 마음 또한 밝아진다고 한다. '표정은 얼굴을 바꾸고 운명을 결정한다.' 항상 기쁜 표정을 짓고 웃으면서 즐겁게 생활한다면 즐거운 표정은 입가 근육을 발달시켜서 좋은 얼굴로 변화되고 복을 받게 될 것이다.

항상 미소 짓는 얼굴은 재능이 다소 부족해도 주변에 많은 사람들을 불러들여서 그들의 도움으로 성공할 수 있는 큰 행운을 가져온다. 그래서 표정은 얼굴을 변화시키고 그 사람의 운명까지도 결정한다고 할 수 있다.

1) 건강증진의 효과

웃음은 앉아서 하는 조깅이라 할 정도로 운동효과도 있다고 한다. 또한 웃음을 통해 긴장이나 불안이 해소됨으로써 스트레스가 해소되고 면역기능이 증가함에 따라 얼굴의 노화가 방지되는 효과가 있다고 한다.

스마일 상태로 한번 웃으면 에어로빅 5분의 효과가 있고 크게 소리내어 웃으면 10분 이상의 효과가 있다고 한다. UCLA 병원의 프리드먼 박사는 하루에 45분 웃으면 고혈압이나 스트레스 등 현대 질병의 치료가 가능하다고 했다.

2) 호감 형성의 효과

밝은 표정은 자신의 인상을 좋게 해주며 상대방으로 하여금 호감과 편안한 기분이 들게 해준다. 표정은 자신의 것이지만 자신이 보는 것이 아니라 상대에게 보여지는 것이다. 미소 띤 얼굴은 '기분 좋은 사람, 따뜻한 사람, 솔직한 사람'이라는 인상과 친근감을 준다.

3) 감정이입(移入)의 효과

웃음은 자신뿐 아니라 상대방의 기분을 좋게 한다.

4) 실적향상의 효과

미소 짓는 세일즈맨은 그렇지 않은 사람에 비해 판매실적이 20%나 높다는 일본에서의 연구 결과가 있다. 이것은 일종의 '신바람효과'라고 할 수 있는데 밝은 표정은 업무의 효율성을 증진시키고 일의 능률이 오르면 그에 따라 실적도 향상된다는 것이다.

5) 마인드컨트롤의 효과

웃다 보면 마음이 즐거워지고 기분이 좋아지며 일의 능률이 오른다.

◈ 바람직하지 못한 표정의 예
① 무표정한 얼굴은 상대방에게 불필요한 긴장감과 거리감을 유발한다.
② 입을 일자로 굳게 다문 표정은 대화를 원하지 않는 모습으로 비춰진다.
③ 미간에 주름을 세우는 표정은 상대방에게 어둡게 비춰진다.
④ 코웃음 치는 것 같은 표정은 상대방의 기분을 상하게 한다.
⑤ 눈을 부릅뜬 표정은 상대방에게 두려움을 느끼게 한다.

3 호감 가는 인상 만들기

상대방의 마음을 열려면 호감 가는 표정을 유지하는 것이 바람직하다. 표정은 대인관계나 사회생활의 출발점이므로 평상시 직원이나 상사를 대할 때 밝고 명랑한 표정으로 대하는 것이 좋다. 이와 같이 직장인은 많은 노력을 통해서 좋은 인상, 밝은 인상을 만들어 상대방을 기분 좋고 편하게 느끼도록 해야 한다.

1) 호감 가는 인상 만들기 마음 훈련

① 덕(德)을 쌓는 마음 갖기

겸손한 태도, 확고한 신념과 가치관을 갖고 착하게 살면 밝은 인상, 행복한 인상이 되어 복을 부른다.

② 매사를 긍정적으로 생각하기

아침에 떠오르는 태양의 기를 받으면서 좋은 기분으로 아침을 맞이하고 잠들기 전 하루의 복잡했던 마음을 정리하면서 어떤 걱정도 밝은 마음으로 생각하고 감사하는 것을 습관화하고 행동으로 실천하자.

③ 이미지 훈련하기

동경하는 사람의 이미지나 좋은 이미지를 떠올리며 이미지 훈련을 실시한다. 눈을 감고 원하는 것을 실현시킨 상황을 머릿속에 그려본다.

④ 좋은 습관 만들기

습관은 제2의 천성이다. 자신에게 나쁜 습관은 없는지 짚어보고, 있다면 좋은 습관으로 바꾸는 노력이 필요하다.

2) 호감 가는 표정 만드는 운동

① 눈 운동(2~3회씩 반복)

- 먼저 두 눈을 감는다. 그리고 눈을 크게 뜬 상태에서 눈동자를 천천히 상하좌우로 움직여준다.
- 눈동자를 오른쪽으로 천천히 한 바퀴 돌리고, 다시 반대로 한 바퀴 돌려준다.
- 오른쪽으로 최대한 눈동자를 보냈다가 5초 머문 후, 왼쪽도 똑같이 연습한다.

② 눈썹 운동(5회씩 반복)

- 찡그린 표정의 눈썹과 웃는 표정의 눈썹을 번갈아 만든다.
- 양손의 검지를 눈썹에 살짝 갖다 댄다. 검지를 기준으로 아래로 내렸다 위로 힘껏 당겨 올린다.
- 눈동자를 오른쪽으로 천천히 한 바퀴 다시 반대로 한 바퀴 돌려준다.
- 손가락을 떼고 위로 올려 5초, 아래로 내려서 5초간 머문다.

③ 입 운동

- 입 안에 공기를 가득 채운 후 공기를 상하좌우로 움직인 다음 가글하듯이 굴린 후에 빵 터트려준다.
- 큰소리로 '아 에 이 오 우'를 입모양을 최대한 크게 하면서 발음해 본다.
- 아침마다 하마가 힘껏 하품하는 것처럼 크게 웃는 연습을 한다.
- 마지막으로 입 꼬리가 올라가는 단어 '위스키, 개나리' 등을 사용하여 10초간 멈추었다가 다시 하는 훈련을 반복한다.

3) 시선(視線) 처리

눈은 '마음의 창'이라는 말이 있듯이 눈과 눈빛으로 그 사람의 사람됨을 '선한 사람 같다'라든지 '총명해 보인다' 또는 '멍청해 보인다'라고 평가하기도 한다. 눈과 표정에 생기가 있는 사람은 자신감 있어 보이고 밝아 보여서 호감을 준다.

◈ 시선 처리 시 주의사항

① 자연스럽고 부드러운 시선으로 상대방을 본다. 이는 우호적인 태도로써 호감을 형성한다.
② 상대의 눈을 보는 것이 중요하다. 눈만 빤히 보면 상대가 불편할 수도 있으므로 눈과 눈 사이인 미간과 코 사이를 번갈아 보는 것이 좋다.
③ 가급적이면 상대와 눈높이를 맞추어야 한다.
④ 눈을 위로 치켜뜨거나 위아래로 훑어보지 않는다.
⑤ 곁눈질을 하지 않고 정면에서 쳐다보아야 한다.
⑥ 눈을 자주 깜박거리는 것은 좋지 않다.
⑦ 눈을 똑바로 바라보지 않으면 자신이 없어 보인다.

4) 눈을 매력적으로 보이게 하는 표정 만들기

① 눈썹 운동 : 눈매를 부드럽게 해주는 운동

먼저 눈썹만 상하로 움직여주는데, 눈썹을 힘껏 위로 올린 상태에서 미간에 힘을 주었다 다시 풀어준다. 다섯을 세고 원래대로 돌아오는 동작을 세 번 반복한다.

② 눈동자 운동 : 눈동자를 생기 있게 하는 운동

눈동자가 생기 있어 보이도록 눈의 피로를 풀어주는 운동이다.

눈썹 운동을 한 후 눈동자 운동을 실시하는데, 눈동자를 시계방향으로 세 바퀴 돌려주고 다시 반대방향으로 세 바퀴 돌려준다.

③ 눈언저리 운동 : 까만 눈동자와 눈언저리 근육 단련 운동

눈동자 운동을 실시한 후 사시(사팔뜨기) 연습을 하는데, 검지 끝을 눈과 눈 사이에 두고 응시한다. 마음속으로 다섯을 세고 원래대로 돌아가 다시 처음부터 세 번 반복한다.

④ 눈 윙크 운동 : 눈의 표정을 풍부하게 하는 운동

윙크를 멋지게 잘하는 사람은 대체로 눈의 표정이 풍부하다. 사람에 따라 한쪽 눈이 다른쪽 눈에 비해 윙크가 제대로 안 되는 경우가 있는데, 이런 경우 안 되는 쪽을 집중적으로 연습할 필요가 있다.

먼저 오른쪽 눈꺼풀에 힘을 주는 듯 감고 다섯을 센 후 원 상태로 돌아가 정면을 바라본다. 이번에는 왼쪽 눈꺼풀로 윙크한 후 다섯을 세고 정면을 응시하는 것으로 해서 세 번을 반복한다.

제2절 아름다운 미소

1 미소의 중요성

얼굴에서의 '얼'은 영혼을 뜻하고 '굴'은 통로라는 뜻을 가지고 있다. 즉, 내 얼굴은 나의 영혼까지도 보여줄 수 있는 중요한 것이다. 밝고 호감 가는 표정을 짓는 것은 타인을 향한 배려심에서 나온다. 호감 가는 밝은 표정은 미소로부터 시작되는데, 밝은 표정을 하는 사람에게는 늘 행복이 찾아온다고 한다. '행복하기 위해서 웃는 것이 아니라 웃다 보니 행복해지더라'는 말처럼, 웃으면 웃음의 효과로 인해 만복이 굴러온다.

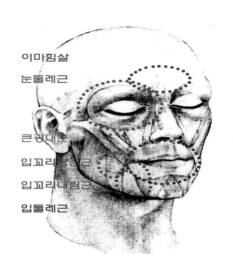

좋은 표정은 아름다운 미소가 있을 때 더욱 돋보인다. 우리 얼굴에는 80여 개의 크고 작은 근육이 있고 그중에서 얼굴을 찡그릴 때 64개의 근육이 움직이는 데 반해 웃을 때는 13개의 근육만 움직인다는 것을 보면 미소가 결코 어려운 것은 아니라고 생각한다.

⊖ 웃으면 복이 온다.

그런데 사람의 웃음은 아기 때부터 취학 전까지는 최고조에 이르지만 그 이후에는 점점 줄어든다고 한다. 웃음을 생리학적으로 분석하면 뇌의 특정부위를 자극한 결과라고 하는데, 나이가 들면서 웃음이 줄어드는 것을 보면 스트레스 등 외부의 환경적 요인이 작용한 것으로 보인다.

2 미소 만들기 훈련

얼굴을 이용하여 밝고 매력적인 웃음을 연출하기 위한 근육훈련법으로 자신의 표정에 어울리는 웃는 모양을 만들도록 한다. 모나리자의 미소를 떠올리며 눈과 코는 그대로 둔 채 입 꼬리를 살짝 올려보면 눈까지 함께 웃는 모습으로 보일 것이다.

1) 워밍업

① 턱 내밀기 : 턱을 바깥쪽으로 내밀어 어깨가 울릴 때까지 한다.

② 풍선 불기 : 풍선을 부는 모양으로 볼을 부풀린 다음 좌우로 이동한다.

③ 눈동자 굴리기 : 눈썹 위에 검지를 수평하게 한 후 눈동자로 큰 원을 그린다.

④ '하-히-후-헤-호' 체조 : 허리를 바로 세우고 호흡을 가다듬은 후 목에 긴장을 풀고 시행한다.

◆ '하-히-후-헤-호' 체조

① 하 : 턱이 움직일 수 있도록 입을 크게 벌려 '하' 소리를 낸다.

② 히 : 입 꼬리를 한일자로 힘껏 당겨 큰소리로 '히' 소리를 내며 얼굴 근육을 긴장시킨다.

③ 후 : 촛불을 불어 끄는 느낌으로 입술을 앞으로 내밀고 '후' 소리를 낸다.

④ 헤 : 입 꼬리를 의식하며 힘을 주어 위로 올리며 '헤' 소리를 낸다.

⑤ 호 : 입술을 뾰족하게 내밀며 '호' 소리를 낸다.

⑥ 연속하기 : 하하하, 히히히, 후후후, 헤헤헤, 호호호(3~5회 훈련한다.)

2) 웃음 만들기 입모양 체조

① 참새 체조 : 참새의 입처럼 입을 뾰족하게 내밀며 세로로 길게 벌린다.

② 한우 체조 : 소가 여물을 씹는 모양으로 턱을 가볍게 돌린다.

③ 복어 체조 : 복어의 배를 연상하며 입에 바람을 가득 넣어본다.

④ 개 체조 : 더운 여름 개가 혀를 길게 내미는 것을 연상하며 해본다.

3) 웃음 만들기 보조 체조

① 끄떡끄떡 체조 : 8박자에 맞추어 고개를 천천히 숙였다가 뒤로 젖힌다.

② 도리도리 체조 : 8박자에 맞추어 고개를 천천히 좌우로 움직인다.

③ 테크노 체조 : 몸에 힘을 빼고 문어처럼 자유롭게 온 몸을 움직인다.

4) 다양한 표정훈련

① 깜짝 놀란 표정

입술을 가볍게 다문 후 눈은 깜짝 놀란 표정으로 크게 뜬다. 이때 양손으로 볼, 목뒤를 가볍게 두드린다.

② 입 크게 벌리고 하늘 보기 표정

크게 입을 벌리면서 목을 천천히 뒤로 젖히는 자세로, 목덜미가 시원해지면서 전신에 활력을 준다. 목을 뒤로 젖힐 때는 천천히 시행하여 부상을 방지한다.

③ 입술 운동

• 입술을 한쪽으로 힘껏 끌어당기고 어금니를 꽉 다문다. 좌우를 반복

• 위아래 입술을 동시에 양옆으로 힘껏 당기고 이에 힘을 준다.

• 입술을 오므려 앞으로 내밀고 좌우로 움직인다. 입 주위와 볼 근육의

움직임이 느껴질 때까지 한다.

5) 입 꼬리 올리기

① '위스키' 또는 '와이키키'의 입모양을 만든 후 그 상태에서 약 10초 동안 그대로 유지한다. 다시 제자리로 돌아와 긴장을 푼 후 되풀이한다.

> 위 : 입을 가운데로 모으고
> 스 : 입을 옆으로 약간 당기듯이
> 키 : 입 꼬리를 위로 향하게 훈련한다.

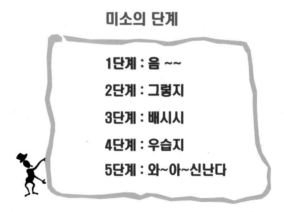

미소의 단계

1단계 : 음 ~~
2단계 : 그렇지
3단계 : 배시시
4단계 : 우습지
5단계 : 와~아~신난다

② 나무젓가락 물고 훈련

거울을 보며 입술에 힘을 빼고 나무젓가락을 한일자로 가볍게 문다. 젓가락보다 입 꼬리가 좌우 균등하게 올라가도록 웃는 모양으로 입 꼬리를 올린 후 그대로 10초 동안 유지하는 훈련을 한다.

제5장 정중한 인사 매너

상대방에 대한 호의와 존경심, 서비스 정신을 나타내는 마음가짐의 외적 표현
상대의 인격을 존중하고 배려하며 경의를 표시하는 수단.
즉 상사에게는 존경심, 동료에게는 우애와 친밀감 표현
친절하게 웃는 얼굴로, 다정하게 호칭하며, 상대방의 눈빛을 보며 인사한다.

제1절 인사의 의의와 중요성

① 인사의 의의

인사는 한자 표현인 '人事'의 의미를 생각해 볼 때 '사람이 마땅히 해야 할
일' '사람을 존중하는 일'이라는 의미이다. 인사는 인간관계의 기본이며 사람
이 가장 사람다울 수 있는 아름다운 행위이다. 인사에서 무엇보다 중요한 것
이 상대방을 존중하는 마음과 상대방에 대한 우호적인 감정의 표현으로 해야
한다는 것이다. 인사는 인간관계에 있어서 시작과 끝을 장식하는 것이며 첫
동작이자 마지막 동작이기 때문에 인사의 의의가 크다고 하겠다

인사는 경우에 따라서 인사하는 방법이 다르고 인사말도 때와 장소에 따
라 다르다. 그러므로 때와 장소와 상황에 맞는 알맞은 인사자세와 인사말을

익혀야겠다. 일반적으로 인사하는 대상과 방향이 다를 때는 30보 이내에서, 인사 대상과 방향이 마주칠 때의 이상적인 거리는 보통 6보 정도 전방에서 한다. 그리고 측면에서 나타나거나 갑자기 만나게 되었을 때는 즉시 인사하고 화장실이나 사우나 안에서 만났을 때는 인사말을 생략하고 목례로 인사를 대신한다.

직장생활에서는 매너와 에티켓도 일의 한 부분으로 평가받을 수 있다는 것을 명심해야 한다. 인사를 잘못하면 이미지가 나빠지고 극단적인 경우에는 직원으로서 자격이 없다고 생각할 수도 있다. 가령 어색하거나 형식적인 인사나 인사말은 인사를 받는 편에서 볼 때 오히려 불쾌한 느낌을 가지게 된다. 특히 건성으로 하는 인사는 상대방에게 존경심을 갖지 않을 때 나타나므로 쓸데없이 오해받지 않도록 조심해야 한다.

만약 상대방에게 존경하는 마음이 있다면 인사하는 태도는 보다 공손하고 정중해야 한다. 특히 처음 대하는 사람에게 서툴게 인사를 하면 좋지 않은 첫인상을 남기기 쉽다. 따라서 인사는 너무 형식에 얽매인 딱딱한 인사보다는 따뜻한 마음을 담아 정겨운 인사를 하는 것이 바람직하다.

◈ 인사란?

① 마음에서 우러나오는 만남의 시작이며 마음가짐의 외적 표현이다.

② 인간관계의 시작이고 끝이다.

③ 서비스맨의 척도이며 기본이다.

④ 마음의 문을 여는 열쇠이다.

⑤ 상대방에 대한 존경심의 표현이며 친절하겠다는 약속의 표현이다.

⑥ 상대에게 줄 수 있는 첫 번째 감동이다.

⑦ 직장인에게는 애사심의 발로이고, 상사에게는 존경심의 표현이고, 동료 간에는 우애의 상징이고, 고객에 대한 서비스 정신의 표현이다.

⑧ 자신의 인격과 교양을 표현하는 것이다.

2 인사의 중요성

인사는 많은 예절 가운데에서도 가장 기본이 되는 것으로서 상대방을 향하여 마음속에서 우러나오는 존경심과 반가움을 나타내는 형식의 하나라 하겠다.

우리나라에서는 예부터 예의를 중히 여겨왔기 때문에 인사를 잘 하고 못하는 것으로 사람의 됨됨이를 가늠해 왔다. 그래서 인사성 바른 아이를 보면 어른들이 '아무개의 아들은 사람이 됐어' 하면서 그의 부모까지 이웃으로부터 칭송을 받았다. 이와 같이 인사를 통한 마음의 자세를 예절의 척도로 생각하는 것이다.

인사는 받는 사람만의 기쁨이 아니라 하는 사람도 기분 좋은 일이기 때문에 러시아의 문호 톨스토이(Tolstoi)도 "어떠한 경우라도 인사하는 것은 부족하기보다 지나칠 정도로 하는 편이 좋다"라고 말하였다. 진심으로 머리를 숙여 인사할 줄 안다는 것은 그만큼 자신에 대한 신념이 확고하다는 증거가 된다. 인사는 단순한 동작이지만 많은 의미를 내포한 중요한 의식인 만큼 바른 자세로 마음을 담아 밝은 미소와 함께 해야 한다.

우리 주변에는 인사를 잘해서 성공한 사람들이 많다. 수년 전 많은 이야기로 회자되었던 '억대의 연봉을 올린 여의도의 요구르트 아줌마'라든가 '한국도로공사의 계약직 사원이 정사원으로 특채된 ○○○씨'의 사례를 통해서 인사의 중요성을 인식할 수 있다.

사례1

한 달 수입이 1,000만 원이 넘는 요구르트 아줌마의 성공비결!

여의도에서 최고의 매출을 자랑하는 요구르트 아주머니에게 성공비결을 물어보면 이렇게 말했다고 한다.

"매일 만나는 사람마다 인사를 하고 다녀요. 처음에는 사람들이 제가 누군지도 모르면서 인사를 받지요. 어느 날부터는 인사를 하면 아는 체를 하기 시작했어요. 그러다 제가 나중에 사무실에 들렀을 때 그들은 비로소 제가 요구르트 아줌마라는 사실을 알게 되죠. 그들은 대부분 이미 인사를 통해 알게 된 저를 반가워하고 스스로 고객이 돼요. 그래서 저는 세일즈의 성공은 인사로부터 시작된다고 믿고 있어요."

이 이야기를 통해서 인사란 다른 사람으로부터 호감과 친밀감을 얻을 수 있는 큰 장점이 있다는 것을 알 수 있다.

 사례2

공기업 계약직에서 정규직으로 특채된 ○○○씨의 성공이야기

○○○씨는 평범한 주부였다. 그러나 그녀가 6개월 계약직으로 도로공사에 입사해 북대전 톨게이트에서 요금징수 일을 하면서 많은 변화가 일어났다. 처음에는 좁은 공간에서 잠시 쉴 틈도 없이 하루 1,000대 가까이 되는 차량의 요금을 계산하는 일은 그녀에게 무척 벅찬 일이었다. '무엇이 나를 이렇게 힘들게 하는가'를 곰곰이 생각해 본 그녀는 하루 종일 지나치는 많은 사람들과 어떤 교류도 없이 기계처럼 일만 하기 때문이라는 결론에 도달했다.

그녀는 다음날부터 용기를 내어 요금을 내는 사람들에게 크고 낭랑한 목소리와 밝은 표정으로 인사를 건네기 시작했다. 그것도 영수증과 거스름돈을 주면서 운전자의 손을 살짝 잡으며 인사를 건넸다. "운전하느라 힘드셨죠? 남은 여정도 안전 운전하세요." 하며 운전자의 손을 잡고 살짝 흔들었던 것이다. 대부분의 요금 징수원이 기계처럼 말없이 요금을 주고받던 시절에 그녀의 이런 행동은 사람들을 깜짝 놀라게 한 것은 물론 금방 기억에 남는 사람으로 만들었다.

얼마 후 놀라운 일이 벌어졌다. 고속도로 톨게이트를 지나는 사람들이 그녀가 근무하는 부스 쪽으로 줄을 서기 시작한 것이다. 또 사람들이 먼저 그녀에게 인사를 건넸으며 모두 웃는 얼굴로 톨게이트를 떠났다. 그녀는 하루 천 명의 사람들과 교류하면서 보내는 시간들이 힘든 하루 일과를 잊게 해줄 뿐만 아니라 사람들에게 기쁨을 준다는 사실을 깨닫게 됐다.

이렇게 도로공사에서 화제를 일으킨 그녀는 정사원으로 채용됐을 뿐만 아니라 전국 톨게이트 요금징수 요원들의 서비스 교육 강사로도 선임됐다. 대졸 젊은 사람들도 취직하기 어려운 시기에 더군다나 공기업에서 계약직으로 일하다 정사원으로 특채가 되었으니 훌륭한 인사 하나로 인생에 성공한 케이스라고 생각한다.

제2절 인사의 종류

인사는 목례, 보통인사, 정중한 인사의 세 가지로 구분하는데 상황과 상대에 따라 적절한 인사말과 적당한 자세로 인사를 함으로써 상대방에게 호감을 주도록 한다.

1 목례(약례, 반경례)

목례(目禮)는 기본적인 예의를 표현하는 가벼운 인사로 흔히 눈인사라고 한다. 대략 10도에서 15도 정도 허리를 굽히며 시선은 발끝 3m 정도 앞에 둔다. 주로 다음과 같은 상황에서 목례를 한다.

① 하루에 두 번 이상 마주치는 상사에게 두 번째부터 하는 인사이다.
② 동료나 후배, 하급자를 만났을 때 하는 가벼운 인사이다.

③ 주로 계단, 복도나 엘리베이터 같은 좁은 장소에서 하는 인사이다.

④ 친절에 대해 가볍게 감사의 뜻을 표할 때 하는 인사이다.

⑤ 보행 중에 또는 업무 중인 사람에게 말을 걸 때 사용하는 인사이다.

예, 알겠습니다.

② 보통 인사(경례, 평상례, 보통례)

상대방에 대한 정식 인사로 상체를 30도 정도 숙여서 인사하는 방법이다. 시선은 2m 정도 앞을 바라본다. 주로 다음과 같은 상황에서는 보통례로 인사를 한다.

① 고객을 맞이하거나 배웅하는 경우에 하는 인사이다.

② 상사에게 출근과 퇴근 시 인사하는 경우에 활용한다.

③ 일반적으로 윗사람에게 하는 인사이다.

안녕하십니까?
안녕히 가십시오.

③ 정중한 인사(최경례, 큰경례)

정중례라고도 하며, 가장 공손한 인사이다. 상체를 45도 정도 숙여 인사하며, 시선은 1m 앞쪽을 바라본다. 정중한 인사는 의식행사에서 또는 아주 지체가 높은 사람에게 하는 인사로 상체를 서서히 일으켜 상대방에게 경의를 표하는 인사이다. 다음과 같은 경우에는 정중례로 인사를 한다.

죄송합니다.
미안합니다.

① 정중하게 감사의 표시를 해야 하거나 사죄를 해야 할 때 적용한다.
② 국빈, 국가원수, 집안 어른 등에게 하는 인사이다.
③ 결혼식 등 관혼상제에서 하는 인사이다.

◈ **6단계의 최경례 인사**

① 1단계 : 바른 자세로 선다.
　• 발꿈치를 붙이고 자세를 곧게 편다.
　• 어깨에 힘을 빼고 등이 굽지 않도록 한다.
　• 주먹을 가볍게 쥐고 바지의 재봉선에 손을 댄다.
　 (여성의 경우는 두 손을 자연스럽게 앞에 모은다.)
② 2단계 : 상대의 눈을 보며 인사말을 한다(아이 콘택트, 스마일).
　• 부드러운 눈으로 바라보면서 상황에 맞는 인사말을 한다.
③ 3단계 : 상체를 천천히 정중하게 굽힌다.

- 등, 목, 허리가 일직선이 되게 하여 허리를 굽힌다는 기분으로 숙인다.
- 마음속으로 하나, 둘, 셋을 세며 천천히 상체를 숙인다.

④ 4단계 : 잠시 멈춘다.
- 넷, 다섯을 세며 잠시 숙인 자세를 유지한다.
- 시선은 1m 정도 앞을 본다. 상대방의 발끝을 향한다.

⑤ 5단계 : 천천히 고개를 든다.
- 여섯, 일곱, 여덟을 세며 상체를 서서히 일으키며 바른 자세로 선다.
- 숙일 때보다 천천히 고개를 든다.

⑥ 6단계 : 똑바로 서서 다시 상대방의 눈을 바라본다(아이 콘택트, 스마일).

④ 전통적인 절의 예절

1) 절의 의미와 종류

(1) 절의 의미

절이란 원래 자신을 낮추고 상대방에게 공경하는 뜻을 나타내는 동작으로서 행동예절의 기본이다. 절은 웃어른이 아랫사람에게 답배하기도 한다. 이는 비록 아랫사람이라도 존중의 표시로 하는 것이다. 이와 같이 절의 예절에는 절하는 예절과 절을 받는 예절이 있다.

(2) 절의 종류

① 큰절

일방적으로 공경을 드려야 하는 대상에게 하는 절로서 절 받는 사람은 답배를 하지 않아도 된다. 폐백이나 조부모와 부모의 회갑 때 드린다.

② 평절

서로 공경해 맞절을 하는 경우이며, 절을 받을 사람이 큰절하지 말고 평절로 하라고 할 때도 있다. 같은 또래의 사람끼리 또는 윗사람에게 문안이나 세배를 할 때 행한다.

③ 반절

평절을 받는 사람이 절하는 사람을 존중해서 답배하는 절이며, 가까운 친족이 아닌 성년자의 절에는 반절로 답배한다.

2) 절하는 법

(1) 공수법

공수(拱手)란 어른 앞에서나 의식행사에 참석했을 때 취하는 공손한 자세로서 손을 맞잡는 것을 말한다. 전통 절하는 예절은 모두 공수에서 시작된다. 공수의 기본 동작은 두 손의 손가락을 가지런히 편 다음 앞으로 모아 포갠다. 엄지손가락은 엇갈려 깍지 끼고 식지 이하 네 손가락은 포갠다.

공수한 자세는 어른에게는 공손한 인상을 가질 수 있도록 해야 하고, 공손한 자세를 취하는 사람에게도 편안한 자세가 되어야 한다. 평상시 남자는 왼손이 위로 가도록, 여자는 오른손이 위로 가게 한다. 흉사 시의 공수는 남녀모두 평상시와 반대로 한다.

> ◈ 공수한 손의 위치
> ① 소매가 넓고 긴 예복을 입었을 때는 팔뚝을 수평이 되게 해야 예복의 소매가 가지런해서 아름답다.
> ② 평상복을 입었을 때는 공수한 손을 자연스럽게 내리면서 엄지가 배꼽부위에 닿게 한다.

(2) 남자의 큰절

① 공수한 자세로 절할 대상을 향해 선다.

② 엎드리며 공수한 손으로 바닥을 짚는다.

③ 왼 무릎을 먼저 꿇고 오른 무릎을 가지런히 꿇는다.

④ 왼발이 아래로 발등을 포개고 뒤꿈치를 벌리며 깊이 앉는다.

⑤ 팔꿈치를 바닥에 붙이며 이마가 손등에 닿도록 머리를 숙인다.

⑥ 고개를 들며 팔꿈치를 바닥에서 뗀다.

⑦ 오른 무릎을 먼저 세운다.

⑧ 공수한 손을 바닥에서 떼어 오른 무릎 위에 놓는다.

⑨ 오른 무릎에 힘을 주며 일어나 양 발을 가지런히 모은다.

(3) 여자의 큰절

① 공수한 손을 어깨 높이에서 수평이 되게 올린다.

② 고개를 숙여 이마를 손등에 댄다.

③ 왼 무릎을 먼저 꿇고 오른 무릎을 가지런히 꿇는다.

④ 오른발이 아래로 발등을 포개고 뒤꿈치를 벌리며 깊이 앉는다.

⑤ 상체를 앞으로 60도쯤 굽힌다.

⑥ 상체를 일으킨다.

⑦ 오른 무릎을 먼저 세운다.

⑧ 일어서서 두 발을 모은다.

⑨ 수평으로 올렸던 공수한 손을 내린다.

제3절 정중한 인사

1 인사할 때의 마음가짐

인사할 때의 마음가짐은 얼굴의 표정과 몸가짐이 잘 조화되어야 하며 즐거운 마음으로 인사를 해야 한다. 고개만 꾸벅 수그리고 마음속으로는 다른 생각을 하는 성의 없는 인사가 아닌 진심으로 감사의 마음을 담아 인사를 해야 한다.

인사는 돈이 들지 않는 투자이다. 투자 가운데 가장 좋은 투자는 돈이 안 드는 투자이며 사람에 대한 투자이고 동시에 인사는 가장 좋은 투자로서 상대방에게 나를 깊이 인식시킬 수 있는 것이다. 그러므로 인사는 자신과 상대를 위하는 마음으로 해야 하며 이를 습관화해야 한다.

1) 인사할 때의 5가지 Key Point

① 인사는 이쪽에서 내가 먼저 한다

　이것은 내가 대화의 주도권을 잡기 위한 좋은 기회이다.

② 상대의 눈을 보고 미소를 지으며 인사한다

　매력적인 아이 콘택트(eye contact)를 한다.

③ 상대 상황(상대 마음)을 보면서 인사한다

　상대의 마음을 잡아야 한다.

④ 큰소리로 밝고 명랑하게, 용기를 갖고 인사를 한다

⑤ 플러스 스트로크(+ stroke)로 인간관계를 더욱 풍부하게 한다

　대화를 지속적으로 플러스 알파(+α)의 발상으로 이어나간다.

◈ 색깔 있는 목소리

밝은 목소리를 위해서는 상황에 알맞은 색깔이 필요하다.

- 어서 오십시오.(~오세요.)/안녕하세요. – 빨강(밝게)
- 무엇을 도와드릴까요? – 황색(따뜻함)
- 네, 잘 알겠습니다. – 녹색(신뢰확인)
- 죄송합니다만, – 녹색(신뢰확인)
- 잠깐만 기다려 주시겠습니까? – 황색(따뜻함)
- 오랫동안 기다리셨습니다. – 황색(따뜻함)
- 감사합니다. – 빨강(밝게)
- 안녕히 가십시오.(~가세요.) – 빨강(밝게)

2) 인사예절에 대해 명심해야 할 사항

① 윗사람에게 예의를 지키는 것은 당연한 도리이다

직장안에서는 상사뿐만 아니라 누구에게나 인사를 안 하면 인적교류에 실패하게 된다는 사실을 명심해야 한다.

② 상사나 선배보다 내가 먼저 인사를 한다

상사나 선배가 먼저 인사를 하면 아랫사람은 무척 당황하고 민망하게 마련이다. 윗사람이 인사말을 건네기 전에 먼저 인사하는 것이 중요하다.

③ 인사는 아무리 기분이 나빠도 명랑한 인사말로 밝게 해야 한다

기분이 나쁘다고 본체만체하면 뜻하지 않게 인사성이 없다는 나쁜 말을 듣게 된다. 직장은 항상 평가받는 곳임을 명심해야 한다.

④ 동료에게도 정확한 인사말로 친근감 있게 인사해야 한다

동료 사이에서는 누가 먼저 인사해야 하는가를 생각할 필요 없이 '내가 먼저' 한다는 생각으로 인사하는 것이 마땅하다. 거리가 떨어진 곳에 있는 동료에게는 큰소리로 인사하거나 손짓으로 대신할 수 있으나, 상사에게는 가까이 다가가서 인사하는 것이 좋다.

⑤ 하루에 정식인사는 처음 대면 시와 마지막에만 한다

상사라고 해도 하루에 정식인사는 처음 대면 시와 퇴근 시 한 번씩만 하고 근무 중에는 가볍게 목례를 하도록 습관을 들여야 한다. 동료들도 만날 때마다 목례를 하는 것이 예의이다.

3) 잘못된 마음가짐으로 인사하면 역효과가 나타난다

① 망설임이 느껴지는 인사 : 망설이면 관계가 어색해진다

'상대방이 나를 못 알아보겠지?' '나를 못 보겠지?' '답례를 안 하면 어떻게 하지?' 하는 이유로 인사를 망설임으로써 알 만한 사람을 그냥 지나칠 경우에는 두 사람 모두가 어색하게 된다.

② 인사를 하다 마는 어정쩡한 인사 : 저것도 인사야?

③ 아쉬울 때만 하는 인사는 인사의 진실성을 의심받게 된다

④ 형식적으로 하는 인사는 불쾌감만 준다

아무런 동작도 없이 말로만 하는 인사나 고개를 꾸벅이는 정도로는 인

사하는 마음을 전달하기 어렵다. 형식적으로 적당히 하는 듯한 느낌을 받게 되며 오히려 불쾌감이 생길 수 있다.

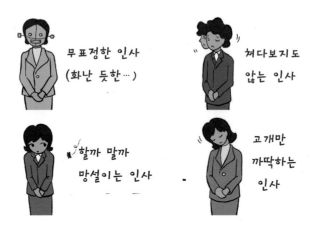

인사는 온 몸으로 진심을 담아 그 뜻과 느낌이 풍겨 나오도록 상대방을 잘 보면서 인사를 해야 한다. 자연스럽게 습관화된 인사는 그늘진 성격을 밝게 하고, 소극적인 사람을 적극적으로, 정적인 사람을 동적인 사람으로, 우울한 사람을 명랑한 사람으로, 꽉 막힌 사람을 탁 트인 사람으로 만들어준다.

4) 인사를 잘 받는 것도 인사이다

① 상대의 인사를 잘 받는 것은 자신의 인격표현이다.
② 상대의 인사를 잘 받는 첫째 조건은 즉각적 반응이다.
③ 인사한 상대가 '잘했구나' 하는 생각이 들게 하려면 목소리를 다소 높이고 적극적으로 '네, 안녕하십니까?'와 더불어 상대에 대한 배려와 관심의 말을 꼭 해준다.
④ 인사한 사람을 향하여 바로 서서 정중한 인사자세로 답례해야 좋다.

2 인사할 때의 자세

1) 기본자세

① **표정** : 밝고 부드러운 미소를 지닌다.

② **시선** : 인사 전·후에 존중하는 마음으로 상대의 눈을 정면으로 바라본다.

③ **고개** : 고개를 들고 턱을 내밀지 말고 자연스럽게 당긴다.

④ **어깨** : 자연스럽게 힘을 빼고 균형을 유지한다.

⑤ **등, 허리** : 곧게 펴고 머리에서 허리까지 일직선이 되게 한다.

⑥ **손** : 여성은 오른손이 위로 오게 하여 아랫배에 정리하고 남성은 가볍게 쥔 손을 바지 재봉선 옆에 붙인다.

⑦ **발** : 발뒤꿈치를 붙이고 앞발의 각도를 여성은 15도, 남성은 30도 정도 벌린다.

⑧ **음성** : 적당한 크기와 속도로 자연스럽게 말한다.

2) 자연스러운 인사

① **인사말** : 상대방의 미간을 보며 상황에 맞게 인사를 한다.

② **상체 숙이기** : 등과 목, 턱, 허리를 자연스럽게 숙이고 1초 정도 멈추고 나서 천천히 일어선다.

③ **시선 이동** : 상대의 눈(아이 콘택트)-시선을 바닥에-상대의 눈(아이 콘택트)

④ **상체 들기** : 천천히 일어서며 부드러운 시선과 표정으로 마무리한다.

3) 직장에서 상황별 (TPO : Time, Place, Occasion) 인사

① 출근 인사

아침에 출근해서 서로 밝고 명랑한 인사를 나눌 때 하루를 상쾌하게 시작할 수 있다. 출근 인사는 상사가 자신의 옆을 지나갈 때는 자리에서 일어나서 밝은 표정과 반가운 마음으로 적절한 인사말과 더불어 인사를 한다. 상사가 자신의 옆으로 지나가지 않을 때는 상사가 자리에 앉은 후에 책상 앞에 가서 인사를 한다. 이때 고개만 꾸벅하기보다 적절한 인사말로 보통례(30도) 인사를 한다. 동료 간에도 반가운 인사말로 하루를 시작하도록 한다.

② 퇴근 인사

먼저 퇴근할 때에도 남아 있는 동료들에게 퇴근 예의를 지키는 것이 좋다. '먼저 퇴근하겠습니다.' '먼저 실례하겠습니다.' '내일 뵙겠습니다.' 등의 인사를 한다.

③ 업무 중 일어서서 하는 인사

의자를 자연스럽게 뒤로 밀고 일어나는 동안 웃는 얼굴로 상대를 보면서 인사말과 함께 정중히 허리를 굽혀 인사를 한다.

④ 보행 시 바른 인사

남의 앞을 지날 때는 한쪽으로 양보하고 비켜서서 다소곳이 목례한다.

상사와 거리가 가까워졌을 때 눈을 마주치며 목례한다. 상사가 이동할 때까지 잠시 기다린다.

⑤ 전화통화 중 인사

통화에 지장이 없는 범위 내에서 상대에게 예의를 표현한다. 인사말은 할수 없으므로 웃는 얼굴로 정중히 목례 또는 눈인사를 나눈다.

◈ 인사하지 않아도 되는 경우

① 정신을 집중해서 해야 하는 위험한 업무작업 중일 때
② 상사에게 결재를 받거나 주의를 받고 있을 때
③ 회의 중이거나 교육을 받고 있을 때
④ 중요한 상담 중일 때

4) 서비스 현장에서 상황별(TPO : Time, Place, Occasion) 인사 요령

① **고객을 맞이할 때 : 고객이 들어올 때 밝고 활기차게**

- 어서 오십시오.
- 안녕하십니까?
- 무엇을 도와드릴까요?
- 좋은 아침입니다.

② **고객을 배웅할 때 : 고객이 일어난 후 따라 일어난다**

- 대단히 감사합니다. 고객님.
- 자주 방문해 주십시오. 또 뵙겠습니다.
- 찾아주셔서 감사합니다. 안녕히 가십시오.

③ **고객을 기다리게 할 때 : 시간이 걸릴 때 고객에게 대기시간을 알린다**

- 잠시만 기다려주시겠습니까?
- 곧 확인해 드리겠습니다. 고객님.
- 기다리시게 해서 죄송합니다.

④ 용건을 마칠 때 : 고객에게 먼저 인사와 응대를 한다

- 대단히 감사합니다.
- 오래 기다리셨습니다. 고맙습니다.
- 바쁘실 텐데 기다리시게 해서 죄송합니다.

⑤ 질문이나 부탁을 할 때

- 죄송합니다만, 숙박기록카드를 작성해 주시겠습니까?
- 번거로우시겠지만, 프런트로 오시면 확인 후 즉시 처리해 드리겠습니다.

⑥ 컴플레인을 처리할 때 : 업무처리 지연 시, 업무착오 발생 시

- 고객님, 정말 죄송합니다.
- 불편을 끼쳐서 죄송하게 되었습니다.
- 즉시 조치해 드리겠습니다.

⑦ 감사의 마음을 표할 때

- 정말 고맙습니다.
- 찾아주셔서 감사합니다.
- 이용해 주셔서 감사합니다.
- 감사합니다. 또 들러주십시오.

⑧ 전화통화 중 인사

- 통화에 지장이 없는 범위 내에서 상대에게 예의를 표현한다.
- 인사말은 할 수 없으므로 웃는 얼굴로 정중히 목례 또는 눈인사를 나눈다.

⑨ 업무 중 인사

- 고개만 까딱하는 인사는 주의한다.
- 목소리 tone을 알맞게 선택하여 인사말을 한다.
- 정중히 허리를 굽힌다.

• 웃는 얼굴로 상대의 마음을 읽는다.

⑩ 업무 중 일어서서 하는 인사

• 의자를 자연스럽게 뒤로 민다.
• 웃는 얼굴로 상대를 본다.
• 일어나는 동안 인사말을 한다.
• 정중히 허리를 굽힌다. 시선은 2~3m 앞

⑪ 보행 시 바른 인사

• 고객 앞을 지날 때에는 한쪽으로 양보하고 비켜서서 다소곳이 목례한다.
• 남의 앞을 지날 때는 한쪽으로 비켜서서 지나는 것이 좋다.
• 상사와 거리가 가까워졌을 때 눈을 마주치며 목례한다. 상사가 이동할 때까지 잠시 기다린다.

◈ 상황별 인사 이럴 때는?

① 고객 배웅할 때
② 악수할 때
③ 상사의 이야기를 경청할 때
④ 화장실에서
⑤ 엘리베이터에서
⑥ 계단에서
⑦ 식당에서
⑧ 고객과 시선이 마주쳤을 때
⑨ 고객 처음 마중 시
⑩ 사죄의 말을 할 때
⑪ 대답할 때, 대기 요청할 때
⑫ 자주 대할 때
⑬ 감사의 인사

제4절 외국인과의 인사 매너

외국인과는 처음 만날 때 대개 악수를 한다. 그러나 문화에 따라 인사법이 다를 수 있으므로 상대방의 인사방법을 익혀두는 것이 좋다. 그리고 구체적인 얘기는 영어로 하더라도 인사만큼은 현지어로 하는 것이 예의이다.

상대방을 호칭할 때는 Mr.나 Mrs.를 사용한다. 성과 이름의 구별이 쉽지 않으므로 미리 물어보아 실수를 방지하는 것이 좋다. 또한 남성은 자기가 소개된다는 것을 알면 바로 일어서야 한다.

◈ 자기소개를 할 때

자기소개 시에는 자신의 지위를 밝히지 않고 이름과 성을 알려주는 것이 상례이며 회사 밖에서 소개할 때에는 회사명을 덧붙인다.

되도록 자신의 우월성을 나타내는 문구는 피하는 것이 좋다.

예) "Jeff works for me."

자기 이름에 Mr. 나 Miss 같은 존칭은 삼가고 이름 전체를 소개한다.

예) "I am Mr. Kim." (×), "I am Su Min Kim." (○)

◈ 다른 사람을 소개할 때

이름을 먼저 소개하고, 그 사람에 대한 정보는 간단하게 설명한다.

〈바른 소개법〉

경우에 따른 소개	먼저 부를 이름
• 젊은이를 나이 든 사람에게	• 나이든 사람의 이름 "Ms. DuPont, this is Johnny Alexander."
• 회사 동료를 외부인에게 • 일반인을 관료에게 • 하위직 사원을 상위직 사원에게 • 회사 임원을 고객에게 소개할 때	• 외부인의 이름 • 관료의 이름 • 상위 직원의 이름 • 고객의 이름

대략 15세를 전후하여 그 이전의 어린이는 first name(이름)을 부르고 그 이후의 사람들은 last name(성)을 부른다.

이름을 호칭하는 것이 매너

• 상대방의 이름을 정확히 호칭한다는 것은 가장 중요한 에티켓이다.
• 서양인의 이름 구성

② Middle name

<u>Geroge</u> <u>Baker</u> <u>Ellis</u>

① First name   ③ Family name

• 전부 쓰는 것이 옳지만 약자로도 쓸 수 있다.
  – 영국 : ①,② 모두 약자(Mr. G.B. Ellis)
  – 미국 : ②만 약자(Mr. George G. Ellis)

제5절 소개 매너

사교는 사람들이 서로 안다는 것으로부터 시작되는데 모르는 두 사람을 서로 알게 하는 것이 소개(introduction)이다. 즉 만남에 있어서 그 중간역할을 하는 것이다. 직장생활에서 소개는 사교의 시작이며 이러한 만남에 있어서 중요한 역할을 하는 것이 소개이다.

많은 모임이나 비즈니스에서 사람을 소개받고 자신을 소개하면서 직장생활을 하고 있다. 소개의 과정이 매너에 맞고 원활하면 좋은 인간관계의 연을 이어주지만 반대로 소개하는 매너를 몰라 실례를 범하게 되면 낭패를 보는 경우도 있다. 따라서 소개 시 지켜야 할 매너를 알아야 한다.

1 소개 시 주의사항

① 소개 시에는 모두가 일어나는 것이 원칙이다

노령자나 나이가 많은 여성, 앉아 있던 여성은 앉은 채 남성을 소개받아도 큰 결례는 아니다.

② 소개 후 남성 간에는 악수를 교환한다

이성 간일 경우 여성은 목례로 대신한다. 연장자가 악수 대신 간단한 인사를 하면 연소자는 미소를 지으며 목례로 답한다. 여성과 연장자가 악수를 청하기 전에는 먼저 손을 내밀지 않는다.

③ 양쪽 모두를 소개할 때는 두 사람의 순서를 생각하여 소개한다

④ 소개할 때에는 간단한 인적사항을 덧붙인다

출신학교, 지인, 친척에 대한 사항을 융통성 있게 덧붙이는 것이 효과적이다.

⑤ 소개할 사람을 되도록 유리하게 소개하는 것이 좋다

⑥ 연소자, 하급자, 미혼자, 남자를 먼저 소개시킨다

동성 간에 소개할 때는 연소자를 연장자에게, 직위가 낮은 사람을 높은 사람에게, 미혼자를 기혼자에게, 또 남자를 여자에게 소개하는 것이 일반적인 소개 원칙이다.

⑦ 상대방의 이름을 불러준다

소개를 받으면 상대방의 이름을 외워 대화 중에 사용하면 친근감을 더해주고, 또한 상대방에 대한 기억이 오래 남는다.

2 소개하는 순서

1) 자신을 소개할 때

① 자신의 이름은 물론 회사명과 회사에서 하는 일을 소개한다

자신을 소개할 때 성만 말하거나 또는 너무 낮추어 말하는 것은 삼간다. 당당히 자기 이름과 신분을 밝히는 것이 상대방에게 좋은 인상을 주게 된다. '처음 뵙겠습니다' 또는 '만나뵙게 되어 반갑습니다'라고 하고 장황하게 불필요한 말은 하지 않는다.

※ 면접 시에는 '~입니다'라고 소개하고, '~라고 합니다'는 표현은 삼간다.

② 소개받은 후 본인이 간단히 자기소개를 덧붙인다

제3자에게서 소개를 받은 후 본인이 스스로 덧붙여 소개할 때에는 처음부터 끝까지 발음을 분명하게 하여 상대방이 정확하게 들을 수 있도록 해야 한다.

③ 소개할 때 너무 말을 많이 하지 않는다

분위기에 맞지 않게 절도 없이 자기 혼자서만 장황하고 과장되게 소개하는 것도 삼간다.

2) 타인을 소개할 때

① 손윗사람에게 손아랫사람을 소개한다

연장자에게 연소자를, 지위가 높은 사람에게 지위가 낮은 사람을, 선배에게 후배를 소개한다. 그 다음에는 직위가 높은 차상위자를 소개한다.

② 연장자라도 지위가 낮은 경우에는 연장자를 먼저 소개한다

③ 이성 간에는 먼저 여성에게 남성을 소개한다

남성이 연장자이거나 지위가 높을 경우에는 여성부터 먼저 소개한다.

④ 고객에게 회사동료를 소개한다

⑤ 소개할 사람의 특이사항을 덧붙인다

소개할 때에는 성과 이름을 함께 소개하고 그 사람의 인상을 남길 수 있는 특기사항, 출신지, 취미, 공로 등을 간단히 덧붙인다.

⑥ 기혼자에게 미혼자를 소개한다

제6절 악수 매너

악수는 비즈니스 사회의 격식과 사람 간의 친근한 정을 함께 담고 있는 인사법으로 사회활동과 사교활동에 있어서 매우 중요한 행위이다. 서양에서는 악수를 사양하는 것은 불쾌하게 생각할 수 있기 때문에 외국인과는 형식적으로라도 응해야 한다. 악수는 서양에서 들어온 인사법이지만 한국에서도 보편화되어 사용되고 있다.

현대의 악수는 우정과 신뢰의 상징으로 첫 만남에서 악수 매너는 상대방에 대한 첫인상이므로 매우 중요하게 강조되고 있다. 특히 소개를 받았을 경우 소개를 받았다고 곧바로 먼저 손을 내밀지 말고 상호 간의 소개가 끝날 때까지 기다린 후에 악수를 하여야 한다. 악수는 인사의 표시로 행하기 때문에 악수를 할 때에는 정중하고 경건한 마음으로 바른 자세를 취하는 것이 중요하다.

◈ 악수의 세 가지 종류

- Taking Control, Giving Control, Shaking like a Professional

1 악수할 때 유의사항

악수를 해야 하는 상황	악수를 피해도 되는 때
• 소개나 작별인사를 할 때 • 사무실에 손님 마중 또는 방문 시 • 사무실에 아는 사람이 있을 때 • 외부 행사 시 자리에서 떠날 때	• 상대가 악수를 할 수 없을 때 • 감기나 다른 병에 걸렸을 때 (양해를 구한다) • 손이 더러울 때

① 특별한 장애가 없는 한 반드시 일서서서 한다

② 악수는 오른손으로 살며시 잡고 몇 번 흔든다

악수는 오른손으로 해야 하며 자기 몸의 중앙에서 네 손가락을 가지런히 펴고 엄지는 벌려서 상대의 오른손을 살며시 쥐고 가볍게 위아래로 몇 번 흔들어 정을 전한다.

③ 손을 잡을 때는 적당한 악력으로 잡는다

손끝만 잡거나 너무 힘없이 잡거나 상대가 아프게 느낄 정도로 힘을 주 고 쥐거나 해도 안 되고 잡은 손을 지나치게 세게 흔들어서도 안 된다.

④ 잡은 손으로 장난을 해서는 안된다

간혹 여성과 악수를 할 때 여성의 손바닥을 만지면서 장난을 하는 경우가 있는데 상당히 큰 결례이다.

⑤ 반드시 상대의 눈을 보며 손을 잡는다

많은 사람과 악수를 해야 하는 경우 한 사람과 악수를 하면서 다음 사람의 얼굴을 보는 경우를 많이 본다. 반드시 악수하는 사람의 눈을 바라보면서 손을 쥐고 있어야 한다.

⑥ 아랫사람은 악수하면서 허리를 약간(15도 이내) 굽혀 경의를 표한다

⑦ 웃어른은 왼손으로 상대의 손을 토닥거려도 좋다

⑧ 외국인과 악수할 때에는 허리를 꼿꼿이 세워 대등하게 악수한다

② 악수하는 순서

악수의 순서는 원칙적으로 웃어른이나 상사가 먼저 손을 내미는 것이 일반적이다. 일반적으로 소개 순서와 반대로 생각하면 된다.

① 일반적으로 상급자가 먼저 청해야 아랫사람이 악수할 수 있다

② 여성의 경우 먼저 악수를 청하는 것이 예의이다

남성들은 여성에게 먼저 악수를 청하지 않는다. 그러나 남성이 잘못해서 먼저 손을 내밀었을 때는 여성이 악수를 해주는 것이 예의에 맞다. 그리고 손윗사람인 경우에는 여성에게 청해도 된다.

③ 동성 간에는 선배가 후배에게 연장자가 연소자에게 먼저 청해야 한다

④ 특히 남성 간에는 하급자가 먼저 악수를 청하는 것은 대단히 실례이다

◈ 손을 내미는 순서

먼 저	나 중
여성	남성
지위가 높은 사람	지위가 낮은 사람
선배	후배
연장자	연소자
기혼자	미혼자
남성(연장자 또는 파티의 호스트)	여성

◈ 올바르지 못한 악수 예절

① 왼손을 뒷짐을 지거나 주머니에 손을 넣은 채 악수하는 모습

② 양손으로 잡고 굽신거리는 모습

③ 왼손으로 또는 장갑을 착용한 채 악수하는 경우

④ 땀에 젖은 손, 불결한 손으로 악수하는 모습

⑤ 잡은 손을 놓지 않고 계속 흔드는 경우

⑥ 웃어른(동양인)에게는 먼저 절을 하고 난 후 웃어른의 뜻에 따라 악수를 한다. (황송하다고 두 손으로 감싸는 것은 좋지 않다.)

⑦ 손을 쥐고 흔들 때는 윗사람이 흔드는 대로 따라서 흔든다. 반대의 경우는 실례가 된다.

⑧ 왼손으로 하는 악수는 결투 신청을 의미한다.

제7절 명함 매너

명함을 받을 때

1. 미소 띤 표정
   으로
2. 반드시 일어서서
3. 두 손으로
4. 상체를 10도
   정도 숙이며
   받고

명함을 받을 후

1. 가슴선 정도의
   위치에서
2. 오른손에 명함을
   들고
3. 왼손으로 받치며
4. 고객의 성함을
   불러준다.

명함은 원래 남의 집을 방문하였다가 주인을 만나지 못했을 때 자신이 다녀갔다는 증거로 남기고 오는 쪽지에서 유래되었다. 이 같은 습관은 현재 많이 변모하여 선물이나 꽃을 보낼 때, 소개장, 조의나 축의 또는 사의를 표하는 메시지 카드로 사용되기도 한다.

명함은 사교활동에 있어서뿐만 아니라 회사 업무를 수행하는 데 있어서 유용하게 사용하고 있다. 사회생활을 하면서 모르는 사람을 처음 대면할 때 명함을 주고받는 일은 교제를 더욱 친밀하게 하기 위한 인사 예의이다. 명함은 그 사람의 얼굴이며 인격이다. 특히 업무용으로 쓰이는 회사 이름이 적힌 명함은 바로 회사를 대표하는 얼굴이 된다.

첫 만남에서 명함이 개인 또는 회사의 이미지 전달을 하는 매개체이기 때문에 기업마다 명함의 디자인이나 재질에 세심한 신경을 기울이고 있다. 따라서 자신과 회사를 알리는 수단으로 활용되고 있는 명함 교환 시, 이에 대한 매너를 잘 지켜 이미지를 좋게 각인시키는 것이 중요하다.

1 명함의 중요성

① 명함 교환 시 승부는 태도에서 결정난다.

　명함 하나를 주고받는 제스처만 보더라도 그 사람의 태도를 짐작할 수 있다.

② 명함은 자기소개서와 같다.

③ 명함은 인맥관리의 첫걸음이다.

④ 명함으로 품위를 보여준다.

⑤ 명함으로 자신을 최대한 보여줄 수 있다.

2 명함교환 매너

1) 명함은 항상 명함지갑에서 신속히 꺼낸다

　상대방을 만나자마자 명함부터 꺼내는 경향이 있는데, 일단 악수나 인사가 끝난 후에 꺼내서 교환하는 것이 순서이다. 명함은 만날 사람보다 여유가 있게 명함지갑에 넣어 항상 같은 위치에 두고 신속하게 꺼낸다. 명함지갑을 찾느라 여기저기 뒤지는 모습은 보기 좋지 않다.

> ※ 남성은 명함지갑을 상의 포켓에, 여성은 평소에는 핸드백에 넣어두었다가 방문장소에 도착하면 미리 꺼내 상의 포켓에 넣어둔다.

2) 명함을 줄 때는 반드시 일어서서 두 손으로 준다

　명함을 줄 때는 두 손으로 공손히 주고, 받을 때도 두 손으로 받는다. 명함을 왼손으로 받쳐서 오른손으로 건네되, 자기의 이름이 상대의 위치에서 바로 읽을 수 있도록 가슴높이에서 이름을 밝히면서 인사말과 함께 준다. 단, 서로 주고받을 때는 오른손으로 주고, 왼손으로 받는다.

※ 평소에 명함지갑에 명함을 넣어둘 때는 거꾸로 넣어 두어서 꺼낼 때 한 번의 동작으로 상대에게 바로 전해줄 수 있도록 한다.

3) 명함은 자기를 소개하는 사람이, 아랫사람 또는 손님이 먼저 전한다

4) 상대의 명함을 받으면 반드시 주고 나서 바로 한두 마디 대화를 나눈다

명함을 받자마자 이름이나 소속도 확인하지 않고 명함지갑에 넣는 것은 '나는 당신에 대해 전혀 관심이 없다'라는 표현이다. 그리고 상대의 명함을 받고 자신의 명함을 건네지 않는 것은 실례이다. 그럴 때는 못 주는 상황에 대해서 어떠한 변명이라도 하는 것이 좋다.

5) 명함은 자신의 얼굴이자 상대방의 얼굴이다

명함은 자신의 얼굴이므로 구겨지거나 수정한 것 등은 가급적 사용을 자제한다. 또한 상대가 보는 앞에서 받은 명함에 낙서를 하는 것은 옳지 않다.

6) 명함은 테이블에 놓고 이름을 불러가며 대화를 나눈다

명함을 받고 얘기를 나눌 때는 자신이 보기 좋은 곳에 놓고 이름과 인상을 기억하고 또 어떤 대화를 주로 했는지 내용을 참고하며 대화한다.

내사람 만들기 대작전 야부의 달인 ⑫ 명함 주고받는 기술을 익히자.

©윤서인

명함을 명함책에 정리할 때, 인사 문자 한 통 날려주는 센스!

◈ 올바르지 못한 명함 예절

① 한 손으로 받는 경우

② 명함을 든 손이 허리 아래로 내려간 모습

③ 받은 명함을 만지작거리거나 부주의로 떨어뜨리는 행위

④ 명함을 받은 후 보지도 않고 주머니에 넣거나 명함지갑에 넣는 경우

⑤ 대화를 끝내고 받은 명함을 테이블 위에 두고 가는 경우

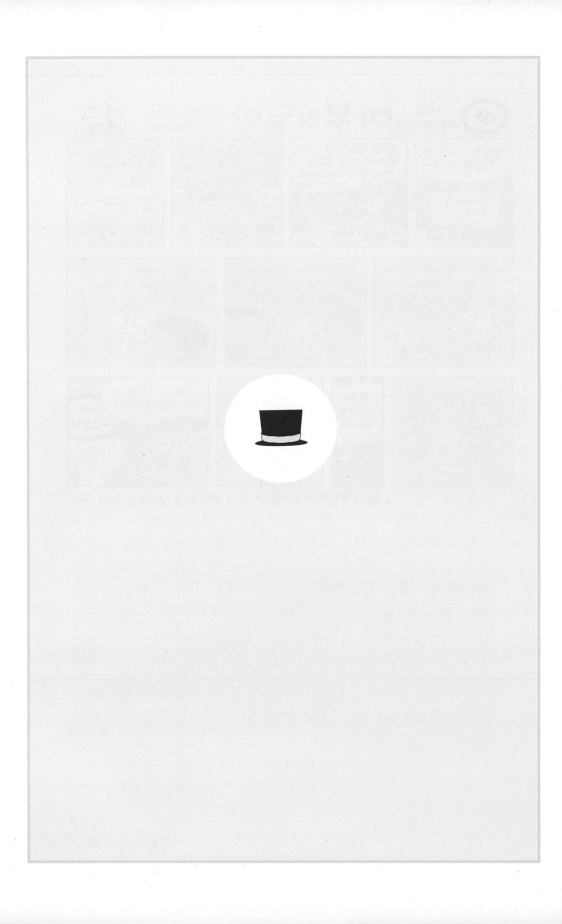

어째서 말보다 눈에 보이는 동작이 더 중요할까?
어떻게 올바른 자세와 동작을 익혀서
이미지 메이킹을 할 수 있을까요?

제1절 바른 자세

1 바른 자세의 중요성

바른 자세는 마음의 표현이다. 자세가 바른 사람은 상대방에게 호감과 신뢰감을 준다. 올바른 자세는 단순히 몸의 움직임만이 아니라 모든 언행과 태도, 자세가 합쳐져서 상대에게 편안함과 배려하는 마음을 전달할 수 있어야 한다. 사람들은 상대방을 대할 때 자세가 바른가 그렇지 못한가에 따라 긍정적이거나 부정적인 이미지를 형성한다. 그리고 자세가 바르면 자신이 있어 보이고 반대인 경우는 다소 실력이 없어 보인다고 평가해 버리는 경향이 있다.

바른 자세를 몸에 익힘으로써 건강하고 호감 가는 이미지를 형성할 수 있을 것이고 나아가서는 좋은 인간관계를 가질 수 있을 것이다. 상대방에게 친절함과 호감을 줄 수 있는 편하고 바른 자세를 갖도록 끊임없이 노력해야 한다. 또 적극적으로 아름다운 몸가짐을 익히고 그것이 평소의 생활에 자연스러운 태도로 나타나도록 한다면 인생에 있어서 매우 소중한 자산이 될 것이다.

② 바른 자세의 모습

1) 표정을 밝고 아름답게

언제나 미소를 띤 밝은 표정으로 친근감이 느껴지는 아름다운 얼굴표정의 연출이 필요하다. 그리고 상대방의 모든 것을 이해하고 받아들인다는 진심어린 표정의 연출과 미소 짓는 습관을 익혀야 한다.

2) 시선은 상대를 바라본다

아무리 말씨나 태도가 훌륭하더라도 시선처리를 바르게 하지 못하면 예절의 효과는 반감되고 만다. 올바른 시선 처리는 직장인의 자신감과 상대에 대한 공손함을 의미하는 것이다.

3) 바른 자세는 자신감의 표현이다

바른 자세가 자신감의 표현임은 물론, 상대에게 대화의 즐거움을 주는 태도의 표현이며 자신의 교양 수준을 보여주는 것이다.

4) 화법

상대방에게 불쾌감을 주지 않는 대화 예절이 필요하다. 지나치게 감정적이지 않으면서 올바른 경어를 사용하는 기술과 하고 싶은 말은 다하는 정확한 말솜씨가 필요하다.

3 바른 자세의 긍정적 효과

1) 자신감이 생긴다

반듯한 신체조직은 적극적이고 자신감 있는 성격으로 만들어준다.

2) 신체가 건강해진다

신체 내부기관이 적절하게 기능하도록 하여 신체 건강을 유지할 수 있다.

3) 커뮤니케이션 능력이 향상된다

똑바로 선 자세가 목소리의 근원인 횡격막을 자유롭게 하여 건강한 목소리로 말하도록 도와준다.

4 유형별 자세의 기본 매너

1) 서 있는(대기) 자세

① 공수자세

의식, 행사 시에 또는 웃어른에게 공손함을 드러내는 표시로 손을 맞잡는 동작을 말하며, 서비스맨의 대기자세이기도 하다. 두 손을 가지런히 펴서 엄지를 교차해서 포갠 동작이다. 이때 정면에서 엄지가 보이지 않도록 손을 펴지 않고 가지런히 모으는 것이 보기에 좋다.

이때 남성은 왼손이 위로 가게 하고, 여성은 오른손이 위로 향하게 한다. 팔의 모양은 몸에 너무 붙이지 말고 몸에서 팔이 약간 떨어지게 모양을 만든다. 거울을 보며 자연스러우면서도 단정한 예의를 갖춘 바른 자세를 연출한다.

② 바른 자세

- 표정 : 밝고 부드러운 미소를 짓는다.
- 시선 : 존중하는 마음으로 상대의 눈을 정면으로 바라본다.
- 고개 : 턱을 내밀지 말고 자연스럽게 당긴다.
- 어깨 : 자연스럽게 힘을 빼고 균형을 유지한다.
- 등, 허리 : 곧게 펴고 머리, 허리와 일직선이 되게 한다.
- 손 : 여성은 오른손이 위로 오게 하여 아랫배에 정리한다.
- 발 : 발뒤꿈치를 붙이고 앞발의 각도를 30도 정도 벌린다.

> ※ 남성은 여성과 같은 동작으로 하되 다만 양손을 바지 재봉선에 가볍게 대고 양 발의 각도는 45도 정도 벌린다. 그리고 대기할 때의 자세는 기본 자세에서 왼손이 위로 오게 하여 아랫배에 정리하고 양 발은 어깨넓이로 벌리고 11자로 반듯하게 대기한다.

③ 올바르지 못한 자세

- 상반신을 앞으로 굽힌다.
- 습관적으로 주머니에 손을 넣는다.
- 무릎을 벌리거나 엉덩이를 뒤로 뺀다.
- 상체가 한쪽으로 기운다.

2) 걷는 자세

서 있는 바른 자세 못지않게 중요한 것이 걸음걸이 즉 걷는 자세이다. 어깨를 축 늘어뜨리고 고개를 숙인 채 걷는 모습과 고개를 바로 들고 어깨와 허리를 당당히 세워 걷는 모습은 전혀 다른 느낌을 준다. 서비스맨에게 필요한 걸음걸이는 경쾌하고 당당해 보이는 걸음걸이이다.

국가 또는 국민성에 따라 걸음걸이는 다양하다. 우리 한국인은 다소 성격이 급해서 그런지 상체가 먼저 앞으로 나가는 듯이 빠르게 걷는 모습을 길거리에서 자주 본다. 그리고 얼굴표정도 무표정한 굳은 표정으로 여유가 없어 보이는 경향이 있다고들 한다. 그러나 각자 관심과 노력할 마음만 있으면 걸음걸이는 훈련을 통해 얼마든지 편안한 모습으로 연출할 수 있다.

① 바르게 걷는 자세

- 등, 어깨를 곧게 펴고 어깨에 힘을 주지 않고
- 허리와 가슴부터 앞으로 나가는 기분으로
- 턱을 당기고 눈은 자연스럽게 목표물을 향해
- 상체가 흔들려서는 안 되며
  (팔을 겨드랑이에 붙이고 팔꿈치 아랫부분만 흔든다.)
- 팔은 앞으로 15도, 뒤로 45도 정도로 자연스럽게 흔들면서
- 몸의 무게중심은 엄지발가락에 두고
- 어깨넓이 정도의 보폭으로
- 무릎을 굽히지 않으며 좌우의 발이 평행이 되도록 걷는다.
- 시선은 전방을 향하고 고개를 숙이지 않는다.

◐ 여성

① 등과 어깨, 상체를 곧게 편다.
② 시선은 정면을 바라본다.
③ 무릎 안쪽이 살짝 스치도록 걷는다.
④ 살짝 주먹 쥔 손이 옆 재봉선 스치듯이 걷는다.
⑤ 허리와 가슴부터 앞으로 나가는 기분으로 걷는다.
⑥ 신발을 끌지 않도록 하고 보폭 움직임은 작게 한다.

❶ 남성

① 등과 어깨, 상체를 곧게 편다.

② 시선은 정면을 바라본다.

③ 허리와 가슴부터 앞으로 나가는 기분으로 걷는다.

④ 팔은 앞으로 15도, 뒤로 45도 정도로 하여 자연스럽게 움직인다.

⑤ 무릎을 펴고 좌우의 발이 평행이 되게 하여 어깨 넓이 정도의 보폭으로 걷는다.

② 올바르지 못한 걷는 자세

- 턱을 빼거나 고개를 숙이고 걷는다.
- 어깨를 굽히고 상체를 흔들며 걷는다.
- 주머니에 손을 넣고 걷는다.
- 배를 내밀고 걷는다.
- 팔자걸음, 안짱걸음을 걷는다.

③ 걸음걸이 연습

사람들의 걷는 습관은 신발 뒷굽의 상태를 보면 알 수 있다고 한다. 대체로 뒤축의 바깥 부분이 닳는 경향이 있는데 이는 팔자 모습으로 걸음을 걷기 때문이다. 허리와 다리 균형 등 건강한 신체를 위해서는 바른 걸음걸이를 통해 바른 자세를 유지하는 것이 중요하다.

바른 걸음걸이 자세를 익히고 평소 모델처럼 걷는 훈련을 거울을 보면서 연습해 본다. 평소에 도로상에서 보도블록의 선을 따라 걷는 연습을 하면 크게 효과를 볼 수 있을 것이다.

3) 앉은 자세

◑ 여성

① 상체는 곧게 편다.

② 등받이와 등 사이에 주먹 1개 정도의 간격을
두고 앉는다.

③ 여성은 무릎과 발끝을 붙이고 바르게 모은
두 손을 무릎 위에 둔다.

④ 앉은 자세에서 다리를 한쪽으로 비스듬히 하
는 것도 여성스러워 보인다.

◑ 남성

① 상체는 곧게 편다.

② 등받이와 등 사이에 주먹 1개 정도의 간
격을 두고 앉는다.

③ 남성은 다리를 어깨넓이로 벌리고 주먹
쥔 손은 무릎 위에 둔다.

4) 앉는 자세

① 면접 시 면접관의, 방문 시 호스트의 권유에 따라 앉는다.

② 여성의 경우 앉을 때, 한쪽 발을 반보 정도 뒤로 가져가 손바닥으로 스
커트 자락을 누르면서 앉은 후 뒤로 내디딘 발을 앞으로 모으는 세 동작
으로 앉는다.

③ 허리는 반듯하게 하고 등과 등받이 사이는 주먹 한 개 정도의 간격을
두고 깊숙이 들어가 앉는다.

④ 앉은 자세에서 여성의 경우는 발끝을 붙여 가지런히 하여 무릎을 붙이며,
남성은 무릎 사이에 주먹 2개 정도의 거리를 두고 발끝은 어깨 넓이로 11
자 형태로 한다.

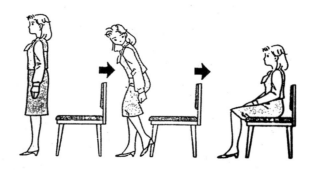

⑤ 턱은 당기고 시선은 정면을 향하며 미소를 짓는다.

⑥ 남성은 양손을 차려 자세의 손 모양이나 공수자세로 허벅지 위에 자연스럽게 얹고 여성은 공수자세를 취하여 허벅지 가운데에 둔다.

⑦ 앉은 상태에서 상대를 응시할 때에는 상대의 타이 매듭 부분을 응시한다.

⑧ 책상이 있는 경우 책상과의 간격은 주먹 2개 정도로 팔꿈치가 책상에 닿지 않도록 앉는다.

◈ 이것이 4대 불량 '앉은 자세'

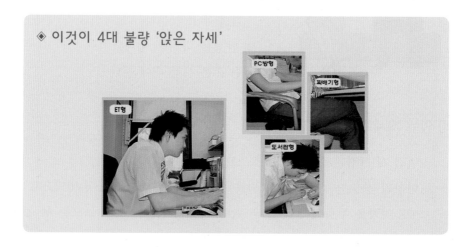

5) 서는 자세

① 한쪽 발을 반보 정도 뒤로 빼고 상체를 바르게 하여 일어서서 양 발을 가지런히 모으면서 손을 잡는 세 동작으로 일어선다.

② 면접 시 앉았다 일어설 때의 동작이다.

제2절 안내 및 물건 수수 자세 매너

1 안내 자세 매너

1) 안내 동작

① 손 : 손가락을 연꽃모양처럼 모은다.
- 손등을 보이게 하거나 손목을 굽히지 않는다.

② 표정 : 밝고 부드러운 미소로 바라본다.

③ 시선 : 고객의 눈→방향→고객의 눈 순으로 한다.
- 손 내리기 전 고객을 응시한다.

④ 자세 : 가지런히 모은 손 전체를 사선으로 갈무리한다.
- 원근 거리는 팔꿈치의 각도(120~140도 정도)로 조절한다.
  - 근거리는 각도를 작게, 원거리는 각도를 넓게 한다.
- 가리키는 방향의 손을 사용한다.(오른쪽-오른팔, 왼쪽-왼팔)
- 사람을 지시할 때는 양손을 사용한다.
- 가볍게 목례(상체를 지시방향으로 살짝 숙이면서)한다.
- 원위치시키는 동작은 부드럽고 신속하게 한다.

⑤ 화법 : 고객의 말씀을 복창하고 확인한 후 정확하게 안내한다.

2) 동행 안내

① 안내하고자 하는 장소의 위치를 방향으로 지시한다.
② 고객의 좌측에서 1~2보 앞에 서서 사선걸음으로 걸어간다.

- 고객이 복도 한가운데를 걷게 한다.
- 고객에게 등을 완전히 보이지 않게 한다.

③ 고객의 보행속도에 맞추어 가끔씩 고객을 바라보며 안내한다.

④ 이동하면서 방향이나 위치 지시 동작은 정중하게 안내한다.

⑤ VIP나 상사 의전 수행 시에는 좌측 1~2보 뒤에 위치한다.

⑥ 안내할 장소에 도착하면 '여기가 비서실입니다.'라고 알린다.

⑦ '좋은 하루 되십시오.' 등 끝인사를 하고 뒷걸음치듯이 물러선다.

◈ 동행 안내 시 경청 태도

① 고객이 말씀할 때는 시선을 적절히 분배한다.

② 중요한 내용은 잠시 서서 메모를 하며 듣는다.

③ 적절한 거리를 유지한다(80~120cm).

④ 경청할 때는 상체를 15도 정도 기울이며 듣는다.

---

3) 문을 여닫을 때

① 당기는 문

- 문을 3회 노크한다.
- 오른손으로 고객이 통과하기 쉽도록 90도 정도 문을 연다.
- 문 뒤에서 몸이 반 정도 보이게 하고 문고리를 잡고 서 있는다.
- 왼손으로 안쪽 방향을 가리키며 고객이 먼저 들어가도록 안내한다.
- 고객을 바라보며 밝은 표정을 지으면서 따라 들어간다.

- 안으로 들어가 문이 조용하게 완전히 닫힐 때까지 손잡이를 잡고 있는다.

② 밀고 들어가는 문

- 문을 3회 노크한다.
- 밀어서 문을 연다.
- 고객보다 먼저 안으로 들어가 문의 후면 문고리를 잡고 서 있는다.
  - '실례하겠습니다.'라고 양해를 구하고 들어간다.

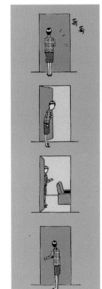

- 오른손으로 손잡이를 잡고 몸을 반 정도 보이게 하며 왼손으로 방향 지시를 하고 고객이 들어오도록 안내한다.
  - '안으로 들어오십시오.'라고 말하면서 밝은 표정을 짓는다.
- 안에서 조용히 문이 완전히 닫힐 때까지 손잡이를 잡고 있는다.

4) 엘리베이터 이용 시

- 엘리베이터를 이용하기 전에 고객에게 안내할 곳의 위치를 알려준다.
  - '비서실은 3층입니다.' '3층으로 안내해 드리겠습니다.'

승무원이 있을 경우 손님이 먼저 타고 내린다.

승무원이 없을 경우 안내자가 먼저 타고 내린다.

- 고객이 한 사람일 경우 : 엘리베이터 앞에서 열림 버튼을 누르면서 고객이 먼저 타도록 한다.
- 고객이 다수일 경우 : 안내자가 먼저 탑승하여 열림 버튼을 누르고 고객을 들어오시라고 안내를 한다.
- 내릴 때는 고객이 먼저 내리도록 한다.
- 엘리베이터 내에서 안내자의 위치는 항상 버튼 앞이다.

5) 계단 & 에스컬레이터, 회전문 이용 시

- 올라갈 때는 남자가 앞장선다.
- 내려올 때는 여자가 앞장선다.
- 고객과 함께 이용할 때는 안내자가 항상 앞서서 간다.
  - 상사와 함께 계단을 오를 때는 상사를 먼저 오르도록 하고 뒤따른다.
- 여성은 계단을 올라갈 때는 벽 쪽으로 사선걸음을 한다.
- 우측통행을 한다.

6) 종합훈련

> 고객이 다가와서 안내데스크가 어디에 있는지 물어봅니다.
> 어떻게 하시겠습니까?

- "미소와 시선연출로 고객을 맞이한다."
- "바른 자세로 고객에게 인사한다."
- "정중한 손 동작으로 안내한다."
- "웃으면서 마지막 인사를 한다."

2 물건 수수 매너

물건은 상대방이 받기 쉽게, 보기 좋게, 또는 방향을 바꾸어 잡을 필요가 없는 올바른 방향과 상태로 전해주고 받아야 한다.

1) 물건 전달 매너

① 고객의 정면에서 밝은 표정을 한 다음

② 상체는 앞으로 10도 정도 숙이고

③ 시선은, 상대의 눈 ⇒ 건네는 물건 ⇒ 상대의 눈으로 이동하며

④ 자세는, 가슴과 허리선 사이의 위치에서

⑤ 화법은, 물건/서류 명을 말하며, 적절한 표현과 함께 전달한다.
　　(말씀하신 OO 여기 있습니다.)

2) 물건 받을 때의 매너

① 고객의 정면에서 밝은 표정을 한 다음

② 상체는 앞으로 10도 정도 숙이고

③ 시선은, 상대의 눈 ⇒ 받으려는 물건 ⇒ 상대의 눈으로 이동하며

④ 자세는, 가슴과 허리선 사이의 위치에서

⑤ 내용물을 확인 복창하면서 받는다.

◈ 물건 수수 시의 주의점

① 한 손으로 건네는 모습

② 측면으로 건네는 모습

③ 상대방을 쳐다보지 않은 채
　　전하는 모습

④ 아무 말 없이 건네는 모습 등

◈ 명함과 물건 수수 시 자세의 포인트

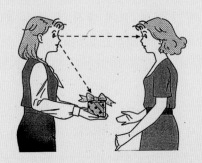

① 표정(Smile) : 친근감 있는 스마트한 얼굴표정 연출과 미소 짓는 습관 필요

② 시선(Eye Contact) : 고객의 눈을 보며 감사의 마음을 전한다.

③ 자세 : 정면으로 응대. 본인이 편안한 위치에서 행동하지 말고 항상 상대방을 향하여 정면에서 응대해야 한다.

④ 허리선에서 수수(收受) : 모든 서류나 물품은 허리와 가슴 사이에서 전달한다.

⑤ 상체를 10도 정도 기울인다.

제7장

나를 돋보이게 하는 용모와 복장 매너

사람은 그가 입은 제복대로의 인간이 된다

- NAPOLEON-

제1절 용모

① 용모의 중요성

우리가 사람을 만날 때 가장 먼저 눈이 가는 곳이 얼굴이다. 용모란 얼굴을 의미하는 '용(容)'을 중심으로 해서 겉으로 나타나는 전체적인 이미지를 용모(容貌)라고 한다. 그리고 시각적 감각기관인 눈길이 처음 가는 곳이 얼굴이라고 한다면 상대방에 대한 첫인상을 결정짓는 시각적 이미지를 얼굴을 통해서 느끼기 때문에 용모 관리는 아주 중요하다.

용모에 대한 관심은 정도의 차이는 있지만 시대를 초월하고 남녀노소 모두의 공통 관심사이다. 특히 최근에는 용모에 대한 관심이 지대해져서 '외모지상주의'라는 극단적인 표현까지 사용하게 되었다. 그래서 면접이나 맞선 등 첫 이미지로 인하여 당락이 결정되는 결과를 많이 볼 수 있다.

타고난 외모야 어쩔 수 없지만 용모는 개인의 관심과 노력에 따라 후천적으로 얼마든지 좋은 외모로 개선될 수 있다. 단정함과 청결함을 바탕으로 자신의 개성을 잘 표출하려는 노력이 필요하다. 단정한 용모를 유지하기 위해서는 철저한 자기관리와 노력이 요구되는 것이다.

단정한 용모와 복장의 효과

- 자신감, 긍정적
- 첫인상 좌우
- 타인(고객)의 신뢰감
- 직장의 이미지 제고
- 일의 성과에 영향
- 기분 전환

2 용모의 관리사항

1) 여성

(1) 머리(hairdo)

머리는 얼굴을 보면서 함께 보게 되는 부분으로 얼굴의 이미지에 크게 영향을 미치므로 머리의 관리는 아주 중요하다. 평소 자기에게 잘 맞는 스타일을 찾아서 깨끗이 손질하여 좋은 이미지를 보이도록 한다.

멋을 부린다고 지나치게 혐오감을 주는 염색을 하거나 요란한 장식은 삼가는 것이 좋다. 그리고 머리가 흘러내리지 않도록 핀이나 젤 등으로 고정하고, 앞머리는 눈을 가리지 않도록 하며 되도록 옆머리는 귀를 보이게 해서 깔끔한 인상

을 주게 하는 것이 좋다.

그리고 향이 살짝 들어간 헤어제품을 사용
하면 바람이 스칠 때마다 나는 향으로 인해
자신도 기분이 좋지만, 주위를 상쾌하게 하
면서 더욱 매력 있게 보인다.

(2) 메이크 업(makeup)

화장은 자신의 단점을 보완할 수도 있지만 자신의 개성을 십분 발휘하여
더욱 매력 있는 모습으로 변신할 수 있게 만드는 만큼 여성에게 있어 화장
은 상당히 중요하다. 특히 서비스 관련 직원들은 고객들에게 아름답고 호감
가는 이미지를 보여주어야 하므로 자신에게 맞는 화장법을 개발할 필요가
있다.

여성의 화장은 특히 때와 장소 그리고 상황이나 목적에 맞게 변화를 주어
야 한다. 직장에서 근무 중에는 짙은 화장은 피하고 청결하고 건강한 느낌의
분위가가 나는 은은한 화장을 하여야 한다. 얼굴의 컬러 화장도 유행에 따르
기보다는 자신에게 잘 어울리고 직장 분위기에 맞는 약한 색조가 좋겠다.

(3) 피부관리

여성은 피부가 좋으면 화장을 하지 않아도 화장을 한 것 같은 효과가 있
다. 흔히 우리가 '꿀 피부다. 피부가 도자기 같다'라는 표현은 꿀의 촉촉함,
그리고 도자기의 매끄러움을 느끼게 해줄 정도로 피부가 아주 좋다는 얘기
다. 피부가 좋게 타고나기도 하지만 평소에 피부관리를 통해서 훨씬 좋은 피
부를 만들 수 있다. 자기의 피부타입을 제대로 파악하고 그에 적절한 관리를
해나가야 하겠다.

◈ 피부타입에 따른 관리법

① 건성피부

건성피부는 평소에 물을 많이 마셔서 피부를 건조하지 않도록 한다. 실내에 가습기 등을 틀어 놓아 습도를 유지하고 수분과 유분이 함유된 화장품을 사용하여 피부의 수분 밸런스를 맞추도록 한다.

② 중성피부

중성피부는 피부타입 중 가장 이상적인 타입으로 현 상태 유지 관리에 많은 신경을 써야 한다.

③ 지성피부

지성피부는 피부표면에 피지 분비량이 많아 여드름이 생기기 쉬운 피부이다. 또한 번들거림으로 인하여 깔끔하지 못한 용모라는 인상을 준다. 이중세안을 통해 피부에 화장품의 찌꺼기가 남지 않도록 하고, 1주일에 한 번 이상 딥 클렌징을 해서 노폐물을 완전히 제거해 준다. 그리고 화장품은 유분이 적은 것을 사용토록 한다.

④ 여드름피부

여드름피부는 스트레스, 피로나 잘못된 화장품 사용 등으로 인해 피지가 제대로 배출되지 못하고 모공에 쌓이면서 생기는 것이다. 특별히 신경 써서 세안을 하고 지성피부 관리하듯이 딥 클렌징을 하여 노폐물이 모공 속에 쌓이지 않도록 한다. 그리고 여드름은 손으로 만지면 세균이 들어가 더욱 악화되므로 절대로 만져서는 안 된다.

◈ 나의 메이크업(makeup)은 몇 점인지 자기점검(self check) 해보기

① 자신의 피부타입을 정확히 알고 기초 메이크업을 하는가?

② 베이스 메이크업(base makeup)은 잘 되었는가?

③ 페이스 라인(face line)과 목과의 파운데이션(foundation) 연결은 자연스러운가?

④ 얼굴형에 어울리는 깔끔한 눈썹인가?

⑤ 아이섀도(eye shadow)의 색과 톤(tone)이 잘 어울리는가?

⑥ 아이라인(eye line)은 깔끔하게 그려졌는가?

⑦ 마스카라(mascara)는 뭉치지 않고 깨끗하게 발라졌는가?

⑧ 볼 화장은 자연스럽게 되었는가?

⑨ 입술 선이 깨끗하게 그려졌는가?

⑩ 복장에 어울리는 메이크업인가?

위의 사항을 잘 이해하고 지키면 훌륭한 용모를 간직할 수 있다.

2) 남성

(1) 머리(hairdo)

남성의 머리는 뒷머리가 셔츠깃에 닿지 않도록 짧게 하고 귀를 드러낸다. 여성의 경우는 귀를 덮는 것도 어울리기만 하면 괜찮지만, 남성은 귀를 덮는 것보다 귀를 보이게 하는 것이 청결하고 세련되어 보인다.

자주 감아서 청결함을 유지하고 지나친 롤파마나 튀는 컬러 염색은 피하도록 한다. 이마를 드러내는 것이 자신감 있는 모습으로 보인다.

(2) 얼굴

남성의 얼굴은 여성보다 덜 신경 써도 되지만 단정해야 함은 기본이다. 우

선 매일 면도를 하고 머리도 얼굴에 잘 어울리게 손질해서 깔끔한 신사의 인상을 유지해야 한다.

(3) 메이크업(makeup)

예전에 화장은 연기자들이나 한다고 생각하고 남성은 로션 이외에는 전혀 화장품을 사용하지 않았다. 그러나 최근 면접이나 사회생활에서의 용모의 경쟁력으로 인해 화장하는 남성들이 많이 늘었다. 선크림을 쓰는 것은 물론이고 BB크림으로 검은 피부를 감추기도 한다. 겉으로 태가 나는 화장은 곤란하지만 자신의 단점을 살짝 커버하는 차원에서의 화장은 피부보호를 위해서도 바람직하다.

평소에 용모관리를 청결하게 하고 과음으로 인한 수면부족이나 피로누적은 피부에 부정적으로 나타나므로 생활습관도 철저히 해야겠다.

3) 남녀 공통적인 용모관리 사항

(1) 규칙적인 식생활

평상시에 적절한 영양섭취와 규칙적인 식사습관을 갖고 균형 있는 음식물을 골고루 섭취하도록 각별히 주의해야 한다. 아침식사는 위에 부담이 안 가는 소화하기 쉬운 음식을 섭취하고 밤늦게 많은 음식을 먹지 않도록 한다.

(2) 충분한 휴식과 수면

충분한 휴식과 수면을 하지 않으면 피로가 누적되면서 신체적으로 피곤한 증상이 나타나 용모에도 지장을 받고, 업무 능률이 저하되는 등 외부적인 이미지에 손상을 입을 수 있다. 평소에 적절한 휴식과 수면을 통해서 체력관리에 각별히 주의해야 한다.

(3) 적절한 운동

건강유지를 위해 1주일에 3~5회가량 30~50분씩 규칙적인 유산소 운동과 근력 강화 운동을 실시한다. 나이와 자신에 맞는 운동을 선택하고 지속적으로 시행하여 건강을 유지하고, 적정체중을 유지하면서 자신이 원하는 체형을 만듦으로써 자신감 넘치는 용모를 간직할 수 있을 것이다.

제2절 복장

1 복장의 중요성

쇼펜하우어는 "복장이나 스타일은 마음의 인상이다."라고 하였고, 나폴레옹은 "사람은 자기가 입은 제복 그대로의 인간이 된다."고 하였다. 복장을 보면 그 사람의 마음과 인간됨을 알 수 있다는 뜻이다.

다른 사람에게 호감을 줄 수 있는 이미지를 만들기 위한 깨끗하고 단정한 복장이야말로 가장 기본적인 요소라고 할 수 있다. 매일 하루 일과를 시작하기 전에 자신의 모습을 점검하는 습관을 들이고, 자신의 모습과 일에 어울리는 복장을 갖춤으로써 프로다운 이미지를 연출할 필요가 있다.

정장을 입었을 때와 편한 캐주얼을 입었을 때의 자신의 말투와 행동을 떠올려보면 알 수 있을 것이다. 신입사원을 채용할 때 지원자의 옷차림이 당락 결정에 66.7%나 영향을 미친다는 조사결과에서도 볼 수 있듯이 옷차림에 따라 태도와 마음가짐이 달라짐을 알 수 있다.

실제로 국내의 한 여자대학에서 실험을 통해 옷차림에 따라 사람의 태도가 달라짐을 확인했다. 한 여대생에게 허름한 스타일, 야한 스타일, 대학생 스타일, 여성적이고 세련된 스타일의 옷을 입게 한 후 남학생들에게 말을 걸었는데, 그중 전형적인 대학생 옷차림일 때만 모든 남학생들이 응대를 했고,

허름한 스타일에는 절반만이, 야한 스타일에는 절반 조금 넘게, 여성적이고 세련된 스타일에는 모두 응대는 했지만 거리감을 두는 것으로 나타났다. 이와 같이 때와 장소에 맞는 적합한 옷차림이 가장 세련되고 편안하게 느껴지는 것이다.

2 복장 연출 시 유의할 점

겉으로 나타난 용모를 보면 그 사람의 품격과 인성까지도 알 수 있다. 용모가 단정하면 그 사람의 마음가짐이 단정하고 행동이 바른 사람이라고 생각한다. 복장이 갖는 역할이 다양한 만큼 옷차림에 대한 매너도 격식이 많고 다양하다. 품위를 결정하는 데 영향을 주는 복장에 관해 유의할 점은 다음과 같다.

① 복장의 3대 요소인 색상, 재질, 디자인에 대한 지식이 필요하다.
② 청결과 단정함이 복장의 생명이다.
③ 복장은 격식, 경우, 용도에 맞추어 입는다.
④ 복장은 연령, 성별, 계절에 맞게 갖추어 입는다.
⑤ 복장은 특수한 개성보다 환경과의 조화를 중요시한다.

3 바람직한 복장의 요건 및 효과

바람직한 복장의 요건은 청결, 조화, 개성 이 세 가지로 요약할 수 있다. 사회활동에 잘 어울리면서 자기의 개성도 살리는 옷차림을 연출하면 주위 사람들에게 좋은 인상을 줄 수 있다.

따라서 TPO(Time, Place, Occasion/Object) 즉 시간, 장소, 상황 그리고 목적에 맞추어 품위 있고 단정하고 세련되게 입어야 한다.

1) 용모와 복장의 기본적인 요건

① 자신의 개성을 나타내는 것은 좋으나 너무 튀거나 촌스러워서는 안 된다.

② 항상 단정함과 청결을 유지한다.

③ 업무수행에 효율적인 용모와 복장이 되도록 한다.

④ 자신의 인격 및 회사의 이미지를 고려한다.

⑤ 지나치게 화려한 복장과 지나치게 유행을 따라가는 것은 지양한다.

2) 용모와 복장의 전략적인 연출로 기대할 수 있는 효과

① 새로운 마음으로 자신감을 갖고 긍정적으로 자신의 일을 시작할 수 있다.

② 첫인상을 좋게 남길 수 있다.

③ 상대방에게 신뢰감을 형성한다.

④ 직장의 전체 분위기 및 이미지를 좌우하며 제고시킨다.

⑤ 일의 성과에도 영향을 미친다.

⑥ 기분전환을 시킨다.

제3절 여성의 정장 옷차림

1 여성 슈트

여성의 경우 슈트라 함은 재킷과 스커트를 같은 천으로 만든 한 벌을 말한다. 슈트의 종류는 디자인에 따라 다양하며 각 종류에 따라 그 이미지도 달라진다. 특히 검

정색, 회색, 베이지색 등의 베이직한 색상에 단순한 디자인의 슈트는 어느 장소에서나 편안하게 입을 수 있는 정장이다. 슈트의 겉옷은 단순하고 기본적인 스타일로 하되 블라우스와 소품, 하의의 변화로 개성 있는 변화를 줄 수 있다.

1) 상의(Jacket)

상의의 모양이나 깃의 유무에 따라 칼라리스, 클로버 리프, 코트, 사파리, 쇼트(볼레로), 버튼리스, 스탠드 칼라, 스펜서, 테일러드(더블 브레스트, 싱글 브레스트) 재킷이 있다. 이 중 칼라리스와 쇼트, 버튼 리스 재킷은 깃이 없고 테일러드 재킷은 남성복과 비슷한 모양이 특징이다.

주로 무늬가 단순하고 단색이거나 단색에 가까운 디자인의 슈트는 한 벌의 재킷으로 다양한 연출이 가능하며 실용적이다.

◈ 착용 시 주의사항
① 유행에 치우친 어깨 모양은 피한다.
② 너무 큰 꽃무늬나 스포티한 체크무늬는 피한다.
③ 소매 길이는 손목에서 손 쪽으로 1~2cm쯤 내려오는 것이 좋다.

2) 하의(Skirt & Pants)

스커트가 일반적이나 정장 느낌의 바지도 에티켓에 어긋나지 않으며 상의의 색상과 다자인을 고려하여 그에 맞는 스커트나 바지를 입는다. 여성의 비즈니스 정장 스커트의 길이는 무릎 길이가 적당하다. 즉 샤넬 라인이며 스커트는 활동하기 편하도록 주름 잡힌 것이 좋다.

(1) 타이트(tight)

가장 기본적인 스타일로 옆선이 엉덩이 둘레에서 스커트 단까지 직선으로 내려오고 허리 둘레는 앞뒤로 2~4개의 다트(dart)로 처리된 스타일이다. 행동에 불편함이 없도록 뒤트임을 하거나 주름을 넣은 스타일이 있다.

(2) 플레어(flare)

허리선에서 엉덩이 부분까지는 잘 맞고 단으로 내려갈수록 넓게 퍼지는 스타일로 짧은 재킷과 잘 어울린다. 키가 작은 사람이 폭넓은 플레어를 입으면 키가 더욱 작아 보인다.

(3) 플리츠(pleats)

허리 둘레 전체에 주름을 잡거나 부분적으로 몇 개의 주름을 잡은 스커트로서 여성스러운 스커트이다. 살찐 체형의 여성이 굵은 주름의 플리츠 스커트를 착용하면 더 살쪄 보인다.

(4) A라인 스커트(A-Line)

여러 체형에 어울리는 기본스타일로 타이트 스커트보다는 여유가 있고 엉덩이 부분부터 아래까지 A 모양으로 약간 퍼진 스타일이다.

3) 블라우스

리본이 있는 블라우스나 단색의 블라우스가 가장 무난하며 고급스러운 분위기를 연출하고 싶을 때는 실크 소재의 것을 선택한다. 속이 많이 비치는 블라우스의 경우에는 반드시 속옷을 갖춰 입어 단정한 느낌을 주도록 한다. 정장 차림에 있어서 블라우스는 남성의 드레스 셔츠처럼 정장의 상징이고 여성만이 가지고 있는 우아함의 징표로서 재킷과의 조화가 무엇보다 중요하다.

그래서 요즈음은 여성들이 여러 종류의 블라우스를 구비해 두고 필요에 따라 다양한 연출을 해서 입는다. 블라우스의 종류는 다음과 같다.

(1) 페미닌 블라우스(feminine blouse)

여성다운 이미지를 가진 블라우스의 총칭으로 프릴이나 플리츠 등의 디테일을 사용한 블라우스이다.

(2) 새시 블라우스(sash blouse)

단추가 없이 앞여밈 선을 사선으로 깊이 파서 좌우 앞판을 겹치게 여미고 넓은 띠를 매어 입는 블라우스로 허리가 가는 사람에게 어울리는 엘레강스한 스타일이다.

(3) 블루종 블라우스(blouson blouse)

허리선보다 약간 아래로 내려오는 길이로, 단에 고무줄이나 끈을 넣어 조임으로써 풍성하게 만든 블라우스이며 오버 블라우스 형태로 입는다.

(4) 셔츠 웨이스트 블라우스(shirts waist blouse)

남성용 드레스 셔츠 같은 모양의 블라우스로 소프트한 소재를 사용한 블라우스이며 셔츠 칼라와 소매단 등이 남성적인 스타일이다.

(5) 보우 블라우스(bow blouse)

칼라 둘레를 끈으로 된 천을 돌려 그 끝을 앞에서 나비 모양으로 묶은 여성스러운 블라우스로 부드럽고 로맨틱한 분위기를 연출한다.

4) 스타킹과 구두

스타킹은 계절에 따라 옷과 구두의 색상과 조화를 이루어야 하며 자신의 살색보다 약간 어두운 톤의 스타킹이 무난하다. 스커트 색과 조화가 잘 이루어지면 다리가 길어 보이면서 날씬해 보이는 효과가 있다. 특히 검정색 스타킹은 얇은 소재일수록 다리 선이 예뻐 보이는 장점이 있다. 큰 무늬가 들어 있는 것은 피하고 올이 나가지 않았는지 항상 신경 쓰도록 한다.

구두는 슈트와 스커트의 색상과 조화를 이룰 수 있는 것을 선택하며, 스타킹의 색이나 무늬와도 조화를 이루는 것이 좋다. 정장차림에서 구두는 의상보다 짙은 색을 신는 것이 좋고 단색으로 5cm 정도의 굽이 걸음걸이를 균형있게 만들어주고 미관상에도 좋다. 주로 검은색, 베이지색이 옷과 코디하기가 좋다.

◈ 구두 선택 요령

발은 건강의 근원이며 하루 종일 신고 있어야 하기 때문에 편안하고 가벼운 것을 우선적으로 고려해야 한다. 불편한 구두를 신으면 발의 불편함도 있지만 걸음걸이는 물론 체형이 흐트러지고 부자연스러워져 보이는 이미지가 좋지 않다. 또한 구두는 오후에 구입하는 것이 좋다.

5) 화장과 향수 사용법

자연스럽게 은은한 화장이 좋다. 너무 짙은 화장은 직장인으로서 좋지 않으며, 특히 눈 화장을 진하게 하지 않는다. 향수는 화장품과 조화를 이루는 제품을 사용하며 맥박이 뛰는 부위 (귀 뒤, 손목 등)나 움직이는 부분에 사용하는 것이 좋다. 상대방이 불쾌해 할 정도로 너무 향이 진한 것은 사용하지 않도록 한다.

6) 액세서리

지나치게 화려하거나 요란한 디자인의 액세서리는 금한다. 반지는 단순한 디자인으로 한 손에 한 개씩 2개 정도만 착용하고 귀걸이는 너무 크지 않은 부착형으로 1쌍만 하도록 한다. 목걸이나 팔찌는 얇은 줄의 금, 백금, 은 등으로 제작된 단순한 디자인으로 큰 사이즈는 비즈니스맨에게는 적합하지 않다. 그리고 유니폼 착용 시에는 목걸이나 팔찌 등이 외부에 노출되지 않도록 한다.

2 올바른 여성 정장 착용법

머리
앞머리, 잔머리(보조핀 2 이하)
염색/탈색

상의(소매)
주머니, 볼펜

스타킹, 구두
커피색1호, 면도
구두

휴대용 손가방

얼굴, 장신구, 구취
화장, 종교, 알반지, 문신 성형,
서클렌즈, 보철, 흡연, 향수

손톱
손톱, 청결 1mm

스커트
너무 짧지 않게
뒤트임 구김

여성의 정장 슈트는 재킷, 스커트 블라우스의 한 벌을 의미한다. 테일러드 슈트(Tailored Suit)를 시초로 오늘날의 여성정장이 되었으며 실용적이고 활동하기 편한 형태로 만들어졌다. 슈트와 함께 간단한 액세서리 정도로 코디를 한다면 여성 비즈니스 정장으로 손색이 없다. 스커트의 길이는 무릎 정도가 적당하며 바지정장을 착용할 때에는 벨트를 하는 것이 좋다.

① 무늬가 단순하고 단색인 디자인의 슈트는 한 벌의 재킷으로 다양한 연출이 가능하여 실용적이다.

② 스커트는 무릎길이의 샤넬라인이 좋고 타이트 스커트가 가장 기본스타일이다. 키가 작은 사람이 플레어(flare) 스커트를 입으면 키가 더 작아 보이고 살찐 체형의 여성이 굵은 주름의 플리츠(pleats) 스커트를 입으면 더 살쪄 보인다.

③ 바지는 모든 체형에 어울리고 특히 체형 커버에 유리하다.

제4절 남성의 비즈니스 정장

1 비즈니스 정장 슈트(Suit)

직장인 남성의 경우 슈트(Suit)는 단순한 옷이기 이전에 비즈니스맨의 품격과 매너를 상징하는 것이다. 슈트는 '갖춤'의 의미로 아래와 위를 같은 소재로 만든 한 벌의 정장을 의미한다.

슈트를 싱글로 할 것인지 더블로 할 것인지, 단추 2개 또는 단추 3개로 할 것인지는 그때의 유행과 자기가 속한 작업환경 공간 또 업무의 성격에 따라 정할 필요가 있다.

단정한 옷차림을 하고 있는 사람을 대할 때에는 청결한 기분이 들어 기분이 좋지만 그와 반대로 옷차림이 어색하고 지저분한 사람과 어울리게 되면 자연히 불쾌해진다.

처음 회사에 취직한 사람은 그 회사의 사풍(社風)이나 분위기에 빨리 적응하기 위해 선배사원들이 어떻게 입고 있는가를 참고하는 것이 바람직하다.

단적으로 말해서 '회사'라고 해도 직장 내 분위기는 어느 회사나 같지 않기 때문이다. 업종에 따라 다르고 그 회사의 전통, 경영자의 생각에 따라 회사의 사풍이나 분위기 같은 그 회사만의 문화가 생기기 때문이다.

비즈니스 모임에 참석할 경우에는 상하 한 벌인 슈트를 착용하는 것이 좋다. 색상은 청색이 가장 기본이 되는 색상으로 비즈니스 웨어로 적합한 색이다. 다소 차가운 인상을 줄 수 있지만 깔끔하고 생동감 있는 색상이다. 본인이 차가운 인상이라면 청색보다는 차분하고 지적인 느낌을 주는 회색 계열의 양복도 무난하다. 상의는 앉아 있을 때는 단추를 풀어도 좋으나 일어서면 반드시 단추를 채우도록 한다.

옷의 크기는 상의의 경우 단추를 잠근 후 당겨보았을 때 주먹 하나가 들어갈 정도가 되면 적당하다. 상의는 엉덩이를 완전히 가려주는 정도의 길이가 적당하며, 팔을 내려놓았을 때 아랫단이 손에 잡히는 정도면 적당하다. 그리고 소매는 팔을 자연스럽게 내렸을 때 셔츠가 바깥으로 1cm 정도 나오도록 착용한다. 바지의 길이는 구두의 굽을 3분의 2가량 덮을 정도의 길이가 적당하며, 단을 접어 올린 Turn-Up 스타일인 경우는 구두의 앞부분을 4분의 3 정도 덮어주는 길이가 좋다.

2 비즈니스 정장(슈트)의 유형과 색상

1) 슈트의 유형

① 아메리칸 스타일

직선적이며 짧은 센터 벤트의 박스 스타일로, 바지에는 중심 주름 이외의 장식이 없고, 단추가 2개 또는 3개의 싱글이며 가장 보수적이고 유행을 따르지 않는 스타일이다. 최근에는 허리 주름을 2~3개 넣기도 한다.

가장 실용적인 형태의 슈트로 활동성에 주안점을 두어 넉넉하고 편안함을 강조한 스타일이다. 요즈음은 좀 더 옷깃이 길어졌으며 좁은 소매에 허리가 약간 들어가고 바지통도 예전에 비해 많이 좁아졌다. 패드는 얇아서 자연스러운 어깨, 벤트(뒤트임)는 짧은 센터 벤트가 특징이며 가장 보수적이고 유행에 흔들리지 않는 스타일이다.

② 브리티시 스타일

센터 혹은 사이드 벤트. 바지 허리에 주름이 들어가고 밑단은 접어 꺾은 형태이며 귀족적이고 중후한 복장으로 가장 고전적인 실루엣이라 할 수 있다. 영국 역사상 유명한 베스트 드레서인 윈저공이 즐겨 입어서 더욱 유명해진 영국의 전통적인 스타일이다. 몸의 흐름대로 자연스러운 선을 강조하며 부드러운 허리선과 어깨에 패드를 넣지 않으면서도 각진 고전적인 스타일이다.

③ 유러피언 스타일

노벤트 피크트 러펠로 된 더블이며, 밑단을 접어 꺾은 형태로 가장 패셔너블하고 시선을 끌며 유행에 민감한 실루엣을 강조한 스타일이다. 뒤트임이 없는 것이 특징이며 바지도 몸에 붙는 듯한 느낌이 나기 때문에 마른 체형의 사람에게 잘 어울린다.

④ 새빌로 스타일

가장 최근의 스타일로, 아메리칸 스타일의 편안함과 유럽 스타일의 곡선미 그리고 새빌로 스타일의 균형미를 조화시킨 스타일이다. 어깨가 조금 더 넓고 허리선도 조금 들어가 있으며 아랫단이 부드러운 곡선으로 연결되어서 편안하고 세련된 느낌을 준다.

2) 슈트의 색상

남성의 비즈니스 슈트는 일반적으로 청색, 회색, 검정색, 밤색 계열로 나눌 수 있는데, 신중한 인상을 주는 색상은 항상 진한 색이다.

① 감청색 계열 슈트

드레스 셔츠는 흰색, 청색, 회색, 핑크 셔츠가 잘 어울린다. 넥타이는 붉은색 계열의 색상이 제일 좋고 회색 또는 감색 계열 색상의 넥타이를 코디네이션하기도 쉽다.

※ 슈트는 '청색에서 시작되고 감청색으로 끝난다'는 말도 있다.

② 회색 계열의 슈트

회색 계열의 슈트는 청색 계열과 함께 대표적인 비즈니스 복장으로 나이와 관계없이 무난하다.

③ 검정

색상에서 주는 느낌은 정중하고 성실해 보인다. 예의를 차려야 하는 자리에 어울려서 주로 예복으로 가장 적합하지만, 색상 자체가 강하기 때문에 멋쟁이가 아니면 넥타이의 색과 무늬를 고르기가 쉽지 않다. 드레스 셔츠는 흰색, 청색, 회색 등의 색상과 어울리며 넥타이는 화려하게 매도 좋다. 그리고 다양한 타이나 포켓 치프 혹은 구두의 코디네이션으로 범용성 있는 복장연출이 가능하므로 잘 매칭만 되면 아주 깔끔하고 세련되어 보이기도 한다. 직장인의 경우는 경조사가 많으므로 반드시 한 벌 정도는 갖추어야 할 슈트이다.

④ 밤색

밤색 계열은 비즈니스 웨어로는 적합하지 않은 것으로 생각했으나, 최근에는 청색, 회색과 마찬가지로 비즈니스 슈트로 많이 애용하고 있다. 밤색 계열은 부드러운 느낌과 함께 세련된 멋을 풍기지만, 연출하기가 어려워 사회 초년생에게는 적당하지 않다. 키와 체격이 큰 사람들에게 잘 어울리는 색상이며 드레스 셔츠는 흰색, 노란색, 초록색 등의 색상과 어울리며 넥타이는 붉은 색이 들어간 스트라이프, 페이즐리, 동일 색조의 밤색 스트라이프 등이 어울린다.

③ 올바른 슈트 착용법

　체형에 맞춰 색상, 옷감의 패턴을 선택한다. 키가 작은 사람은 밝은 색상, 줄무늬를 살린 패턴을 선택하고 뚱뚱한 사람은 커다란 체크무늬 옷을 피한다. 그리고 가급적이면 상의 주머니에는 소지품을 넣지 않는다. 무릎이 튀어나온 바지는 입지 않고 허리띠를 반드시 맨다.

1) 상의(Jacket)

〈주요 부분의 명칭〉

① 러펠(Lapel) : 정장 상의의 깃
- 피크트(peaked) 러펠 : 칼라 끝 뾰족, 더블이나 드레시한 상의 적합
- 노치트(notched) 러펠 : 깃 끝이 내려간 형태이며 싱글 슈트에 적합

② 벤트(Vent) : 상의나 코트 뒤의 터진 부분, 사이드 벤트, 센터 벤트, 노 벤트. 사이드 벤트보다 센터 벤트가 더욱 보수적인 옷차림이다.

③ 브이존(V-Zone) : 단추를 채웠을 때 셔츠가 드러나는 부분

※ 러펠 폭과 넥타이 폭, 셔츠 폭의 구성이 V-Zone 연출의 키 포인트다.

◆ 슈트 착용 시 고려사항
① 상의 뒷깃에서 드레스 셔츠가 1~1.5cm 보인다.
② 악수 자세에서 셔츠 소매가 0.5cm 정도 보인다.
③ 보통 엉덩이의 굴곡 부분까지 오면 좋다.
④ 상의 길이 : 손을 똑바로 내렸을 때 엄지손가락 제1관절의 위치까지 내려오는 것이 좋다.
⑤ 소매 길이 : 손등을 위로 올려보아 소매 끝이 닿는 정도가 적당하다. (손목과 손의 경계에서 1~2cm쯤 내려온 정도)
⑥ 스리피스 슈트는 상의의 앞단추를 채우지 않아도 괜찮으나 더블 브레스트는 반드시 채워야 한다.
⑦ 투 버튼은 두 개의 단추 중 윗단추 1개만 채운다.
⑧ 스리 버튼은 3개의 단추 중 윗단추 2개를 채우는 것이 기본이다. 젊은 층에서는 윗단추 1개나 가운데 단추 1개만 채울 수 있다.
⑨ 남녀 모두 상사나 고객 앞에서는 상의를 꼭 입는다.

◈ 슈트를 잘못 입은 모습

① 상의와 셔츠 소매가 모두 길거나 짧다.(×)
② 상의 뒷깃이 셔츠 깃을 덮는다.(×)
③ 셔츠 깃이 너무 크다.(×)
④ 상의 깃이 뒤쪽으로 넘어간다.(×)

〈SUIT 바르게 입기〉

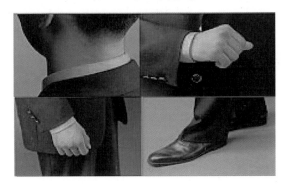

2) 하의(Pants)

◈ 하의 착용 시 주의사항

① 바지 길이는 밑단 앞쪽이 신발에 가볍게 닿고 뒤는 굽보다 약간 위로 올라오는 정도로, 양말이 보여서는 안 된다.
② 바지가 지나치게 붙지 않아야 한다.
③ 바지, 구두, 양말은 같은 색 계열로 통일시킨다.
④ 서 있을 때 주머니 등이 불룩 튀어나오지 않고 곧게 뻗어야 한다.
⑤ 앞 주름의 위치는 무릎을 구부릴 때 가운데 오는 것이 좋다. 주름이 허리 벨트까지 나 있는 것은 좋지 않으며 엉덩이 정점 근처에서 자연스럽게 사라지게 한다. 주름이 두 줄로 잡히지 않도록 한다.
⑥ 바지 뒷주머니에 지갑이나 펜, 연필 등을 넣지 않는다.

3) 조끼(Vest)

① 상의와 같은 원단으로 만든 조끼를 기본으로 하고 너무 꽉 끼거나 헐렁한 것은 No Good!

② 몸에 꼭 맞는 것이 좋다. 맨 아래 단추를 제외하고 다른 단추가 다 잠겨 있을 때 앞섶 단추 달린 부분이 편안한가 살펴본다.

③ 보온용 니트 조끼의 착용을 삼가고 체크무늬 상의 속에는 조끼를 입지 않는다.

④ 조끼는 체격이 왜소하거나 배가 나온 사람에겐 어울리지 않는다. 그러나 마른 체형인 경우 조끼를 입어서 볼륨감을 주어 여유 있게 보이는 효과를 줄 수도 있다.

◈ 이렇게 입으면 당신도 멋진 비즈니스맨!

- 어깨선이 울퉁불퉁하지 않을 것
- 와이셔츠 깃을 따라 커브할 것
- V-Zone이 곡선을 그릴 것
- 주름이 생기지 않을 것
- 깃은 입체적으로
- 와이셔츠 소매가 0.5cm 나올 것
- 앞단 좌우로 맞추어서 벌어질 것
- 앞이 좌우로 똑같이 벌어질 것
- 주름이 발 중앙에 올 것
- 어깨선이 중앙에 올 것
- 소매 달린 곳이 크게 불룩하지 않을 것
- 입체감을 살릴 것
- 와이셔츠 소매와 평행일 것
- 딱 붙지 않을 것
- 곡선이 자연스러울 것

4) 드레스 셔츠의 착용

드레스 셔츠(dress shirt)는 흔히 와이셔츠로 불리지만 정식 명칭은 드레스 셔츠다. 흰색 또는 옅은 색상의 긴팔 드레스 셔츠가 비즈니스 슈트의 기본이다. 셔츠는 땀 흡수가 좋은 면 소재가 좋으며, 목 단추까지 모두 채워서 착용하고 셔츠 칼라가 상의 깃보다 1.5cm 정도 올라오게 입고, 소매길이는 상의의 소매보다 1cm 나오도록 착용한다. 목둘레는 0.5cm 정도 여유 있는 것이 안정적으로 보이며 셔츠는 바지 밖으로 나오지 않도록 조심한다. 화려한 무늬나 색상은 지양하는 것이 좋다.

5) 넥타이(Necktie)

넥타이는 남성 정장에 있어서 변화를 줄 수 있는 유일한 아이템이다. 흔히 V-Zone이라 불리는 슈트와 셔츠의 칼라, 그리고 넥타이에 의해 형성되는 이곳은 시선이 가장 먼저 가는 곳으로 옷차림에서 가장 중요한 부분을 차지하고 있다.

 네이비슈트에 블루타이로 산뜻하게

 네이비슈트에 화이트와 브라운이 믹스된 타이로 브이존을 산뜻하게

 레드브라운 재킷에 네이비 타이로 대담하게

 베이지슈트에 다크네이비타이로 브이존을 볼륨감 있게

〈넥타이 연출법〉

넥타이를 착용할 경우 넥타이의 길이는 허리 벨트를 약간만 가리는 정도로 하고 안쪽 넥타이가 바깥쪽 넥타이 길이보다 길지 않아야 한다. 그리고 슈트

와 드레스 셔츠의 색상을 고려하여 조화를 이룰 수 있도록 넥타이를 선택하도록 한다. 넥타이 색상은 양복과 동일색이거나 보색 계통이 좋다. 넥타이를 맬 때는 매듭이 중앙에 오게 하며 느슨하지 않도록 한다.

6) 벨트, 구두, 양말 착용

벨트의 색상은 양복이나 구두의 색깔과 동색 또는 어울리는 색이 좋다. 지나치게 요란한 버클 장식은 피한다. 구두와 양말의 색상도 양복과 맞추고, 구두의 뒤축이 닳은 구두는 수선하여 깨끗하게 착용한다. 특히 비즈니스 정장에서 흰 양말이나 짧은 양말은 피해야 한다.

머리, 얼굴, 입
면도, 코털

셔츠, 상의
청결, 땀냄새

회사 배지

V 존

넥타이
색상, 벨트의 밑 5cm
벨트, 장신구

바 지
무릎. 주름

양말, 구두
흰색, 구두 코, 굽

〈남성의 용모 · 복장〉

제5절 세련된 패션감각

1 Well Looking도 전략이다

지금 우리는 이미지가 실력만큼 중요한 시대에 살고 있다. 아무리 전문적인 능력을 갖추었어도 옷차림이 세련되지 못하면 그 능력이 빛을 발하지 못한다. 옷을 잘 차려 입는 것도 전략임을 잊지 말자.

사회적으로 패션과 외모에 관심을 기울이는 성향이 강해지면서 요즘은 일부 직장을 제외하고는 점점 비즈니스맨의 복장에도 변화가 일고 있다. 과거에는 회색이나 권색 슈트에 붉은색 계열의 넥타이를 매는 스타일의 옷차림이 많았지만 요즘은 많은 직장인들이 다양하고 화려한 색깔의 슈트와 넥타이로 변신을 시도하고 있다.

비즈니스 차림으로는 너무 파격적이지 않은가 우려하는 사람도 있지만, 젊어 보이고 신선하며 진보적인 느낌을 준다며 긍정적인 반응을 보이기도 한다. 실제로 의상을 자신의 개성에 맞게 자유롭고 멋지게 입는 사람들이 훨씬 창조적이고 진보적인 사고를 할 수 있다고 한다.

2 면접 이미지를 Up시키는 패션 전략

최근의 취업불황으로 인해 취업준비생들은 스펙 쌓기에 여념이 없다. 그리고 그동안 쌓아온 이력서상의 스펙에 걸맞은 언변과 지식으로 면접관들에게 강한 인상을 남기기 위해 많은 노력을 하고 있다.

온라인 취업사이트 Career에서 기업의 인사담당자 550명을 대상으로 조사(복수응답)한 결과, 면접이 끝나기 전에 지원자의 당락이 결정된다고 대답한 사람이 66.9%로 1위로 나타났고, 이러한 당락을 결정짓는 요소로는 1위

면접이 끝나기 전 지원자의 당락여부 결정
온라인 취업사이트 Career은 인사담당자 550명 조사결과

당락여부를 결정짓는 요소(복수용답)…?

비율	요소
58%	첫인상
55%	입사의지
52.1%	면접 태도 및 버릇
49.4%	말투
47.9%	면접시간 준수 여부
43.5%	전공 능력
30%	자신감

66.9%
끝나기 전 결정

가 58%로 첫인상이라고 응답했다.

이와 같이 첫인상의 중요성을 다시 한 번 강조한 설문조사결과이다. 첫인상은 외모를 중심으로 그 사람에게서 처음으로 느끼는 이미지로 '대면 후 처음 몇 초간의 이미지가 그 사람의 첫인상을 판단하게 된다'라는 심리학 연구발표처럼 면접에서 용모와 복장 점검은 아무리 강조해도 지나치지 않다.

따라서 취업을 위한 면접 장소에 어울리는 옷차림과 비즈니스 성격에 어울리는 옷차림으로 자신을 돋보이게 하는 것은 현대인의 면접에 있어서 필수전략이다. 평상시 자신에게 어울리는 색상과 옷의 스타일을 알고 있는 것이 중요하다.

첫인상이 면접을 좌우한다!

면접 내용과 태도가 면접 점수에 미치는 영향

구분	내용	감점 비중
시각요소	진지하지 않은 자세	70.3%
	시선 외피	54.7%
음성요소	작은 목소리	61.3%
	불분명한 발음	59.4%
	중복되는 말	44.5%
언어요소	요점의 불명확	74.2%
	문장의 미숙	43%

어떤 직종이든 면접의 복장은 슈트에 타이를 착용한 가장 formal한 복장을 필요로 한다. 면접 시 Dress Code를 정확하게 전하지 않은 회사라 하더라도 정장을 입고 가는 것이 중요하다. 정장차림이 지원하게 될 회사나 업무에 대해 얼마나 신중한 자세를 가졌는지에 대한 인상을 주기 때문이다. 이러한 첫인상은 면접을 위해 얼마나 준비했는지, 신뢰가 가는 사람인지 결정하게 되는 것이다.

① 여성의 면접 전략

얼굴의 메이크업은 피부톤과 어울리는 파운데이션 컬러를 사용하여 자연스럽고 윤기 있는 피부를 만드는 데 주력한다. 아이섀도는 슈트와 조화를 이룰 수 있게 은은하게 한다. 립스틱은 연한 핑크색이 적당하며 혈색을 살려주는 정도의 핑크나 살구빛 치크로 마무리한다. 특히 화장할 때 과도한 윤곽수정이나 어울리지 않는 메이크업은 피하는 것이 좋다.

머리 모양은 커트나 단발일 경우 앞이마를 가리지 않도록 하며 귀 뒤로 깔끔하게 넘긴다. 이때 뒷머리가 납작하지 않도록 세팅하여 봉긋하게 해준다. 그리고 긴 머리는 그대로 생머리를 할 때는 스트레이트가 좋고 승무원 면접때처럼 쪽머리를 하는 것도 우아하고 깔끔한 인상을 줄 수 있는 방법이다. 긴 파마머리는 면접 스타일로는 부적합하다.

여성의 면접 복장은 항공사 승무원 채용 면접 복장인 검정색 스커트에 흰 블라우스의 형태가 프로페셔널하면서도 이지적인 느낌을 주기 때문에 가장 무난한 듯하다. 계절에 따라 늦은 봄이나 여름에는 블라우스 차림만으로도 괜찮지만 그 외 계절에는 슈트를 착용하는 것이 좋다.

자신에게 맞는 슈트를 잘 골라서 블라우스와 구두 및 스타킹을 매칭시키고, 세련된 머리모양과 메이크업으로 용모를 잘 가꾸어서 면접에 임하도록 한다.

② 남성의 면접 전략

자신에게 맞는 색상이더라도 검정색이나 패셔너블한 슈트는 피하는 게 좋다. 일반적으로 진감색(navy blue)이 베스트 컬러이며, 진회색, 청회색, 회갈색의 어두운 컬러가 차분하면서도 이지적인 느낌을 줄 수 있다.

드레스 셔츠는 상대 회사가 보수적이라면 흰색 셔츠가 어떤 넥타이와도 어울려 깔끔하고 정리된 인상을 준다. 진보적이라면 블루나 연미색 셔츠가 적당하다. 넥타이의 경우 패턴이 복잡한 그림이나 그래픽이 들어간 것은 좋지 않다. 단색이나 약간의 패턴이나 스트라이프 무늬가 들어간 심플한 디자인이 외모를 스타일리시하면서 차분하게 보이게 만든다. 구두는 무난한 검은색 정도가 적당하고 양말은 바지 색상에 맞춰 신도록 한다.

그리고 자신의 신체 사이즈에 잘 맞는 옷을 입는다. 무엇보다도 적절한 피팅감이 살아 있는 슈트로서, 어깨선이 재봉선과 적정한 사이즈를 선정한다. 드레스 셔츠는 커프스가 1cm 정도 소매 끝에 보일 수 있도록 재킷의 소매 길이를 확인해야 한다. 그리고 바지의 길이는 보통 앉은 자세에서 면접이 진행되므로 의자에 앉았을 때 바지의 끝단으로 최대 5cm 정도의 양말이 보이는 길이가 적당하다. 또한 서 있는 자세에서 바지의 끝단이 구두의 뒷굽을 2/3 정도 덮는 정도가 적당하다.

자신에게 맞는 슈트를 잘 골라서 드레스 셔츠와 넥타이, 구두와 양말을 매칭시키고, 용모를 잘 가꾸어서 면접에 임하도록 한다.

3 패션감각을 키워라

현대인에게 의복은 환경으로부터의 보호역할만 있는 것이 아니다. 때와 장소에 어울리는 감각이 있는 옷차림은 사람을 한결 돋보이게 만든다. 이렇게 옷차림은 중요하며, 이미지뿐만 아니라 그 사람의 개성이나 감각을 판단하는 기준이 된다. 왜냐하면 옷차림은 그 사람의 마음가짐, 태도 등을 반영하는 거울이기 때문이다.

현대의 커리어우먼들은 자신의 직업적인 능력을 패션을 통해 배가시키는 전략을 잘 알고 있다. 우리는 멋지고 세련된 커리어우먼을 연상할 때 여성스러운 이미지가 아닌 남성에 가까운 중성적 이미지를 자연스럽게 떠올리곤 한다. 가령 프릴과 레이스 장식이 많은 블라우스에 풍성한 주름이 잡힌 스커트를 입고 화려한 웨이브의 헤어스타일을 한 여성을 보고 전문성과 신뢰감이 돋보이는 직업인으로 보지 않는다. 이와는 대조적으로 격식을 차린 정장 차림이나 디테일한 장식이 배제된 옷차림을 하고 단발머리처럼 짧은 머리를 한 여성을 만나면 전문성과 신뢰가 돋보여 커리어우먼일 가능성에 대해 높은 점수를 주게 된다.

결국 우리가 연출한 스타일이나 패션은 단순히 패션으로 끝나는 게 아니라 신뢰와 불신으로 연계되어 있는 것이다.

휴렛팩커드(HP)의 칼리 피오리나는 남녀의 차별성을 과감히 자신의 패션에 적용해서 성공한 사례로 유명하다. 새롭게 인수한 계열사 영업사원들을 대상으로 연설을 할 때의 일이다. 그 조직은 뿌리 깊은 남성 중심 문화로 악명 높은 곳이었다. 피오리나는 연설을 하다가 갑자기 재킷을 벗었는데 놀랍게도 바지 앞부분이 남자처럼 툭 튀어나와 있었다. 바지 속에 양말을 둘둘 말아 넣어둔 것이었다. 이 일이 있은 후 아무도 피오리나를 여자라고 함부로 무시하지 못했다. 그녀는 자신의 여성성을 완전히 없앰으로써 남성 중심의 문화에 과감히 도전했다. 패션을 전략으로 활용하여 남성사회에 도전장을 낸

〈용모 복장〉

✤ 옷을 못 입는 사람을 보면 옷 자체에 주목하게 되고, 옷을 잘 입는 사람을 보면 그 사람 자체를 주목하게 된다.

- COCO CHANEL

케이스라고 하겠다.

그리고 콘돌리자 라이스 미 국무장관은 여성 정치인 중 보기 드물게 스타일이 좋은 것으로 유명하다. 그녀가 첫 유럽순방 때 연출한 패션은 영화 〈매트릭스〉처럼 검정색 하이힐 부츠와 검정 롱코트의 여전사 차림을 했는데 당시 그녀의 패션감각을 전 세계 언론에서는 라이스의 능력과 권세를 과시한 옷차림이라고 평했다.

또한 빌 클린턴 대통령 때의 매들린 올브라이트 국무장관은 국정 상황에 따라 브로치를 바꾸어 착용함으로써 무언의 패션 메시지를 발산한 것으로 유명하다. 이처럼 패션을 통해 스토리를 만들기도 하고 반면 스토리를 패션에 담기도 한다. 모두가 상황에 따라 의도적으로 만들어진 패션이라고 할 수 있다. 일종의 패션전략이라고 하겠다.

디지털 시대의 개인과 기업의 성패는
Communication 능력에 달려 있다.
- Bill Gates -

제1절 의사소통의 중요성

미국의 카네기재단에서 백만 달러를 투자해서 5년 동안 성공한 사람 만 명을 기준으로 이 시대에 성공한 사람들의 비결을 조사했다. 조사 결과 이들 중 15%는 기술과 능력이라고 대답했으며 나머지 85% 정도의 사람들이 원만한 인간관계가 성공의 비결이라고 대답했다고 한다. 그리고 하버드 대학교의 직업보도국에서 직장을 잃은 사람들의 해고 원인을 조사한 결과, 업무수행능력 부족은 5%인 데 반해 95%가 인간관계 능력부족으로 나타났다. 사회적인 성공을 위해서는 인간관계가 얼마나 중요한지를 알 수 있는 조사 결과이다.

사람은 태어날 때부터 자신의 의사를 표현하면서 살아가고 있다. 그런데 태어날 때부터 대화를 하고 의사전달을 하기 때문에 당연한 것으로 생각하고 등한시하여 대화의 중요성을 의식하지 못하고 있다. 하지만 현대사회는 의사소통을 얼마나 잘하느냐에 따라 인간관계의 성패가 좌우된다고 해도 과언이 아니다. 따라서 원만한 인간관계를 형성하고 유지하려면 대화의 소통능력을 키워야 한다. 타인과 대화할 때는 타인의 마음을 읽고 이해하고 배려하는 정신이 필요하다. 말만이 아닌 행동과 함께 의사를 전달하는 방법에 익숙해져야겠다.

눈이 마음의 거울이라고 하듯이 말씨는 그 사람의 인격이라고 한다. 마음을 어떻게 가지느냐에 따라 말씨도 달라진다. 말씨는 본인 마음의 표현으로서 상대방에게 그 마음이 전달되도록 바르게 표현하는 것이 목적이다. 이러한 모든 마음의 표현들은 상황에 맞는 대화를 통해서만이 잘 전달할 수 있다. 마음을 표현하는 방법으로 바람직한 언어표현과 언어예절을 익혀 상대방에 대한 배려를 표현하고 상대방이 무엇을 원하는가를 경청하면서 말을 해야 좋은 대화를 할 수 있다.

제2절 매력적인 목소리 만들기

미국의 심리학자 A. 메라비언 박사의 연구에 의하면 이미지를 구성하는 요소 중에서 시각적 이미지(표정, 자세, 용모 등)가 차지하는 비중은 55%, 청각적 이미지(목소리 크기, 톤, 느낌 등)는 38%, 그 외 7%가 언어를 통해서 형성된다고 한다. 여기서 음성이 차지하는 비중이 38%로 언어적 표현의 7%에 비해 큰 비중을 차지함을 알 수 있다.

사람들은 말의 내용보다도 대화하는 사람의 목소리와 음색, 톤 등 음성(vocal)에 많이 민감한 것이다. 그래서 조리있게 논리적으로 말을 잘하느냐보다는 '목소리가 매력적이다. 음색이 참 곱다 등' 청각적 이미지에 더 비중을 둔다.

1 아나운서 목소리 따라잡기

대부분의 사람들은 당연히 매력적인 목소리에 이끌리게 되어 있다. 다시 말하면 외모는 조금 자신이 없더라도 목소리만 좋으면 자신의 부족함을 극복할 수 있다. 물론 외모도 자신이 있고 목소리까지 좋다면 금상첨화이다. 실제로 탤런트나 배우 중에는 외모와 목소리가 어울려 한층 더 매력을 발산하는 연기자가 많다.

그런데 그와 반대로 외모는 훌륭하나 목소리가 좋지 않아서 이미지에 훼손을 입는 경우도 있다. 영국의 유명한 축구선수 데이비드 베컴에 대한 놀라운 글을 읽은 적이 있다. 뛰어난 축구 실력에 배우 뺨치는 외모의 소유자인 그가 목소리는 모기소리 같다고 한다. 여성처럼 가늘고 높은 톤을 내는 목소리의 소유자인 것이다. 그에 대한 사랑이 가득한 영국인들도 베컴의 목소리가 듣기 싫었던지 영국 국영방송 BBC에서 실시한 설문조사에서 '영국인들이 가장 불쾌하게 생각하는 목소리' 상위에 랭크됐다고 한다.

물론 여러 가지 면에서 선망의 대상인 베컴이기에 실망감이 더했는지도 모르지만, 목소리가 이미지에 결정적인 영향을 미친다는 것만은 분명한 사실이다. 위에서도 말했지만 메라비언 박사의 연구에 의하면 상대방을 판단할 때 청각적인 이미지가 차지하는 부분이 38%니까 목소리가 좋으면 100점 만점에 38점은 따놓은 당상이라는 얘기다.

아나운서들이 사람들에게 좋은 이미지를 주는 것도 목소리의 영향이 크다. 아나운서들은 굵지도 가늘지도 않은 차분하고 맑은 목소리를 가지고 있다. 때문에 오랜 시간을 들어도 질리지 않고 상대에게 신뢰와 품격을 준다. 목소리는 이처럼 자신의 가치를 높여주는 중요한 수단이 된다. 따라서 상대에게 호감을 얻으려면 좋은 목소리를 갖기 위한 노력을 게을리해서는 안 된다.

신문이나 책을 읽을 때 소리 내어 읽는 습관도 효과적이고 평소 말을 할 때 많은 사람들이 있다고 생각하고 얘기하는 법도 좋다. 다만, 이때 무턱대고 소리를 지르면 음 높이가 올라가 목소리가 갈라지고 성대가 망가진다. 또 TV나 라디오를 들으면서 아나운서나 성우의 목소리와 발음 등을 연습해서 자신의 목소리를 세련되고 매력있게 만들어야 한다. 나의 경우는 뉴스를 시청하면서 아나운서가 말하는 것처럼 그대로 목소리 성량, 음색, 속도 훈련을 해본다. 그리고는 토막뉴스의 내용을 정리해 말하는 훈련을 나름대로 시도하는데, 이것도 아주 좋은 방법이라는 생각이 든다.

2 좋은 음색(音色) 훈련 : 목소리에 맛깔스러운 맛을 입혀라

듣기에 좋은 목소리는 음색이 결정한다. 음색이 좋지 않으면 듣는 사람이 피곤하거나 불쾌감을 느끼는 반면 음색이 좋으면 듣는 사람이 편안하고 기분이 좋아진다.

매력적이고 아름다운 목소리를 내기 위해서는 자세도 중요하다. 목소리는 성대에서 나오는데 자세와 무슨 상관이 있을까 싶겠지만, 자세가 바르지 못하면 좋은 음색을 낼 수 없다. 때문에 아나운서들은 좋은 목소리를 내기 위해 자세에도 많은 신경을 쓴다.

> ◈ 좋은 음색을 내기 위한 기본 자세
>
> ① 얼굴, 턱, 목, 팔 등 상체에는 힘을 빼고 다리에는 약간 힘을 준다.
> ② 시선은 전방 15~20도를 향한다. 이 상태에서 발 끝에 중심을 두고 몸 전체를 약간 앞으로 기울인다. 이때 발바닥이 지면에서 떨어지면 안 된다.
> ③ 머리나 목의 위치는 성대에 지대한 영향을 미치므로 과도하게 위를 향하거나, 혹은 아래를 향하지 않도록 한다. 약간 턱을 당기는 듯한 모습이 좋다.

3 풍부한 성량 훈련 : 감동을 줄 수 있는 성량을 만들어라

좋은 목소리의 판단기준에서 성량을 빼놓을 수가 없다. 목소리가 너무 작은 사람은 전달력도 떨어질 뿐 아니라 무기력하고 자신감 없는 사람으로 비춰질 수 있다. 반대로 성량이 풍부하여 목소리가 크고 분명하면 상대방의 기선을 제압할 수 있고 자신감이 넘쳐 보여 신뢰감을 줄 수 있다.

◆ 성량을 풍부하게 하는 복식훈련 방법

복식훈련법은 간단하다. 그러나 그동안 흉식호흡에 익숙해서 복식호흡을 실행하기는 매우 어렵다. 오랫동안 무의식적으로 행하던 호흡법을 바꾸는 작업이니 힘이 드는 것은 당연하다. 그러니 처음부터 무리하지 말고 천천히 바꾸는 훈련을 하면 된다. 처음에는 10분 정도 연습을 하다가 점차 시간을 늘리는 것이 좋다.

① 가장 편한 자세를 취한다. 앉아서도 좋고, 누워서 해도 좋다. 다만 눈을 감고 배에 정신을 집중한다.

② 천천히 깊게 숨을 들이마시면서 가슴이 아니라 배가 부풀어 오르도록 한다. 무리가 가지 않도록 평소 자신의 호흡보다 조금 길게 들이마신다.

③ 배로 모은다는 느낌으로 숨을 들이마신 후 얼굴이 빨개질 때까지 숨을 참는다. 이때 목에 힘이 들어가지 않도록 한다.

④ 숨을 들이마실 때보다 2배 정도 길게 숨을 내뱉는다. 이때는 배가 자연스럽게 들어가도록 한다.

⑤ 호흡을 매번 일정하게 유지하면서 틈틈이 연습한다.

제3절 자기표현 능력 향상훈련

사람들은 저마다 의사소통 능력을 가지고 있다. 그러나 여러 변수들과 개인적 상황으로 의사소통 능력의 차이가 나타나게 된다. 대화를 할 때 무언가 답답함을 느끼게 하는 사람들이 있다. 이는 문제의 핵심을 설명할 때 서론이 장황하거나, 반대로 청취하는 사람의 의사소통 능력이 부족하면 대화의 핵심을 파악하지 못하게 된다.

최근 통신기술이 발달함에 따라 커뮤니케이션의 기능도 점점 다양해져 간다. 상업적인 목적 없이 순수하게 자신을 표현하기 위해 동영상 사이트인 유튜브와 UCC에 올렸다가 스타가 된 사람도 많고 이를 경제적인 이득으로 연결시킨 사람들도 많이 보아왔다. 우리는 이를 통해서 사람들이 얼마나 자기를 표현하는 데 적극적인지 알 수 있다.

이처럼 요즈음 자기표현을 중요하게 여기다 보니 기업의 인재상도 많이 변했다. 한 취업 포털사이트에서 '기업이 원하는 인재 10가지 유형'을 발표했는데 패기 있는 사람, 진취적인 사람, 친화력이 있는 사람, 유연한 사고와 창의력이 있는 사람, 대인관계 능력이 있는 사람, 올바른 가치관을 가진 사람, 건강한 심신을 가진 사람, 표현능력이 있는 사람을 인재로 꼽았다.

기업들은 표현능력이 떨어지는 사람은 의사소통이 원활하지 않아 조직에 부정적인 영향을 미치고 자기표현을 잘하는 직원이 많을수록 기업의 발전 가능성이 높다고 보고 있다. 그래서 기업들은 자기표현을 잘하는 사람을 선호한다.

자기표현은 타인에게 나를 알리는 것뿐만 아니라 상대방이 어떻게 받아들일 것인가도 염두에 두고 해야 한다. 그렇다면 어떻게 해야 나를 알리고 상대도 저절로 고개를 끄덕일 수 있는 자기표현을 할 수 있을까.

1 공감적 자기표현

다른 사람의 인격과 입장을 존중해 주는 '공감적 자기표현'을 해야 한다. 물론 나와 코드가 맞는 사람만 만나고 만족스러운 상황에만 부딪친다면 마음대로 자기표현을 해도 상관없다. 그런데 우리는 미소를 지으며 미운 사람도 만나야 하고 가고 싶지 않아도 참석해야 할 때도 있다. 이런 세상 속에서 절제하지 않고 자기표현을 한다면 어떤 사람과도 좋은 관계를 유지할 수가 없다.

결국 사람들에게 좋은 이미지를 주고 어떤 분야에서든 성공을 하려면 자기를 표현하되 상대방의 인격과 권리를 존중하여 공감을 얻어낼 수 있어야 한다. 대화, 즉 커뮤니케이션이란 메시지를 보내는 송신자와 메시지를 받는 수신자가 다양한 방법으로 메시지를 교환하는 쌍방향 교류가 일어나면서 송신자와 수신자 간에 공감대를 형성하는 과정이기 때문이다.

그렇다고 사람들의 공감대를 얻기 위해 지나치게 단점을 가리고 자기 장점만 보여주려고 해서는 안 된다. 사회생활을 하는 데 있어 베일에 가려진 사람은 '도대체 저 사람 속은 도통 알 수 없어' '너무 가식적인 것 같아'라는 식의 부정적인 느낌을 줄 수 있다. 나를 투명하게 개방하되 상대방이 긍정적인 마음으로 받아들이게 만들어야 한다.

그렇다면 이런 자기표현력을 기르려면 어떻게 해야 할까?

2 자기표현력 훈련

태어날 때부터 자기표현을 잘하는 사람은 없다. 부단히 말하기 훈련을 통해서 자기 의사를 잘 표현하는 능력을 키워야 한다. 특히 공감적 자기표현력을 기르려면 많은 훈련이 필요하다. 전직이 아나운서였고 지금은 아나운서를 양성하는 유명한 학원의 원장인 사람도 고등학생 때까지는 남 앞에서 발표하는 것이 두려워서 무척 긴장을 했다고 한다. 그러던 그녀가 대학 방송을 하면서 자기표현 능력을 길러야겠다고 결심을 하고 난 후부터는 집중적인 연습에 들어갔다.

일부러 사람들 앞에 나서서 애기도 하고 고른 음을 내는 연습을 하고 발음을 정확하게 구사하려 노력하고 조리있게 말하는 연습을 했다. 그리고 말을 논리정연하게 하기 위해 한 가지 주제를 가지고 30초, 1분, 20분, 1시간을 정해두고 말하는 훈련을 했다. 훈련만이 자기표현력을 기르는 유일하고도 효과적인 수단이라고 한다. 그리고 이러한 훈련을 누구보다 열심히 많은 시간을 투자해서 노력을 한 사람들이 아나운서들이다.

취업준비생은 자기소개를 주제로 1분 스피치, 3분 스피치, 5분 스피치를 준비해 훈련을 하고 직장인은 본인의 업무 전문성과 관련된 설명을 간략하게 정리해서 말하는 훈련을 평소에 해두면 언제 어디서나 당당하게 발표할 수 있는 실력을 갖추게 된다.

1) 말의 목적과 말하기 불안증세 극복

(1) 말의 목적

① 세상과 관계에 대한 자신의 감정을 표현하고 : Expression
② 상대가 나를 인정함으로써 '나는 누구인가'라는 질문에 응답할 수 있게 하고 : Confirmation
③ 때로는 서로가 영향을 받으며 : Influence
④ 변화하기도 하고 : Change
⑤ 공통의 목표를 가지고 일을 수행하기 위해 : Work
⑥ 창조를 위해 소통하는 것 : Creation

즉 말의 목적이란 타인에게 나의 마음을 전하고 타인에게서 인정받고 함께 일을 도모하거나 함께 가거나 놀고 자신을 점검함으로써 자신에게서 해방되는 소통의 수단으로서의 목적을 가지고 있다.

(2) 말하기 불안 증세를 극복하는 방법

말하기 불안의 육체적 증상은 아주 다양하다. 얼굴이 붉어짐, 목소리가 작아짐, 다리가 떨림, 쳐다보지 못함, 말하는 속도가 빨라지는 것 등이다. 이러한 불안 증상들은 주로 '내가 바보짓을 할 것 같다' '내가 어떻게 비춰질지 걱정이다.' '나는 완벽하고 싶은데 상황을 예측할 수 없다' 등의 말하기 불안증상을 유발하는 생각들은 다양하다. 이러한 불안은 최선을 다하고 싶다는 긍정적인 동기에서 비롯된 것이다.

① 일단 어느 누구도 타인 앞에서 말하는 것이 마냥 편안한 사람은 없다.
- 어느 정도의 긴장은 일을 잘 수행하기 위해서 필요하다.
- 긴장은 잘만 다스리면 말하기 상황을 더욱 성공적으로 만들 수 있는 도구가 된다.

② 다음은 자신의 불안을 가능한 구체적으로 분석하는 것이다. 유난히 내가 민감하게 느끼는 불안이 있다. 나를 불안하게 하는 요소들을 구체적으로 적어본다.
- 청중을 개인의 집합으로 보고 서너 명을 대상으로 말한다고 생각한다.
- 대부분 너그럽고 화자에게 지지를 보내는 사람들이 많다.

③ 청중을 비판자가 아니라 수용자로 여기는 훈련을 하자. '내가 어떻게 비춰질까'보다 '내가 진심으로 좋은 것을 말하고 있는가'를 생각해 본다.
- 청중은 내가 생각하는 것만큼 남에게 가혹하지가 않다.
- 실수하면 다음에 만회하면 된다.

④ 다음은 긴장 완화 기술을 이용해 불안에서 비롯된 몸의 변화에 대처하는 것이다.
- 발표 전 가벼운 산책이나 걷기, 심호흡이나 잠시 숨을 멈추는 방법 등으로 숨쉬기를 통제해 보는 것도 마음을 진정시키는 데 도움이 된다.
- 발표 전에 아무도 없는 데서 큰소리로 발성연습을 한다.
- 나의 발표를 열심히 듣고 있는 사람과 눈을 맞추는 것도 마음의 안정에 도움이 된다.

⑤ 마지막으로 긍정적 사고를 유지하며 불안에 대항하는 방법이 있다. 즉 말하기를 잘 마치고 난 상황을 그려보는 것이다. 즉 성공을 시각화하는 것이다.

• 나는 침착하게 강단으로 나아가 청중을 향해 한 번씩 웃고 말을 시작할 것이다. 목소리는 자신감에 차 있을 것이다.'라는 식으로 그려본다.

③ 자신과의 소통 기법

우리는 흔히 소통이라 하면 타인과의 소통을 생각하기 쉬운데, 모든 소통은 자신과의 소통(intrapersonal communication)과 동시에 또는 그 이후에 이루어진다. 즉 소통의 과정을 면밀히 들여다보면 끊임없이 자신과 소통하고 있는 자신을 발견할 수 있다.

자기 개념이나 자기 노출, 자기 인식이 소통하는 과정에 어떤 역할을 하는지, 또한 이러한 인식이 어떻게 소통에 도움을 줄 수 있는지 알아본다. 우리는 모두 다른 자기 개념(self-concept)을 가지고 살아간다. 자기 개념이란 '나는 어떤 사람'이라는 자기 인식을 말한다. 다시 말하면, 자기 개념은 자신이 누구라고 생각하는 자신의 이미지다. 이 자기 개념은 다양한 경로로 형성된다.

1) '나는 어떤 사람인가?' 하는 자기 개념의 형성 경로

첫째, 거울 속에 비친 자아(looking-glass self)

의미가 있는 다른 사람(significant other)들의 시선에 따라 자기 개념을 형성하는 경우이다. 존경하는 선배나 부모님, 선생님 등 소위 멘토라고 할 말한 이의 칭찬이나 비난을 듣고 '난 그런 사람이구나'라는 정체성을 갖게 되는 것이다. 이렇게 형성된 자아를 거울 속에 비친 자아라고 한다.

둘째, 사회비교 과정(social comparison process)

자신과 비슷한 능력이나 수준의 사람과 비교하는 행위 역시 자기 개념 형성에 영향을 미친다. 예를 들면 나는 언제나 열심히 노력하는데 할 것 다 하면서 적당히 공부하는 친구와 비슷한 성적을 받는 일이 반복된다면 '아, 나는 남들보다 더 많이 노력해야 목표에 이를 수 있는 사람이구나'라고 생각하게 되는 경우이다.

셋째, 문화에 의한 가르침(cultural teachings)

사회의 잣대나 고유문화가 영향을 미치는 경우이다. 즉 사회가 긍정적이라 평가한 성향을 가진 사람은 긍정적인 개념을, 부정적이라 평가한 성향을 가진 사람은 부정적이고 소극적인 자기 개념을 갖게 되는 것이다.

이처럼 위와 같은 경우를 통해 갖게 된 자기 개념 즉 자기 인식은 대개 평가적이다. 자신을 긍정적으로 평가하는 사람일수록 자존감이 높으며 그에 따라 타인과 소통하는 태도도 다르다. 우리가 화장을 할 때 자기 얼굴의 단점을 감추고 장점을 살리기 마련인데 타인과 소통을 할 때도 일종의 '심리적 화장(psychological makeup)'이라는 것을 한다. 자신의 마음의 맨 얼굴을 드러내지 않는 것이다.

그러므로 건강한 소통을 위해서는 우선 자신을 평가하는 습관을 없애고 자신의 특징을 담담히 받아들여야 한다. 긍정적 자기 개념을 가질 수 있는 영역에서는 그 긍정성을 유지하되 성과가 없었던 영역에 대해서는 '난 언제나 최선을 다하고 있으며 늘 나아지고 있다'고 믿는 자기 수용이 필요하다.

소통의 궁극적인 목적은 관계 맺기를 통해 서로의 자아를 인정하고 인정받기 위해서이다.

2) 소통의 주체가 되는 자아의 요소

① 나도 알고 남도 아는 '열린 자아(open self)'

② 나도 모르고 남은 아는 '눈먼 자아(blind self)'

③ 나는 알지만 남에게 드러내지 않아 남들은 모르는 '숨겨진 자아(hidden self)'

④ 나도 남도 모르는 '미지의 자아(unknown self)'

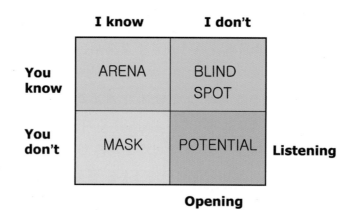

〈Joharry's Window〉

소통이란 나는 알고 남들은 모르는 숨겨진 자아로부터 나는 모르고 남들은 아는 눈먼 자아로부터 나도 알고 타인도 아는 열린 자아로 나아가는 길이다. 진정한 소통은 자신과 원활하게 소통하고 자아를 인정하는 것에서부터 시작되는 것이다.

제4절 호감 가는 대화법

아름다운 마음씨에서 우러나오는 진실성 있는 말은 말하는 솜씨가 서툴다 해도 상대방의 마음을 움직일 수 있다. 흔히 말을 능수능란하게 하는 사람을 보고 '언변이 좋은 사람'이라고 하는데, 이것은 말 주변이 좋아서 말을 잘한다는 뜻이다. 그러나 듣는 사람의 공감을 일으키지 못하면 말을 잘하는 것이 아니다.

그러므로 언제든지 진실성 있는 태도로 말을 해야 한다. 같은 말이라도 말의 효과는 다르기 때문이다. 식당의 종업원이나 백화점 점원들이 '손님을 친절하게 모셔야겠다'는 마음가짐이 굳게 서 있을 때 그 인사말에서 마음에 와닿는 친절을 느낄 수 있다. 겉으로만 친절한 체하는 진실성 없는 말은 오히려 신용 없는 사람을 만들 뿐만 아니라 상대방의 기분을 상하게 하기도 한다.

보통 말하는 사람과 듣는 사람은 약 50~60cm 거리를 두고 마주보며 편안한 자세를 취하는 것이 좋다. 이때 상대방의 얼굴을 강하게 쳐다보거나 턱을 괴거나 한눈을 파는 것은 예의에 벗어나는 행동이다. 눈은 말보다도 강한 표현을 지니고 있기 때문에 서로가 호감을 가질 수 있도록 자연스럽게 마주본다면 진실한 표정이 더 빠르게 마음속에 품은 감정을 전해준다.

1 매력적인 대화의 기술

어떻게 자기 자신의 생각을 명확하고 힘 있게 발표하여 상대방을 움직이게 할 수 있느냐 하는 것이 일의 성패를 가름하는 중요한 열쇠가 되는 경우가 많다. 그러나 말재주가 좋기만 하면 되는 것이 아니다. 예의 바른 태도로 올바른 생각을 알기 쉽게 전해야만 상대방의 마음을 끌 수 있다.

1) 대화의 기술

① 말은 침착하고 조용히 간결하게 한다.

② 말을 하기보다는 듣기를 잘하여야 한다.

③ 말에는 적당한 유머가 필요하다.

④ 상대방의 눈을 바라보고 말한다.

⑤ 혼자 아는 척해서는 안 된다.

⑥ 남의 비밀이 되는 것, 싫어하는 것은 화제로 삼지 않는다.

⑦ 남의 말을 가로채서는 안 된다.

⑧ 말하는 자세를 바르게 한다.

⑨ 말은 풍부한 화제와 화술이 필요하지만 거짓과 과장은 금물이다.

⑩ 외국어나 어려운 말은 삼가야 한다.

2) 매력있는 음성으로 대화의 품격 높이기

① 목소리는 듣기에 자연스러워야 한다

목소리는 개인의 음성을 자신감 있게 살리는 것이 중요하며 의도적인 변음보다 자연스러운 음색이 좋다. 그러나 상대에게 전달될 수 있도록 적당한 크기와 음색이어야 한다.

② 톤(억양)은 생동감 있어야 한다

억양은 기본적으로 명랑하고 생동감이 있어야 하며, 늘 똑같은 톤보다는 상황에 따라 적당한 억양으로 조율할 수 있어야 한다. 적당한 문구나 단어에 강세(stress)를 주어야 한다. 여기서 주의할 것은 도가 지나친 강조와 너무 연속적인 강조의 사용은 삼가야 한다는 것이다.

③ 말의 내용에 따라 속도에 변화를 주자

말을 계속 너무 빨리 하면 상대가 정확히 알아듣기 어렵고, 또 오랫동안 너무 천천히 말하면 지루하다는 느낌을 받게 된다. 일반적으로 방송에서는 1

분에 원고지(200자) 한 장을 읽는 정도가 좋다고 한다. 말 속도는 사람의 성격, 말할 내용과 양, 기분에 따라서 다르다. 하지만 말의 내용에 따라 속도에 변화를 주는 것이 올바른 방법이다.

④ 품위 있는 단어를 사용한다

사회에서 사용하는 용어들은 평상시 친구나 가족에게 사용하는 것과는 달리 엄선된 표현을 사용해야 하며, 이는 오랜 시간 반복된 연습이 필요하다. 품위 있고 상황에 맞는 적절한 표현을 사용해야 한다.

3) 온 몸으로 말하기

① 눈 : 말할 때는 듣는 사람의 눈을 따뜻하고 부드럽게 주시하면서 정면으로 바라보고 말한다.
② 몸 : 등을 펴고 똑바른 자세로 앉거나 선 자세로 적당한 제스처를 사용하여 이야기한다.
③ 입 : 목소리를 한톤 높여서 적당한 속도로, 상대가 알기 쉬운 용어를 사용하며 경어 등을 사용하여 친절한 말씨로 자연스럽고 상냥하게 말한다.
④ 마음 : 성의와 선의를 가지고 말한다.

2 매력 만점의 화법

대화를 통해서 상대방에게 좋은 인상을 주려면, 상대의 입장에서 생각하고 말할 수 있는 다음의 효과적인 대화법을 활용하는 것이 좋다.

1) 플러스(+) 화법을 사용한다

없어도 큰 지장은 없지만, 있으면 더 편하고 기분이 좋은 것처럼 대화하는 상대와의 사이를 편하게 해주는 쿠션 같은 말! 내가 하는 이야기를 듣는 상대에게 플러스(+) 심리로 편안하게 대우받는다는 느낌을 전해준다.

주로 상대방에게 의뢰를 할 때나, 상대의 뜻과 다른 경우나 요청을 거절해야 하는 경우에 사용하면 효과적이다.

쿠션효과를 주는 표현으로 아래와 같은 용어가 있다.

- 실례합니다만, 죄송합니다만, 바쁘시겠지만, 괜찮으시다면, 양해해 주신다면, 불편하시겠지만 등

2) 부정형보다는 우회적 긍정형 + 대안(代案) 제시형태로 대화를 한다

① '안 됩니다' '그렇게 해드릴 수 없습니다'라는 부정형 대신에 ⇒ '급한 일을 먼저 처리하고 00분쯤 후에 해드려도 괜찮으시겠습니까?'

② '없습니다'를 ⇒ '지금은 없습니다만, 창고에 재고가 있는지 조사해 보겠습니다'로 적극적이고 긍정적인 표현을 사용한다.

③ 그리고 좀 더 나은 방향으로 대안을 제시하면서 ⇒ '~ 어떻게 해드리겠습니다' '~ 대신 이렇게 해드리겠습니다'라고 적극적 응대를 한다.

3) 명령형보다는 권유형이나 의뢰형의 표현을 사용한다

① '부탁합니다.' 'Please' 등 완곡한 표현을 사용한다.

② '~ 어떻게 하라' '하세요' 등 명령어를 ⇒ '~ 해주시기 바랍니다' '~ 해주시겠습니까?' 등 권유나 의뢰의 형태로 바꾸어 표현한다.

③ 즉 '이거 하십시오'라고 말하기보다는 ⇒ '이것 좀 해주시겠습니까?'라고 말하는 것이 상대방 입장에서 선택할 수 있는 결정권을 주기 때문에 듣는 입장에서 훨씬 부드럽게 들리고, 일을 도와주고 싶은 마음이 생기게 된다.

4) '너 전달법(you message)'보다는 '나 전달법(i message)'을 사용한다

대화를 하면서 나의 마음과 상태를 전하는 화법이 '나 전달법'이다. 도서관에서 공부하다 집에 늦게 온 자녀에게 '너 전달법'인 "늦으면 전화를 해야 할 것 아니야"라고 하면 자녀는 늦어서 미안함보다는 '내가 놀다 왔어' 하는 반감이 생긴다. 같은 상황에서 '나 전달법'인 "어서 와라. 네가 많이 늦어서 걱정했단다." 하면 '내가 전화도 없이 늦으면 많이 걱정하시는구나'라는 생각에 더욱 미안한 마음이 드는 것이다.

부부지간에도 "오늘 일찍 들어오실거죠?"라는 표현은 '일찍 들어와요'라는 명령어 같은 기분이 들어 대화를 단절시키게 되지만 '나 전달법'인 "오늘 당신 좋아하는 찌개 끓여놓을게요"라고 하면 사랑이 전달된다.

5) 경어(敬語)나 겸양어(謙讓語)를 바르게 사용한다

① 경어

정확한 경어를 사용해야만 활발한 의사소통이 이루어지고, 말하는 이의 인격을 판단하는 수단으로서도 중요하다. 경어는 주로 상대방을 자기보다 높은 위치에 두고 경의를 나타내는 경우에 사용하며, 말하는 이가 상대를 존경하며 그 사람 동작의 높임말로 표현할 때 사용된다.

일반적인 형태로는 '~신다' '~십시오' '만나주시겠습니까?' '이런 점을 충분히 이해해 주십시오' 등의 동작 표현을 높인 말이다.

② 겸양어

겸양어는 자기를 낮은 위치에 두고 상대를 높여 경의를 나타내는 경우에 사용한다. 즉 말하는 이가 상대방에게 어떤 동작을 할 때, 그 동작을 받는 사람을 존경하는 뜻에서 동작하는 사람이 자신을 낮추어서 표현하는 말이다. 일반적인 형태로는 '설명해 드리겠습니다' '모셔다 드리겠습니다' 등으로 표현하면 된다.

그 외, 나→저, 밥→진지, 물어보다→여쭈어보다, 먹다→잡수다, 자다→주무시다, ~에게→~께, 늙은이→노인, 나이→연세/춘추, 이름→존함, 병→병환, 술→약주, 집→댁 등의 겸양어가 있다.

6) 성공한 사람들의 대화법을 따라 한다

① 풍부한 화제

대화를 위해 화젯거리를 찾아서 남다른 관점으로 세상을 관찰하여 항상 이야기 소재가 풍부하다.

② 상대에 대한 배려

여유를 가지고 폭 넓은 시각에서 말한다. 항상 상대방의 입장에서 생각하며 대화를 한다.

③ 유머를 좋아함

심각한 내용도 유머를 섞어서 긴장을 없애고 대화를 즐겁게 한다.

④ 탁구식 대화

상대방에게 말할 기회를 준다. 한 사람만 독불장군처럼 계속 떠들어 대면 흥이 깨지는 대화 분위기가 된다. 대화는 탁구와 같다고 생각하자.

7) 직장에서 자주 사용하는 대화 내용 올바른 표현법 익히기

잘못된 표현	올바른 표현
과장님! 이것 좀 봐주세요.	• 이것 좀 봐주시겠습니까? • 이것 봐주시기 바랍니다. • 이것 봐주시면 감사하겠습니다.
그런 내용은 본사로 전화하세요.	• 직접 전화하시겠습니까? • 전화하시기 바랍니다. • 전화해 주시면 감사하겠습니다.
공문 다 보셨으면 보내주세요.	• 보내주시겠습니까? • 보내주시기 바랍니다. • 보내주시면 감사하겠습니다.
금액 확인하세요.	• 확인하시겠습니까? • 확인하시기 바랍니다. • 확인해 주시면 감사하겠습니다.
그렇습니까? 난 그런 줄 몰랐습니다.	• 그렇습니까? • 정말 죄송합니다. • 미처 파악하지 못했습니다.

제5절 호감 가는 경청법

1 적극적 경청

상대방에게 호감을 주면서 들으려면 적극적으로 경청해야 한다. 제대로 듣지 않는 자 제대로 말할 수 없고, 말 이전과 이후 동시에 생각이 따르지 않는 말은 제대로 된 말이기 어렵다. 왜냐하면 말하기는 '말은 잘하기' '말만 잘하기'가 아니다. 말하기란 타인의 말을 제대로 듣기부터 시작하여 생각하기, 글

쓰기, 말하기, 다시 또 듣기 등 커뮤니케이션의 전 과정을 포함한 개념이기 때문이다.

훌륭한 언변가는 남의 이야기에도 열심히 귀 기울여 듣는다. 어떤 사람이 '대화의 달인' 데일 카네기에게 '두 시간 동안이나 게스트와 대화를 통해 프로그램을 진행하다니 놀랍다'는 반응을 보이자 카네기는 "난 단지 잘 듣고 세 가지 질문만 던졌을 뿐이다"라고 했다고 한다. 말은 '하는 것'보다 '듣는 것'이 중요하다는 것이다. 경청을 통해서 질문을 이어가면서 프로그램을 잘 이끌 수 있었다는 얘기다. 그만큼 상대의 대화를 경청하는 것이 대화의 기술이다.

따라서 상대방의 이야기에 주의를 기울여 잘 들음으로써 상대방을 유쾌하게 하고 또 자신의 화법을 보다 원만하게 발전시킬 수 있다. 말은 많이 하는 것보다 열심히 들어주는 태도가 바람직하다. 상대의 호감을 살 수 있을뿐더러 상대방을 쉽게 파악할 수 있어서 상대를 대하기가 편해진다.

2 바람직한 경청태도

상대방의 얘기를 들을 때는 중간중간 호응과 반응을 보이며 끝까지 잘 듣는다. 남의 얘기를 중간에 차단하고 자기 얘기만 늘어놓는다면 앞으로는 그와 대화를 나누지 않을 것이다. 상대방에게 잘 듣고 있다는 반응을 보이면서도 끝까지 잘 듣고 있다는 인상을 주는 것은 매우 바람직한 태도라고 하겠다.

상대방이 이야기를 하고 있을 때 도중에 '그것은 그렇지 않다'든가 '그 이야기라면 나도 알고 있다'며 상대방의 이야기를 중단시키는 경우가 있는데, 이렇게 되면 말하던 사람도 이야기를 계속할 흥미가 없어지게 된다. 싫증난 표정을 짓지 말고 미소 띤 모습으로 끝까지 듣는 아량이 필요하다.

1) 중간에 맞장구를 사용

아무리 재미있는 이야기도 이상한 점이 있으면 '그 이야기도 일리는 있지만 이럴 수도 있지 않을까?' 하는 식으로 이야기의 장단을 맞추며 끝까지 관심 있게 듣는 것이 좋다. 듣는 도중에는 관심 있게 잘 듣고 있다는 것을 중간중간 맞장구를 치면서 반응을 보인다.

(1) 맞장구의 종류

① 동의한다는 맞장구

상대의 의견에 동의한다는 표현의 맞장구로 '예! 그렇고 말고요' '말씀하신 대로입니다' 등이다.

② 재촉하는 맞장구

상대의 감정을 부추기거나 결론이 궁금할 때 사용하는 맞장구로써, '그래서 어떻게 됐습니까?' 'A는 그렇고 B는 어떻습니까?' '말씀하시는 것은 알겠습니다만…' 등이다.

③ 공감하는 맞장구

'네~ 그러셨군요!' '어머! 속상하셨겠군요' '얼마나 불안하셨습니까?'와 같이 상대의 입장을 배려하고 충분히 공감한다는 표현이다.

④ 정리하는 맞장구

이야기가 한 단락 마무리할 때라고 생각할 경우, 지금까지 한 이야기를 잘 이해했는지 확인하는 과정이 필요하다고 인식될 때 주로 사용하는 맞장구로, '말하자면 이런 거 아닙니까?' '~~에 대하여 궁금하시다는 말씀이시죠?' '그 말씀은 이것과 저것을 말씀하고 싶다는 거죠?' 등의 표현이다.

⑤ 몸으로 하는 맞장구

상대방의 소리를 귀로만 듣는 것이 아니라 온 마음과 몸으로 들어야 하고 소리만 듣는 것이 아니라 상대방의 기분까지도 듣는다는 표현으로, 고개를 끄떡이거나, 눈으로 표현한다거나, 고개를 갸우뚱한다거나, 손으로 가리키는 등의 몸으로 하는 맞장구로 응대한다.

⑥ 다음의 대화를 유도하는 맞장구

대화에 몰두하고 있는 듯한 느낌을 주는 맞장구로 '그래서요?' '그리고 어떻게 되었는데요?' 등의 표현을 사용한다.

⑦ 놀람을 나타내는 맞장구

이야기에 흥미를 느끼고 감동받았다는 느낌을 전달하고 싶을 때 사용하는 표현으로 '설마!' '오, 그렇군!' 등의 표현이다.

(2) 맞장구 치는 방식

① 단순법

'네' '그렇습니다' 등 단순한 말로 맞장구를 치는 방식이다. 고개를 끄떡이는 방법도 있지만 가급적 어휘를 사용하는 것이 좋다.

② 중복법

'아 아' '네 네' 등 낱말을 중복시켜서 맞장구를 치는 방식이다. 대화의 탄력을 주는 데는 효과가 있지만 자칫 경솔해 보일 수도 있다.

③ 반복법

상대방이 '오늘 날씨가 참 좋군요.'라고 말하면 '네, 정말로 좋네요'라고 응대하는 식으로 상대의 말을 반복하는 방식이다.

2) 온 몸으로 듣기

① **눈** : 상대를 정면으로 바라보고 경청을 하면서 중간중간 시선을 자주 마주치도록 한다.

② **몸** : 상대를 향하여 정면을 향해 조금 앞으로 내밀듯이 앉는다. 다리를 꼬거나 손으로 장난을 하지 말고, 고개를 끄떡끄떡하거나 메모를 하면서 적극적으로 경청하는 태도를 가진다.

③ **입** : 대화의 중간중간 맞장구를 치면서, 필요할 때는 질문을 하면서, 모르면 물어보고, 내용을 확인하기 위해 가끔 복창을 한다.

④ **마음** : 이야기하는 상대를 편하게 해주고, 흥미와 성의를 가지고 상대방이 말하고자 하는 의도가 느껴질 때까지 인내심을 갖고 마음을 다해 듣는다.

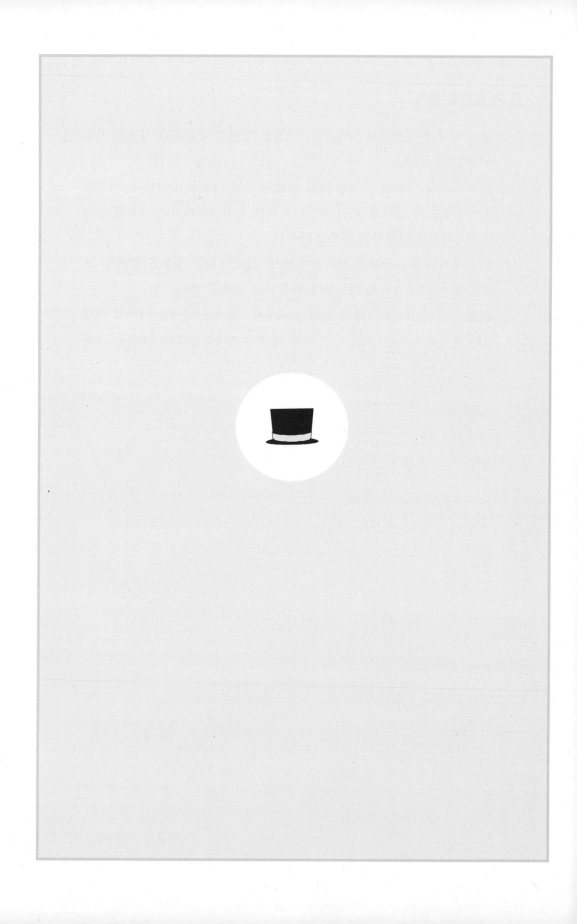

제**9**장 전화 매너

전화는 대단히 중요한 커뮤니케이션 수단이므로
비즈니스맨들은 목소리만으로도 고객에게
정성과 느낌을 전달해야 한다

제1절 전화 매너

1 전화의 중요성

전화는 업무의 기본으로 고객접점의 제1선에서 회사의 이미지를 결정한다고 할 수 있기 때문에 전화의 중요성이 강조된다고 하겠다.

전화는 정보화 시대의 주요 업무수단이며, 특히 비즈니스 사회에서 전화의 가치와 효용은 절대적이다. 그리고 회사의 이미지나 나의 이미지를 목소리를 통해 전달하는 주요 통신수단이라고 할 수 있다. 휴대폰도 업무적인 용도로 사용할 경우에는 마찬가지의 효과가 있다고 하겠다. 친절하고 상냥하게 받은 전화는 짧은 만남이라도 오랫동안 좋은 기억으로 남게 되지만, 그 반대의 경우에는 불쾌함과 동시에 보이지 않는 상대방이나 그 회사에 대한 좋지 않은 인상을 남기게 된다.

이와 같이 전화는 상대방의 얼굴을 직접 보지 못하고 오로지 음성으로만 대화하기 때문에 전화를 사용하는 방법이나 태도에 따라 실례가 될 수도 있으므로 상대방에 대한 전화예절에 있어서 각별한 배려가 필요하다. 그러므로 전화의 올바른 매너를 익히는 일은 곧 업무능력 향상과 직결되는 요소로, '업무의 기본'이라 할 수 있겠다.

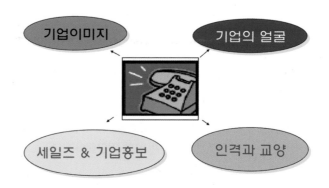

전화는 청각적인 요소에 큰 지배를 받으므로 음성이나 말의 속도, 정확한 전화 매너 표현에 세심한 신경을 써야 하며, 상대의 말을 경청하는 자세가 요구된다. 비즈니스 전화응대의 3대 요소는 '신속하게, 정확하게, 친절하게'라고 요약할 수 있다.

❷ 전화의 특성과 문제점

1) 전화의 특성

(1) 무형성 : 상대가 보이지 않는다

전화 커뮤니케이션은 커뮤니케이션 상대가 보이지 않는다. 대화의 내용도 실체가 없다. 이는 유형의 다른 커뮤니케이션 매너와는 다른 감각을 필요로 하기 때문에 더욱 세심한 배려가 필요하다는 것을 의미한다.

(2) 동시성 : 생산과 동시에 소비된다

송신자에 의해 메시지가 생산됨과 동시에 수신자에 의해 소비되는 성격을 가진다. 즉 재고가 없어 수정할 수도 없고, 불량 매너가 나와도 반품할 수가 없다. 불량제품은 다른 제품으로 대체가 가능하지만 불량 매너는 상대방의 마음을 떠나게 만든다.

(3) 인간주체 : 사람에 의존한다

전화 매너는 사람에 의해 만들어진다. 같은 커뮤니케이션을 하더라도 하는 사람에 따라 매너의 질이 다르고, 또 같은 사람도 상황에 따라 매너가 달라지기 때문에 항상 다른 질의 매너를 제공한다.

(4) 청각적 : 들리는 것은 음성뿐이다

다시 말하면, 전화 응대는 얼굴이 없는 만남에, 의지할 것은 음성뿐이다. 그러므로 예고 없이 찾아오는 고객을 맞이하는 마음으로 바른 자세, 밝은 표정, 밝은 음성을 준비하여 벨이 울리면 신속하게 받고, 내용은 간단명료하게, 표현은 정중하게, 발음은 명쾌하고 정확하게 한다.

(5) 일방적 : 상대의 입장을 잘 알 수 없다

전화는 상대방의 얼굴을 볼 수 없기 때문에 표정을 확인할 수 없고 오직 상대방의 음성에만 의존해서 대화를 나누어야 하기 때문이다. 게다가 상대방이 처한 상황을 알 수 없으므로 전화 대화는 일방적으로 이루어지기 쉽다.

(6) 유료 : 시간과 비용이 발생한다

직장인에게 가장 일반적이면서도 중요하고, 또 실수하기 쉬운 예절이 바로 전화와 관련된 예절이다. 왜냐하면 오늘날 업무의 많은 부분이 전화를 통하여 이루어지므로 시간뿐만 아니라 경비도 엄청나게 소요되기 때문이다.

따라서 통화는 용건만 간단하게 해야 하며, 전화를 걸기 전에 통화내용을 간추리고 필요한 자료와 메모지를 전화기 옆에 갖춘다면 통화시간과 비용을 줄일 수 있을 것이다.

2) 전화의 3대 문제점

(1) 보이지 않는 만남

① 의사 전달에 어려움이 있다.
② 감정의 전달이 어려우며, 더러는 오해의 소지가 생긴다.
③ 문제 발생 시 즉각적인 대처가 어렵다.

(2) 짧고 많은 만남

① 항상 긴장해야 한다.
② 전문성이 부족할 경우 비효율성이 초래된다.
③ 기업의 전반적 서비스 이미지를 좌우한다.

(3) 사전 · 사후적 만남

① 다른 서비스에 연쇄적인 영향을 미친다.
② 약속 불이행 등 직원들이 소홀해지기 쉽다.
③ 문제 발생의 원인을 찾기 어렵다.

이러한 전화의 특성을 이해하고 문제점을 인식하여, 짧은 시간에 용건을 요령 있게 이야기하는 습관을 들여야 하며, 전화를 올바르게 사용하고 항상 친절하고 예의 바르게 응대할 수 있는 매너를 갖추어야겠다.

따라서 직장인들은 항상 전화는 회사의 첫인상이며 서비스의 창구이고 고객만족의 첫걸음이기 때문에 다음의 올바른 전화응대 매너를 몸에 익혀 세련된 매너를 갖춘 서비스맨이 되도록 노력할 필요가 있다.

③ 전화 고객의 기대와 응대요령

고객은 전화 통화를 통해 일반적으로 다음의 세 가지를 기대한다. 즉, 친절성, 신속성, 전문성(정확성)이 그것이다. 고객은 직원이 친절하고 상냥하게 응대해 주기를 바라고 빠른 시간 내에 일이 해결되기를 원하며 직원이 자신의 업무에 대해 잘 알고 정확한 정보를 주기를 바란다.

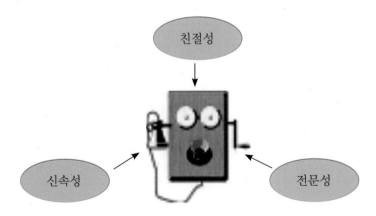

1) 친절성(정중성)

친절성은 고객이 가장 기대하는 사항으로 전화를 통하여 해결되기를 바라는 고객의 요구를 친절하고 상냥하게 처리해 주는 것이다. 직원들은 전화를 통해서 친절한 목소리뿐만 아니라 느낌과 정성까지 전달할 수 있도록 노력해야 한다. 상냥한 목소리도 중요하지만 고객의 요구를 처리해 주기 위해 애쓰는 태도가 고객에게 전달되어야 한다. 그러기 위해서는 다음의 응대요령이 필요하다.

(1) 예의를 갖춰 친절하게 받기

① 미소 띤 음성으로 미소를 지으며 전화를 받는다.
② 기분 좋은 표정과 함께 자세를 바르게 하고 통화한다.

(2) 상대방에 대한 배려

① 큰소리로 통화해 업무 분위기를 해치지 않도록 한다.
② 통화 중 부득이 다른 말을 할 경우에는 수화기를 막는다.

2) 신속성

고객은 자신의 요구와 욕구가 빨리 해결되기를 바란다. 그리고 업무를 빨리 처리하는 것도 중요하지만 부득이한 상황에서는 고객의 입장을 세심하게 배려해야 한다.

(1) 신속한 응대

전화벨이 3번 울리기 전에 받는다. 전화벨이 2번째 울릴 때 받는 것이 가장 적당하다. 그리고 통화연결 시에도 상대를 오래 기다리게 하지 않는다.

(2) 용건은 간단하게

상대방과 자신의 상황을 고려하여 용건만 간단히 통화한다.

3) 전문성(정확성)

전화 서비스는 전문성에 의해 완성된다. 고객이 우리에게 전화하는 것은

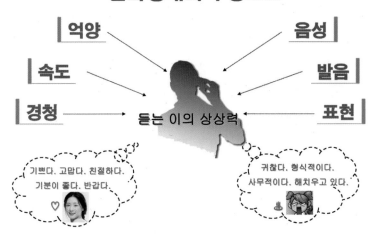

전화응대의 구성요소

억양　　　음성

속도　　　발음

경청　　　듣는 이의 상상력　　　표현

기쁘다. 고맙다. 친절하다.
기분이 좋다. 반갑다.

귀찮다. 형식적이다.
사무적이다. 해치우고 있다.

궁극적으로 고객이 궁금한 사항을 알기 위해서거나 업무를 해결하기 위해서
이기 때문이다.

(1) 적극적인 경청

정신을 집중하여 정확하게 받고, 상대방의 말을 적극적으로 경청한다.

(2) 정확한 내용 전달

분명한 목소리로 6하 원칙에 준하여 메모와 복창을 통해 내용을 정확히 한다.

④ 전화 대화 매너

1) 호감 가는 전화 대화법

(1) 요/죠체형보다는 다/까체형으로 바꾸어 정중한 표현을 사용한다.

• 나중에 다시 전화주세요 ⇒ 나중에 다시 전화 주시겠습니까?

전화받는 요령

메모와 미소 준비

- 받기 : 벨이 두 번 울릴 때 수화기 들기
  - 수화기는 왼손으로
- 인사하기 : 안녕하십니까? 감사합니다.
- 신분 밝히기 : 밝고 명랑하게 인사
  - 소속, 성명을 분명하게 밝힘
- 상대방을 확인
- 인사 : T.P.O(Time, Place, Occasion)
  에 맞게 인사
- 용건 경청 : 5W3H 요령
- 용건 메모 : 메모 확인
- 용건 확인 : 통화내용 요약 복창
- 자신을 밝힌다.
- 끝인사 : 전화주셔서 감사합니다.
- 정중히 끊는다 : 상대방 끊은 후 내려놓기

(2) 쿠션언어의 사용

① 자리에 없는데요 ⇒ 지금 자리에 안 계십니다. 메모를 남겨드릴까요?

② 네? 뭐라고요? ⇒ 죄송합니다만 잘 들리지가 않습니다. 다시 한 번 말씀해 주시겠습니까?

③ 누구시죠? ⇒ 실례지만, 누구시라고 전해드릴까요?

2) 전화받을 때의 예절

(1) 전화벨 소리가 세 번 이상 울리기 전에 받는다

전화는 벨이 울리자마자 받는 것이 예의이다. 세 번 이상 벨 소리가 울린 후에 받을 때는 받자마자 '늦게 받아서 죄송합니다' 하고 나서 인사를 한다. 요즈음 전화는 동료가 부재 중이라도 번호만 누르면 당겨 받게 되어 있으므로 같은 부서의 전화가 왔을 때는 받아주는 것이 예의이다.

(2) 수화기를 들면 직장이름을 밝히고 인사부터 한다

회사 밖에서 걸려온 전화는 무조건 먼저 '감사합니다. OO회사 총무부 OO입니다.'라고 인사를 해야 한다. 외부사람은 전화받는 사람의 전화 매너가 그 회사의 첫인상이 될 수 있으므로 가능한 부드럽고 상냥하면서 분명한 목소리로 받아야 한다. 직장 내 전화일 경우는 '안녕하십니까? OO과 OO입니다.' 정도로 인사한다.

전화를 한 상대의 목소리가 젊더라도 반말을 사용해서는 안 된다. 나이에 관계없이 목소리가 젊을 수 있고, 실제로 젊다고 해도 직접 대면한 상태가 아닌 손님이므로 반드시 존경어를 사용해야 한다.

(3) 용건은 간단명료하게 메모한다

전화는 왼손으로 받고 오른손은 메모할 준비를 한다. 전화를 받았을 때 메모를 하지 않으면 나중에 잊어버리거나 기억이 나지 않는 경우가 많다. 그러므로 용건을 정확히 듣되 언제나 메모하는 습관을 길러야 한다. 만일 중요한 용건으로 전화를 받을 때 메모준비가 안 되어 있으면 "죄송합니다. 메모를 해야겠으니 잠시 기다려주십시오." 하여 양해를 얻은 다음 준비가 되면 "네, 말씀하십시오"라고 하여 내용을 메모한다.

그리고 메모가 끝나면 꼭 복창하여 용건을 잘 적었는지 확인해야 한다. 전화는 기록성이 없기 때문에 정확하게 받아 적어두어야 한다. 특히 날짜, 수량, 시간, 전화번호 등의 숫자와 지명, 인명에 관한 것들은 반복하여 확인한 후 꼭 기록하는 습관이 필요하다.

(4) 전화받을 사람이 통화 중이거나 다른 용무를 보고 있으면 메모로 전달한다

이런 경우 '지금 통화 중이니 잠시만 기다려주시겠습니까?' 등의 말로 전화받을 형편이 아님을 밝힐 필요가 있으나, 급한 용건일 경우 받을 사람이 통화 중이라도 메모를 써 보내어 통화 중인 전화를 일시 보류하더라도 긴급한 전화를 받도록 해야 한다.

이러한 재치있는 응답을 하기 위해서는 걸려온 전화의 상대와 용건을 먼저 확인한다. 그리고 전화가 길어지면 잠깐 기다리게 하는 것보다는 'OOO의 전화통화가 길어질 것 같으니 통화가 끝나는 대로 전화를 다시 걸어 드리면 어떨까요?'라고 예의 바르게 양해를 구하는 것이 좋다.

(5) 전화받을 사람이 자리에 없을 경우 주의할 점

전화받을 사람이 외출 중이면, 'OOO는 지금 자리에 없습니다만'이라고 말한 다음 '괜찮으시다면 용건을 알려주시면 전달해 드리겠습니다'라든가 '들어오는대로 전화를 걸도록 하겠습니다'라고 말하는 것을 잊지 말아야 한다. 가능하면 급한 일인지 아닌지도 들어놓는 것이 바람직하다.

'OOO는 두 시경에 돌아오리라 생각합니다. 돌아오는 대로 전화를 걸어드리도록 하겠습니다.'라고 대답했는데 2시가 한참 넘어도 담당자가 돌아오지 않으면 반드시 상대방에게 늦어진다는 사실을 알려주는 것이 상대방을 초조하지 않게 함으로써 회사의 인상도 좋아지게 만드는 것이다.

(6) 전화를 끊을 때는 추가적인 필요사항을 확인하고 작별인사를 한다

마지막으로 더 이상의 용무가 없음을 확인하고 다시 한 번 소속과 성명을 알려준 후 정중한 작별인사를 잊지 말아야 한다. 끊을 때는 상대방이 전화를 끊었다는 것을 확인한 후 수화기를 조용히 내려놓아야 한다.

◈ 직장에서 전화받는 방법과 순서
① 벨이 울리면 표정을 관리하고 음성을 가다듬는다.
② 세 번 울리기 전에 받는다.
   전화벨이 3회 이상 울리기 전에 왼손으로 수화기를 들고, 오른손은

메모할 준비를 한다.(수화기는 입에서 5cm 정도 거리가 적당하다.)

③ 간단한 인사말과 소속, 성명을 명확히 밝힌다.

(감사합니다/안녕하십니까? OO회사 OO부 OOO입니다.)

④ 상대방이 찾는 사람이 누구인지 확인 후 본인이면 인사를 한다.

(네, 안녕하십니까? 제가 OOO입니다.)

⑤ 대화를 메모하면서 경청을 하고 응대한다.

⑥ 중요한 용건에 대해서는 복창하며 확인한다.

(의문점이나 요점사항을 확인해 보겠습니다.)

⑦ 정중하게 간단히 마무리 인사를 한다.

더 이상 의문점이나 궁금한 사항이 없는지 확인해 본다. 그리고 나서 정중하게 마무리 인사를 한다.

(더 이상 궁금하신 점은 없으십니까? 감사합니다. 저는 OO였습니다.)

⑧ 상대가 끊은 것을 확인 후 수화기를 살~짝 내려놓는다.

당신의 전화응대 목소리는 어디에 있습니까?

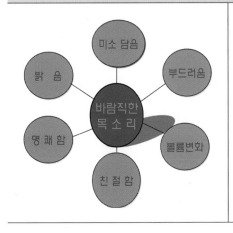

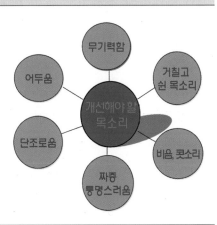

3) 전화 걸 때의 예절

전화 거는 요령

- 용건을 정리하고 전화를 건다 : 5W3H
- 다이얼은 정확하게
- 상대방 확인
- 신분 밝히기
- T.P.O(시간, 장소, 상황)에 맞는 인사
- 간결한 통화
- 요약, 확인
- 정중한 끝인사
- 수화기 내려놓기

먼저 상대방에 대한 것을 확인한 후에 용건의 순서와 내용을 머리속에서 정리한다. 복잡한 용건일 때에는 미리 필요한 내용을 적어두고 용건과 관계되는 서류나 자료 등도 준비해 둔다.

(1) 상대방이 수화기를 들면 먼저 자기의 소속과 이름을 밝힌다

전화를 걸었으면 먼저 자기가 누군지 밝힌 후에 상대방을 찾는 것이 예의이다. 'OO상사 총무과의 OOO입니다' 하고, '죄송합니다만, 김 계장님 계시면 부탁드립니다' 하면 된다.

만일 찾는 사람이 없을 때에는 전화받는 사람에게 '죄송합니다만 OO상사 총무과의 OOO가 OO일로 전화했었다고 전해주시면 고맙겠습니다. 그럼 수고하십시오'라고 정중하게 부탁하도록 한다.

통화 중에 전화가 끊어졌을 때에는 전화를 건 사람이 다시 거는 것이 원칙이나 상대방이 손윗사람, 회사 상사나 고객일 경우에는 전화를 받은 사람이더라도 먼저 전화를 걸어 '도중에 전화가 끊어졌습니다. 죄송합니다'라고 인사를 하면 좋은 이미지를 남길 수 있다.

(2) 용건의 명제를 먼저 상대방에게 알린다

상대방과의 인사가 끝나면 먼저 용건이 무엇인가를 전한 후에 자세한 이야기를 해야 한다. '오늘 모임에 대한 일입니다만' 또는 '회사와의 상담에 대해 말씀드리고 싶습니다' 등 용건의 명제를 먼저 말하면 상대방이 용건을 빨리 이해할 수 있기 때문이다. 이처럼 업무적인 전화의 대화는 간결하고 요령 있게 기능 위주로 하는 것이 바람직하다.

(3) 업무전화는 건 쪽에서 먼저 끊는다

전화는 어느 쪽이 먼저 끊어야 하는지 대화가 끝난 후에 고민할 때가 있다. 상대가 아직 수화기를 들고 있는데 '딱' 하고 전화가 끊기면 기분이 좋지 않기 때문이다. 일반적으로 업무전화는 건 쪽에서 먼저 끊는 것이 좋다. 전하려는 용건을 들을 사람 쪽이 먼저 끊으면 상대가 용건을 모두 말하기 전에 통화가 끝날 염려가 있기 때문이다. 그러나 상대방이 윗사람이거나 경의를 표해야 할 사람일 때는 상대가 끊은 것을 확인한 후 수화기를 내려놓는 것이 예의이다.

◆ **직장에서 전화 거는 방법과 순서**

① 상대방의 상황을 생각한다.

출근시간, 퇴근시간, 점심시간 전과 후, 월요일 오전 등은 가급적 피한다. 전화를 거는 최적의 시간은 오전에는 10~11시, 오후에는 2~4시가 적당하다.

② 용건과 상대방의 인적사항을 확인한다.

육하원칙에 따라 용건과 말하는 순서를 메모한 후 상대방의 소속, 이름, 전화번호 등을 확인한다.

③ 상대가 응답하면 자신을 밝힌다.

전화받은 사람이 소속과 이름을 밝히면 간단한 인사말과 함께 자기 자신을 소개한 후 용건을 말한다. 만약 상대가 부재 중이면 메모를 남길 것인지 다시 전화를 할 것인지 상대방에게 전화를 해달라고 할 것인지 입장을 밝힌 후에 다시 한 번 자신의 이름과 전화번호를 상대방에게 재확인시켜 준다.

④ 주요 요점을 다시 한 번 복창하여 확인시켜 준다.

시간, 전화번호 등과 같은 숫자는 정확하게 전달한다.

⑤ 궁금한 점이 없나 문의한 후 마무리 인사를 한다.

더 이상 의문점이나 궁금한 사항이 없는지 확인해 본다. 그리고 나서 정중하게 마무리 인사를 한다.

(더 이상 궁금하신 점은 없으십니까? 감사합니다. 저는 ○○였습니다.)

⑥ 상대가 끊은 것을 확인한 후 수화기를 살~짝 내려놓는다.

끊을 때는 고객, 윗사람인 경우에는 상대가 먼저 끊도록 하고 동료일 때는 전화를 건 사람이 먼저 끊는 것이 상황에 맞는다.

4) 전화의 5단계 접점 매너

(1) 전화를 받을 때 : 제1단계

① 메모지와 필기도구를 항상 준비한다.

② 전화는 왼손으로 받고 전화벨은 3번 울리기 전에 받는다.

③ 첫인사를 한 다음 용건을 경청한다.

(2) 고객을 기다리게 할 때 : 제2단계

① 상황을 말하고 전화 통화가 가능한 예상시간을 알린다.

② 의사를 확인하고 중간에 재확인한다.

③ 감사의 뜻을 표시한다.

④ 통화 중 기다리게 하는 경우 반드시 고객에게 사과의 뜻을 밝힌다.

(3) 다른 사람에게 연결할 때 : 제3단계

① 이유를 말하고 양해를 구한다.

② 전화 받을 사람을 알린 다음 고객의 요청을 인계한다.

③ 통화 연결을 확인한다.

◈ 다른 부서로 연결하는 요령

"여기는 ○○○입니다. ○○○로 연결해 드리겠습니다.

만약 연결되지 않으면 123-4567로 다시 걸어주시겠습니까?

전화 주셔서 감사합니다."

◈ 위치 확인전화 응대요령

• 현재 위치와 가능한 교통편을 확인한다.

• 구체적인 숫자를 제시하고 쉽게 눈에 띄는 건물을 중심으로 안내
한다.

(4) 담당자가 부재 중일 때 : 제4단계

① 상황을 설명하고 통화가 가능한 시간을 알린다.

② 고객의 의사를 확인한다.

③ 담당자를 대신하여 도와주려는 적극적인 의사를 표현한다.

④ 담당자에게 메모를 전한다.

(5) 전화를 끊을 때 : 제5단계

① 전화 대화내용을 정리하여 확인한다.

② 더 필요한 사항이 없는지 확인한다.

③ 감사의 인사를 하고 고객이 전화를 끊은 후 수화기를 살짝 내려놓는다.

④ 주요 내용을 기록한다.

5 전화응대 실습

1) 전화받는 요령

① 받는다. … 신호음 2번 울리면 받는다.

② 인사를 한다. … 안녕하십니까? 감사합니다.

③ 신분을 밝힌다. … ○○회사 ○○과 ○○○입니다.(사외)

　　　　　　　 … ○○과 ○○○입니다.(사내)

④ 상대를 확인한다. … ○○의 ○○○이시군요.

⑤ 인사를 한다. … 항상 여러모로 신세를 지고 있습니다.

⑥ 용건을 묻는다. … 5W 3H의 요령

⑦ 용건을 메모하여 복창한다. … 메모를 확인해 드리겠습니다.

⑧ 자신을 다시 밝힌다. … 저는 ○○○였습니다.

⑨ 인사를 한다. … 전화 주셔서 감사합니다.

⑩ 정중히 끊는다. … 상대방이 끊은 것을 확인한 후

2) 전화 거는 요령

① 용건을 정리하고 전화를 건다. … 5W 3H의 요령으로

② 상대를 확인한다.

③ 신분을 밝힌다. … ○○의 ○○○라고 합니다.

④ 인사를 한다.

⑤ 담당자가 아닐 경우 연결을 의뢰한다.

⑥ 용건을 간결하게 전한다.

⑦ 인사를 한다.

⑧ 정중히 끊는다.

3) 기본적인 전화응대 실습

① 서술형은 "~입니다.(~습니다.)"를 사용한다

: ~어요, ~예요 등은 낮춘 말은 아니나 격식을 갖춘 표현이 아니기 때문에 서비스 용어로는 적합하지 않다.

② 의문형은 "~입니까?(~습니까?)"를 사용한다

: ~해주세요. ~하세요. 등은 명령형처럼 들리므로 의뢰형이나 권유형으로 바꾸어 사용한다.

구분	바람직하지 않은 표현	바람직한 표현
1	안녕하세요.	안녕하십니까?
2	우리 회사	저희 회사
3	데리고 온 사람	모시고 온 분
4	누구십니까?	어느 분이십니까?
5	○○씨입니까?	○○고객님 되십니까?
6	잠깐만 기다려주십시오.	(죄송합니다만) 잠시만 기다려주시겠습니까?
7	잠깐 자리에 없습니다.	죄송합니다. 잠시 자리를 비웠습니다.
8	전화주십시오.	전화를 주시겠습니까?
9	다시 한 번 말해주십시오.	다시 한 번 말씀해 주시겠습니까?
10	알았습니다.	잘 알겠습니다.

구분	바람직하지 않은 표현	바람직한 표현
11	모르겠습니다.	죄송합니다만, 제가 알아봐드리겠습니다.
12	알아봐 주십시오.	확인해 주시겠습니까?
13	다른 전화를 받고 있으니 기다리세요.	다른 전화를 받고 있습니다. 잠시만 기다려 주시겠습니까?
14	나중에 전화 드릴게요.	잠시 후에 전화 드리겠습니다.
15	그런 사람 없습니다.	죄송합니다. 찾으시는 분은 저희 회사의 직원이 아닙니다.
16	들리지 않아요. 뭐라고요?	죄송합니다. 전화상태가 좋지 않으니 다시 한 번 말씀해 주시겠습니까?
17	고마워요.	감사합니다.
18	전화 돌려드릴게요.	전화를 연결해 드리겠습니다.

4) 상황별 전화응대 실습

① 전화가 도중에 끊길 때

전화를 건 쪽에서 다시 해야 하지만 잠시 기다려도 오지 않을 때에는 전화를 받는 쪽에서 다시 한다. 다시 통화가 된 경우 "조금 전에는 실례했습니다." 등으로 사과한 후 통화를 계속한다.

② 처리하거나 조사하는 데 시간이 걸릴 때

예정처리 시간을 알리고 업무처리 후 먼저 전화할 것을 알린다. "죄송합니다만, 20분 정도 걸릴 것 같은데 제가 곧 전화를 드리겠습니다."

③ 전화가 잘못 걸려 왔을 때

잘못 걸려 왔음을 정중하게 이야기하고 다른 부서일 경우 전화번호를 알려 준다. "예, 전화를 잘못 거셨습니다. 여기는 ○○○입니다."

④ 전화가 잘 들리지 않을 때

송화구를 막으면서 통화한다. "죄송합니다만, 전화가 잘 들리지 않습니다. 다시 한 번 말씀해 주시겠습니까?"

또는 다른 전화로 걸어 달라고 정중하게 요청한다. "죄송합니다만, 다시 전화를 걸어주시겠습니까?"

⑤ 통화 중 손님이 온 경우

양해를 구한 후 송화기를 막고 손님을 응대한다. 이때 손님의 용건이 급하지 않으면 기다리도록 양해를 구하고 통화를 끝내도록 한다.

⑥ 손님이 있을 때 전화가 온 경우

정중하게 손님의 양해를 구하고 "실례합니다."라고 말하며 수화기를 든다. 급한 내용이 아니면 "죄송합니다. 지금 손님이 계셔서 잠시 후 전화를 드리겠습니다."라고 양해를 구한다.

⑦ 직장 상사와의 통화를 원했을 경우

자신보다 직급이 높은 상사가 부재 중인 경우 전화를 걸어달라고 하면 결례다. 이때는 재차 본인이 전화를 걸도록 한다. "잠시 후 다시 전화하겠습니다."

5) 전화 친절도 자가 점검표

6 휴대전화 사용 에티켓

우리나라는 IT 강국답게 휴대폰의 보급률이 세계 최고 수준에 이르며 각양 각색의 휴대폰은 새로운 기능을 추가해 가며 진화하고 있다. 휴대폰의 사용 이 일반화되면서 이와 관련한 에티켓을 지켜 상대에게 불쾌감을 주지 않도록 해야 한다.

① 공공장소에서는 휴대폰을 사용하지 않거나, 휴대폰을 진동으로 하고 통화 시에는 소리를 낮추어 주위 사람들에게 소음공해가 되지 않도록 한다.

② 극장이나 공연장에서는 휴대폰을 꺼두어야 한다. 진동으로 해놓고 나름 대로 에티켓을 지킨다며 고개를 숙인 채 소리를 낮추어 통화하는 경우가 있는데 어떤 경우이건 이는 주위 사람에게 큰 결례이다.

③ 영화나 공연내용을 카메라 폰으로 촬영하는 것은 위법이다.

④ 버스나 전철, 기차 등 대중교통 수단을 이용할 때는 휴대폰을 사용하지

않는 것이 원칙이다. 불가피
한 경우에는 벨소리를 진동으
로 하고 통화 시에는 주위에
방해가 되지 않도록 조용한
소리로 짧게 통화한다.

⑤ 카메라 폰을 이용하여 인물,
대상 등을 무단 촬영하는 것
은 법에 저촉되는 행위이다.

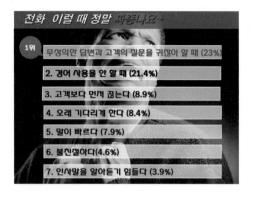

⑥ 장례식장이나 조문 시 휴대폰 사용을 삼간다. 고인의 상주에 대한 결례
가 된다.

⑦ 수업 중에는 휴대폰을 꺼두는 것이 원칙이나 불가피한 경우에는 진동으
로 한다.

⑧ 상대와의 대화 중에 휴대폰 사용은 집중력을 분산시키므로 결례이다.

⑨ 남의 집이나 회사를 방문했거나 머물면서 휴대전화 통화를 하는 것은
공손치 못하다.

⑩ 볼륨을 최대한 줄인다. 낮은 목소리로 통화하도록 한다.

⑪ 걸려오는 전화는 바로 받는다. 여러 번 울리는 전화벨은 주위 사람을
짜증나게 한다.

⑫ 전화를 먼저 건 사람이 먼저 끊는 게 원칙이다. 단 손님과 상사의 경우
에는 상대방이 먼저 끊은 것을 확인하고 끊는 것이 예의이다.

⑬ 운전 중엔 반드시 핸즈프리를 사용한다. 휴대전화를 사용하는 운전자는
소주 6~7잔을 마시고 운전하는 것과 같으며 일반 운전자에 비해 사고확
률이 4배나 높다고 한다.

제 3 편

매너 활용편

직장생활 이해와 매너 / 테이블 매너 /
글로벌 매너 / 일상생활 매너

제 10 장 직장생활의 이해와 매너

제1절 직장생활과 인간관계

1 직장조직 내에서 인간관계의 특성과 요인

1) 건전한 인간관계의 특성

현대사회는 조직사회이다. 따라서 현대인은 조직인이라고 말할 수 있다. 즉 현대사회의 특징을 조직화의 경향이라고 할 수 있으며 인간은 좋으나 싫으나 이들 조직 구성원으로서 생활을 영위하고 있는 것이다. 여기서 바로 직장이라는 조직을 중심으로 하는 인간관계가 성립되는 것이다. 직장이 본래의 목적을 효율적으로 달성하기 위해서는 직장 내에서 우수한 인간관계를 형성하는 것이 필요하다.

우수한 인간관계는 확실하게 서로를 알고 서로의 특성을 싫어하고 시기하기보다는 서로의 개성을 인정하여 나와 다름을 이해하고 사랑으로 서로 상대의 행복과 성장에 관심을 갖는 것이다. 그리고 이러한 직장 내의 건전한 인간관계는 서로가 행복하도록 노력하며 행동하고 효과적으로 의사전달을 하면서 상대를 존중한다는 특성이 있다.

2) 인간관계에 영향을 미치는 요인

인간관계에 영향을 미치는 기본적인 요인은 개인적 측면과 환경적 측면으로 나누어 볼 수 있다.

(1) 개인적 측면

인간관계에 영향을 주는 개인적 요소로는 개인차(individual difference)를 들 수 있다. 인간은 원래 상이한 형태의 욕구와 목표를 가지고 개개인이 모여 특정한 집단을 이루게 되므로 개인차는 인간관계를 결정짓는 기본요소이다. 개인차를 구성하는 요소는 개개인의 정신적 능력, 육체적 능력, 성격, 사회적 배경 등이다.

(2) 환경적 측면

환경적 요소로는 동기부여, 일체감, 이해관계, 사기 등이 있다.

① 동기부여(motivation)

동기부여는 인간의 행동을 개발하고 그 개발된 행동을 유지하며 더 나아가서 이를 일정한 방향으로 유도해 가는 과정으로 정의되고 있다. 따라서 직장활동에 있어서 바람직한 직장환경, 공평한 승진제도, 만족할 만한 급여수준 등은 개인적인 욕구만족으로 조직 속에서 충분한 노력을 하게 하는 필수적인 요소가 된다.

② 일체감

직장 구성원이 자기가 소속한 직장에 대해서 애정과 긍지를 가질 수 있게 하는 동일체 의식을 말한다. 일체감은 소속집단에서 자기의 존재와 가치를 인정해 줄 때 높아지게 된다. 소속감은 구성원으로 하여금 인간적인 마음의 공통점을 하나로 묶을 수 있게 해주는 심리적인 요소가 된다.

③ 이해관계

이해관계는 직장 구성원의 심리적 안정감에 영향을 미치게 된다. 인간이 경제적 요인에 의해서만 활동을 하는 것은 아니지만 경제적인 안정은 자신감 있게 활동하는 기초가 된다. 직장에서 종업원과 관리자 사이에 공통적으로 이해관계가 성립되는 것이 바람직하나 서로 상반되는 경우도 있다.

그러나 서로가 양보하고 협력하면 모두에게 이익을 가져오나 상반대립하면 모두 불이익을 당하게 된다는 사실의 인식이 인간관계의 중요한 요소가 될 수 있다.

④ 사기(士氣, morale)

직장의 사기도 대인관계에 영향을 미치는 기본적인 요소가 될 수 있다. 사기는 직장 내의 집단이 가지고 있는 분위기로서 공동목표를 달성하기 위해 여러 사람들이 계속적으로 노력을 수행해 나가게 하는 힘이 된다. 사기가 높을 때 직장 내의 각 개인은 자연히 몇 배의 역량을 발휘할 수 있다. 직장은 상사, 동료, 선후배가 모여 하나의 집단을 형성하는데 사기가 높을 때 동료의식이 생겨 인간관계를 지속시키는 힘이 된다.

직장은 많은 사람들이 모여서 일하는 장소로 일대 다수의 인간관계가 존재하는 곳이다. 그러므로 직장 내의 인간관계도 좋고 나쁨이 있을 수 있고 그 관계는 끊임없이 변할 수 있다. 결국 직장에서 인간관계를 개선하기 위해서는 인간관계에 영향을 미치는 개인적인 요인들을 이해해서 개인적인 노력을 우선적으로 해야 한다. 그리고 인간관계에 영향을 미치는 환경적 요소들이 개선될 수 있도록 조직에서도 부단히 노력해야 할 것이다.

② 직장생활과 인간관계의 속성

1) 직장조직에 따른 인간관계의 속성

인간관계를 맺고 있는 직장에는 공식집단과 비공식집단이 있다.

(1) 공식집단 : 공식적 인간관계

인간관계를 맺게 되는 직장은 일을 하는 장소이기 때문에 일의 전체가 합리적으로 움직일 수 있도록 일하는 사람들의 역할이나 행동방법에 관해 정해진 관계가 있다. 즉 이 일은 누가 분담하고 그 결과는 누구에게 보고해야 하는가 하는 업무와 책임에 대한 규정이 있다. 그래서 직원의 직장관계를 결정하는 첫째 요소는 공식적인 규정이나 제도이다.

같은 직장 안에서는 수많은 사람들과 함께 생활하기 때문에 특별한 인간관계가 형성될 수 있다. 이러한 인간관계는 경영조직 내의 기술적 조직 속에서 형성되며 조직상의 과정이나 제도에 의하여 형성되는 직무의 관계로 공식적 인간관계이다.

(2) 비공식집단 : 비공식적 인간관계

그러나 직무에 따른 인간관계만으로 직장생활이 이루어질 수는 없다. 모든 조직에는 조직도상에 나타나는 공식조직만 존재하는 것이 아니라, 직장이 관리조직체상의 조직에는 없고 자연발생적으로 생기기도 하고 없어지기도 하는 비공식 조직이 있다.

비공식집단은 조직상의 집단과는 관계없이 취미나 출신지역, 학연 등의 이유로 이루어지는 직장에서 무시할 수 없는 집단이다. 직장생활의 조직에 활력을 불어넣는 데는 공식적 인간관계보다 더 중요한 것이 비공식적 인간관계라고 볼 수 있다. 비공식적 인간관계는 제도적인 인간관계와는 달리 인간 상호 간의 일상적인 접촉을 통해서 확립되는 인격적인 관계로 인간 상호 간의 인성에 대한 특정한 감정이나 가치판단 때문에 형성 또는 지속되는 관계이다.

사적인 관계의 원만함이 동료의식을 지니게 하고 직장에 대한 애착을 갖게 하는 데 더 큰 역할을 할 수 있지만 때로는 파벌조성 등 부정적 측면이 있는 것도 사실이다.

2) 직장생활에서의 원만한 인간관계

직장 집단이라는 것은 단순히 사이좋은 그룹이 아니라 공통의 업무목표를 가지는 '목표집단'이다. 아무리 인간관계가 잘 되어 있다고 해도 조직체의 존속과 번영이 달성되지 않는다면 의미가 없다. 조직체는 구성원 한 사람 한 사람에게 일정한 역할을 부여한다. 목표달성을 위해서는 다른 직원과 협력하고, 집단의 일원으로서의 자각과 연대감, 일체감을 가지는 것이 요구된다. 이는 비공식집단이나 가족 등의 집단에 대해서도 마찬가지다. 목표의식과 역할의 자각이 있을 때 비로소 하는 일이 자기실현과 연결된다.

인간은 스스로 원하든 원하지 않든 다른 사람들과의 관계 속에서 살아가게 된다. 특히 직장생활을 하게 되면 정해진 인간관계 속에서 지속적인 생활을 하게 된다. 이렇게 지속적인 인간관계가 좋은 인연일 경우에는 같이 생활하게 되는 것이 즐거움을 줄 수 있지만 좋지 않은 관계가 지속된다면 직장생활 자체의 의미마저 잃게 될 수도 있다. 같이 생활하는 사람이 마음에 들어야 직장생활도 즐겁게 할 수 있기 때문이다.

인간은 감정의 동물이기 때문에 성별, 연령, 경력, 성격 등 각양각색의 직장인들 가운데 '마음이 맞지 않는다'라고 생각하는 사람도 있는 것이 보편적이다. 인간은 누구나 장점을 가지고 있는 존재이며 장점을 발견해서 '좋아지려는' 노력이 요구된다. 이와 같이 팀의 일원으로서 개인적인 감정으로 단순히 평가하는 것은 피해야 할 것이다.

자신의 장점과 좋은 품성을 살림과 동시에 상대방에 대해서도 배려하는 것이 직장생활에서 원만하게 생활하는 방법일 것이다. 또한 대인관계에 있어서 불쾌한 일들은 가능한 빨리 잊어버리는 감정의 통제가 필요하다. 감정의 통제를 잘 해나가기 위해서는 어떠한 일도 밝은 면만을 찾아내고, 유머감각을 키우는 것이 필요하며 그 기초는 건강한 심신에 있다.

그래서 직장에서 맺는 인간관계가 원만하기 위해서는 첫 만남부터 각별한 주의를 기울일 필요가 있다. 직장생활을 바람직하게 하기 위해서는 원만한 인간관계의 수립이 기본적인 조건이기 때문이다.

제2절 직장생활과 매너

직장은 계층과 연령이 서로 다른 사람들로 구성된 사회라고 할 수 있다. 나이, 학력, 지식, 성격, 사고방식 등이 서로 다른 사람들이 모여 함께 협력하며 조직적으로 일하는 곳이다.

또 각자가 맡은 업무를 원활하게 수행하고 활동하기 위하여 국장, 부장, 과장, 계장 등 직위에 따라 상하로 관계를 맺어 질서 있게 생활을 영위하는 곳이기도 하다. 따라서 직장생활을 보람 있게 하려면 직장은 질서를 지켜 일하는 곳이라는 생각을 먼저 해야 하며 직장생활의 매너도 이를 바탕으로 이루어져야 한다.

만남으로 시작된 인간관계는 서로 다른 사람에게 폐를 끼치지 않으려는 마음과 다른 사람을 존경할 줄 아는 마음이 있어야만 한다. 이러한 마음이 행동으로 옮겨질 때 비로소 직장생활이 명랑하고 알차게 영위될 수 있을 것이다.

1 직장생활 성공 비결 10가지

직장에서는 조직 구성원과 원만한 인간관계를 이루고 또한 다양하고 풍부한 인맥이 있어야 직장생활뿐만 아니라 업무처리에 있어서도 많은 도움을 받을 수 있다. 결국 업무성과가 좋은 결과로 나타나서 직장생활을 성공적으로 수행할 수 있게 되는 것이다. 다음의 10가지 성공 비결 요소를 잘 파악하여 실천하도록 하자.

1) 원만한 인간관계

① 남을 헐뜯거나 욕하지 않는다.
② 선배와 동료의 이름과 성격을 하루 빨리 파악하도록 한다.
③ 좋고 싫은 감정 때문에 상대에 대한 태도를 바꾸지 않는다.

2) 풍부한 인맥은 자산이다

① 항상 적극적으로 참가하려는 자세가 중요하다.
② 여러 가지 모임에 참가하여 인맥을 넓혀가자.
③ 단, 어디까지나 자신의 본업을 잊어서는 안 된다는 점을 명심하라.

3) 상사로부터 배울 점은 무수히 많다

① 지시받은 일의 완벽하고 신속한 처리는 신뢰도 향상으로 이어진다.
② 상사가 잘 하지 못하는 부분을 눈에 띄지 않게 자연스럽게 도와준다. 잘난 척을 하는 순간 인간관계가 멀어지고 견제를 받게 된다.
③ 항상 '예스'만을 연발하는 것이 아니라, 때로는 이의를 제기하는 용기도 필요하다.

4) 도저히 맞지 않는 상사도 이런저런 방법을 동원하여 극복하자

① 상사는 부하를 고를 수 있지만 부하는 상사를 고를 수가 없다.
② 회사는 상하조직인 만큼 상사를 보필할 수밖에 없다.
③ 마음에 맞는 상사, 동료와 함께 일하는 경우가 오히려 드물다. 이를 깨

닫고 인내심으로 견뎌낸다면 새로운 자기수양으로 이어진다는 점을 명심한다.

5) 부하를 자기편으로 만드는 법

① 우선 부하를 철저히 신뢰한다. 상사의 신뢰 정도에 따라 상사가 신뢰하는 만큼 상사를 위해 움직인다는 점을 잊어서는 안 된다.

② 업무를 완수하면 크든 작든 칭찬을 하도록 한다. 잘 해내는 것이 당연하다는 생각을 버리고 부하가 의욕을 잃지 않도록 용기를 북돋워주는 일도 상사의 몫이다.

③ 부하가 무언가를 묻거나 상담을 요청해 오는 경우는 열심히 들어준다. 진지하게 자신을 대해주는 상사의 모습에 부하는 당신을 더욱 신뢰하고 따르게 될 것이다.

④ 어쩔 수 없이 잔업을 해야 할 상황이 아니면 앞장서서 퇴근하도록 한다. 윗사람이 일을 하고 있는 상황에서는 먼저 퇴근하기가 왠지 꺼려지는 것이 사실이다.

6) 사전공작을 잘 하도록 하라

① 사전공작이라고 하면 나쁜 이미지를 떠올리는 경우가 많을지도 모르나 업무를 순조롭게 진행시키고 성과를 올리기 위해서는 사전에 업무 조율을 해야 하며 협력자와 적절한 어드바이스를 해줄 인재가 필요하다.

② 무언가를 제안하고자 할 때 새로운 프로젝트를 기획할 때 회의 전에 참석자와 협력대상자의 승인을 얻는다거나 협력을 요청해 두는 것이 바로 사전공작이다.

③ 사전공작을 잘하는 비결
- 업무기획과 계획에 있어서 내용을 충분히 분석하고 검토한다.
- 누구에게 사전공작을 펼칠 것인가 대상을 정한다.
- 일의 어느 단계에서 행하면 효과적인가를 생각한다.

• 설득할 수 있는 방법을 연구한다.

7) 숨겨진 주역으로 회식과 접대, 각종 행사의 총무역할을 맡는다

① 사내행사는 인간관계를 넓힐 수 있는 절호의 기회! 야유회, 망년회 등 사내 행사를 평소 인사만 하고 지나치는 다른 부서의 사람들과 사귈 수 있는 기회로 삼고 총무역할을 자발적으로 맡아보자.

② 평소와는 다른 색다른 회식이나 개성 넘치는 파티로 '센스 있는 사람'이 라는 평이 절로 날 것이다.

③ 많은 사람들을 즐겁게 하기 위해서는 어떻게 해야 할까 하는 세심한 배 려와 진행방법 등을 생각하면서 자신도 많은 점을 배울 수 있다.

8) 인맥 만들기의 7가지 금기사항

① 절대로 다른 사람을 욕하지 마라.
   또한 사내스캔들에 관해서는 말하지도 말고 듣지도 마라.

② 누구에게나 다 잘 보이기 위해 애쓰지 마라.

③ 거액의 돈을 꾸거나 빌려주지 마라.

④ 타산적으로 사람을 사귀지 마라.

⑤ 다른 사람을 시기하지 마라.

⑥ 타인의 사생활에 끼어들려 하지 마라.

⑦ 이야깃거리를 고를 때 주의하라.

9) 남들 앞에서 긴장해도 좋다. 말 재주가 없어도 좋다. 잘 들어주자

① 말 재주가 없다는 것이 결코 나쁜 요인으로 작용하는 것만은 아니다.
   먼저 상대방에게 "저는 워낙에 말 재주가 없어서…"라고 솔직하게 털어 놓는다.

② 상대방의 이야기에 철저히 귀 기울인다. 상대방이 질문을 하면 성의를

다해서 대답한다. 이렇게 되면 상대방은 기분이 좋아져 많은 이야기를 하게 된다.

③ 대화술이 뛰어나다는 것은 상대방이 많이 이야기할 수 있도록 이끌고, 상대를 어느 샌가 자신의 페이스로 끌어들여 목적을 달성하는 것이다.

④ 상대방에게 신뢰받는 사람이 되는 것은 결국 '말 잘하는 사람보다 잘 들어주는 사람'이다.

10) 좋은 인맥이 나아가 더 좋은 인맥을 만들어준다

① 어쩌다 만나 이야기 나누고 명함을 교환한 것은 인맥이 아니다.

필요할 때 도움이 되어줌으로써 비로소 인맥이라 부를 수 있다. 이 사람이라고 생각되는 사람을 만나면 감사의 카드나 메일 등을 보내 앞으로도 그 인연이 끊어지지 않도록 노력을 아끼지 말아야 한다.

② 기브 앤 테이크 원칙을 잊지 마라. 자신의 이득만을 생각하면 좋은 인맥을 만들 수가 없다. 다른 이로부터 어떠한 것을 요구받으면 아무리 작은 것이라도 좋으니 상대방에게 정보를 제공하도록 노력하라.

③ 자신 스스로를 향상시키기 위해 노력하라.

한 개인으로서 비즈니스맨으로서 유능하고 매력이 넘치면 주위에 저절로 사람이 모여들기 마련이다. 서로를 향상시켜 줄 수 있는 만남을 지속해 나간다면 인맥은 더욱 확대될 것이다.

2 직장인의 매너

1) 공과 사의 구분은 명확하게 한다

① 회사 비품을 마음대로 가져가지 마라.

② 자리를 뜰 때는 행선지와 귀사시간을 명확히 밝힌다.

③ 이사하는 데 부하 직원의 도움을 요청하거나, 아이의 공부를 좀 봐줄

것을 요구하지 마라.

④ 술자리에서 취한 것을 핑계로 상사에게 무례하게 굴지 않는다.

⑤ 회사 전화는 사생활을 위해 존재하는 것이 아니다.

2) 고객 접객 매너를 지킨다

① 하찮은 일이라 여겨질 수도 있으나 음료수에도 신경을 써서 여름에는 차가운 음료를, 겨울에는 따뜻한 차를 내놓는다.

② 정성을 다해 배웅한다. 자리에서 배웅하는 것은 실례이다. 되도록 출입 문이나 현관 앞까지 배웅하고 차가 떠날 때 가볍게 목 인사를 하며 차가 보이지 않을 때까지 배웅한다.

③ 찾아올 손님과 약속이 되어 있다면 안내데스크에 미리 알려둔다.

④ 손님을 기다리게 해서는 절대 안 된다.

3) 명함 교환법

① 손아랫사람, 지위나 직책이 낮은 사람이 먼저 건넨다.

② 방문한 사람, 거래를 위한 만남에선 판매하는 쪽이 먼저 건넨다.

③ 소개인이 있다면 소개인과 친밀한 관계인 쪽이 먼저 건넨다.

④ 판단하기 어려운 경우에는 망설일 것 없이 먼저 건네는 것이 결례가 되지 않을 확률이 높다.

⑤ 명함을 소지하지 못했을 경우에는 상대방이 명함을 건네기 전에 사과의 말 한마디를 해주는 것이 매너의 기본이다.

4) 타사 방문 시 예절 준수

① 약속은 방문하는 회사의 형편을 고려하여 미리 전화로 상대방의 시간과 사정을 확인하고 방문 날짜와 시간을 정한다. 또한 방문목적과 동행자 수를 알려주는 것도 기본 매너이다.

② 용건을 말하기에 앞서, 우선 시간은 괜찮은지 얼마 동안 시간을 할애할 수 있는지 확인한다.

③ 이야기가 길어질 경우, 계속해도 괜찮은지 먼저 묻고 바쁜 기색을 보이면 다음을 약속하고 끝내는 것이 좋다.

5) 퇴직할 때의 매너

① 퇴직 사실은 한 달 전에 알리는 것이 상식이다.

② 회사와 상사에 대한 불만을 퇴직 사유로 내세우지 마라.

③ 상사가 말리는 경우라도 일단 퇴직의사를 밝혔으면 받아들이지 않는 것이 원칙이다.

④ 퇴직서를 제출할 때까지는 친한 동료 사이에도 말하지 않는 것이 좋다.

⑤ 퇴직서가 정식으로 수리될 때까지 평소보다 더욱 열심히 일하는 모습을 보여준다.

③ 바람직한 직장인의 마음가짐과 생활태도

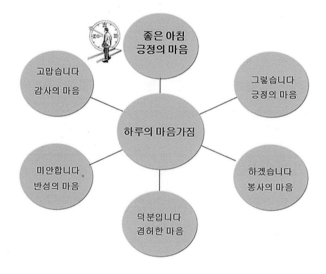

1) 바른 마음가짐

① 밝고 큰소리로 먼저 인사하는 생활화로 좋은 인사 매너 이미지를 보이도록 노력한다.

② 동료를 내부고객이라 생각하고 밝은 표정으로 진실한 마음을 담아 상황에 맞는 표현으로 친절하게 인사한다.

③ 직장과 일을 좋아하며 동료를 사랑하고, 매사에 지혜와 성실함 그리고 사명감을 유지한다.

④ 항상 단정한 용모와 바른 마음가짐을 가지려고 노력한다.

⑤ 직원들의 이름을 많이 기억하는 폭넓은 인간관계를 유지한다.

⑥ 상사의 지시사항을 정확히 처리하고 결과를 기한 내에 처리 보고한다.

⑦ 초면이라도 미소 띤 얼굴로 상대방의 긴장된 마음을 풀어준다.

⑧ 일을 스스로 찾아서 하는 능동적인 사고와 역지사지의 사고(고객의 입장에서 사고)를 한다.

⑨ 자신이 한 행동에 책임을 지는 조직에 꼭 필요한 고객감동 일꾼이 되도록 노력한다.

⑩ 주인의식(拘猛酒酸)을 갖고 직장생활을 한다. 구맹주산은 사나운 개가 술을 시게 만든다는 뜻이다. 자신의 실력과 재주 이상으로 주변의 사람이 중요하다는 의미로 주인의식을 갖고 주위를 돌아보라는 뜻이다.

◈ 인생의 목표 차이

철도 왕이라 불리는 제임스라는 사람이 있었다.

그 사람이 철도 건설 현장을 방문했을 때

한 건설 노동자가 다가와서 악수를 청하면서 자기 인사를 했다.

"저를 모르시겠습니까? 30년 전 사장님과 저는 일당 5달러를 벌기 위해 철도 건설 현장에서 일한 적이 있지 않습니까?"

그러자 제임스는 곧 그를 알아보고 반갑게 인사를 했다.

"오! 그래 반갑네. 하지만 나는 일당 5달러를 벌기 위하여 철도 현장에서 일한 적은 없다네. 나는 사장이 되기 위해서 일했을 뿐이네"라고 이야기했다고 한다.

사람은 저마다 살아가는 데 목표를 가지고 있다.

어떤 목표를 가지고 사느냐에 따라 그 사람의 인생은 판이하게 달라진다.

여러분은 어떤 목표를 갖고 살아가고 있습니까?

하루하루, 그 하루만을 위한 목표를 가지고 살아가고 있지는 않습니까?

지금 자신의 인생의 목표를 한번 돌아보시는 것은 어떨까요?

2) 바른 근무태도

① 근무 매너

- 출근은 근무시간 30분 전까지는 도착하여 근무 준비를 한다.
- 사무용 소모품을 아끼고 비품을 정결하게 다루며 주변을 정리 정돈한다.
- 남의 일에 간섭하지 않으며 서로 협조한다.
- 모든 업무는 다른 동료와 연계되어 있으므로 다른 사람의 업무에 지장이 없도록 자신의 책임을 다한다.
- 사적인 전화를 억제하고 회사용품을 사적으로 사용하지 않는다.
- 사적인 방문객으로 업무에 지장을 주지 않으며 사적인 경우 상급자의 양해를 얻어 근무 장소가 아닌 장소에서 만난다.
- 출장 등 사외 근무 시에는 회사를 대표한다는 마음으로 행하며 사내 관계자에게 수시로 보고한다.
- 퇴근할 때에는 업무를 중단한 채 퇴근시간을 기다리지 말고, 퇴근시간이 된 뒤에 정리를 하며 가능하면 하던 일을 끝내고 퇴근하는 성의를 보

이는 것이 바람직하다.

② 업무수행 매너

- 직원 간에 서로 존중하고 이해하는 기회를 많이 가진다.
- 약속을 꼭 지키며 맡은바 업무에 충실한다.
- 긍정적인 자세로 지시받고 기한과 수량 등을 꼭 확인한다.
- 끝나면 보고하고 경우에 따라 중간중간 보고를 꼭 한다.
- 동료가 업무적으로 어려울 때 서로 위로하고 격려하고 도움을 줄 수 있으면 도와주도록 한다.
- 내방객 앞에서 직원 간에는 상호 존대 표현을 한다.

③ 술자리 매너

술은 적당히 마시면 보약이지만 과음하면 독약이 된다.

- 술을 억지로 강요하지 않는다.
- 두 손으로 공손히 잔을 들고 받는다.
- 술을 따를 때 왼손잡이라도 왼손으로 권하면 버릇없다는 소리를 듣는다.
- 첫 잔을 여러 번에 걸쳐 조금씩 마시도록 한다.
- 술은 항상 약한 술부터 마시기 시작한다.
- 자신의 주량을 잊지 않는다.
- 포도주, 맥주, 물 등의 음료는 손님의 오른쪽에서 제공된다는 사실을 잊지 않도록 한다.
- 와인인 경우 글라스를 잡지 말고 테이블 위에 놓은 채로 따르는 것을 기다린다.
- 맥주를 받을 때에도 글라스를 너무 기울이지 않는 것이 바람직하다.
- 건배 시에는 글라스를 눈높이만큼 들어 올린 후에 마신다.

3) 직장 매너 7대 원칙

① 시간을 잘 지켜라(Be on time).

② 신중하라(Be discreet).

③ 공손하고 명랑하고 긍정적으로 행동하라.

④ 자신만이 아닌 다른 사람에게도 관심을 가져라.

⑤ T.P.O에 맞는 복장을 갖추어라.

⑥ 적절한 언어를 사용해라.

⑦ 직원 간 금전거래나 잡기를 일체 하지 않는다.

4) 직장에서의 대화

(1) 상사나 윗사람과의 대화

직장에서의 대화 가운데 업무를 위한 대화는 일을 보다 융통성 있게 수행하는 데 큰 역할을 하게 된다. 따라서 많은 사람들이 모여 일하고 있는 회사 안에서는 자기 생각이나 가치관에 차이가 있더라도 서로 의견을 존중하며 잘 어울려야 한다.

상사로부터 받은 지시사항이 바람직하지 못하다고 느끼더라도 표현은 오히려 부드럽게 해야 할 것이다. 따지듯 말하는 것보다는 '과장님이 말씀하신 방법도 좋지만 이러한 방향으로 검토해 보는 것은 어떻겠습니까?'라고 의견을 제시하는 듯이 부드럽게 말하면 상대방의 기분을 상하게 하지 않고 본인의 의견을 관철시킬 수 있다.

특히 상사로부터 주의를 받았을 때에는, '누가, 왜 그렇게 말하는가?'라는 식의 반응은 갖지 말 것, 감정적으로 받아들이지 말 것, 자신의 책임을 남에게 전가하지 말 것 등에 대해 관심을 두고 생각해 볼 필요가 있다.

(2) 동료와의 대화

직장에서 가장 가까운 사이는 역시 동료이므로 서로 절친한 협력관계를 유지해야 한다. 그런데 동료를 경쟁의 대상으로 생각하고 이기적인 행동을 취하는 사람도 있다. 이런 사람은 지나치게 상사나 선배에게 아부하며 좋은 평판을 얻으려 하기 때문에 동료들과는 별로 친분 없이 지내는 경우가 있다. 그러나 현명한 상사나 선배는 직장 안에서의 여론에 귀 기울이고 있다는 사실을 알고 떳떳하게 자신의 태도를 취해야 한다.

그리고 동료에게 업무협조를 해주는 것은 바람직하지만 상대의 자존심을 상하게 하는 말로 상처를 주면 안 된다. 또한 동료의 업무상 잘못을 들추어내어 사무실에서 큰소리로 '이렇게 하면 안 돼!' 하고 상대를 격하시킨다고 해서 자신의 위상이 높아지는 것은 아니다. 이럴 때에는 동료를 감싸주듯이 아무도 모르게 조용한 목소리로 '이렇게 하는 것이 좋을걸' 하고 말해주는 것이 좋다.

만약 의견대립이 생기면 '나도 그 점에 대해서는 동감이지만, 이것은 이렇게 생각해 보는 것도 좋지 않을까?' 하고 객관적인 의견을 말해주는 것이 좋다. 계속 의견이 맞지 않아 흥분하게 되면 '이 문제에 대해서는 더 연구해 보고 다시 의논해 보자'고 일단 논쟁을 중지하여 마음을 가라앉히도록 하면, 일을 추진하는 데 큰 도움이 될 것이다.

이와 같이 친한 동료라 해도 근무 중에는 분별 있는 말로 질서를 지켜 나가야 한다. 서로 대화하는 말이나 태도에서 공적인 면과 사적인 면을 확실히 구별할 줄 아는 사람이 참된 직장인이라 할 수 있다.

5) 상사와의 관계

(1) 상사에 대한 마음가짐

직장에서는 상사와 부하라는 종적인 관계가 있게 마련이다. 상사는 결과적으로 모든 업무상 책임을 져야 하므로 그의 심중을 잘 파악하고, 또 그의 권한을 인정해 주면서 맡은바 자기 일을 잘 수행해야 한다.

상사의 유형을 보면 일을 추진할 때 사소한 일에까지 참견하는 사람이 있는가 하면 지시한 일을 부하 직원에게 맡겨버리고 결과만 기다리는 사람으로 대별할 수 있다. 일할 때 일일이 참견하는 사람은 실수하지 않도록 하려는 노파심이 강한 성질을 가진 사람이며 맡겨버리는 사람은 아랫사람이 능력을 충분히 발휘할 것을 기대하고 부하직원을 신뢰하고 인정하려는 사람이다.

때때로 상사와 일하기 어렵다는 생각이 들 때도 있는데, 직장에서는 업무상 마음대로 자리를 바꿀 수가 없는 것이다. 이럴 때에는 상사에 대하여 겸허한 마음으로 새삼 다시 생각해 보는 태도가 바람직하다.

인간은 상대편에게 호감을 갖게 되면 결점도 장점으로 보이는 법이다. 반대로 상대편이 싫어지면 장점도 단점으로 보이기 때문에 자연히 업무처리도 적당히 하게 되어 인간관계가 악화되는 경우가 많다. 그러므로 상사에 대하여는 언제나 긍정적인 마음가짐으로 대하는 것이 좋다.

나빠도 좋은 상사라고 마음먹고 일을 한다면 지금까지 발견하지 못했던 상사의 장점도 찾아낼 수 있어서 상사를 존경하게 될 것이며 인간관계도 더욱 좋아질 것이다. 또 맡은 권한과 책임이 있는 상사에게는 직무상의 경험자로서 또는 회사라는 사회의 선배로서 항상 존경하는 마음을 가지고 대하는 것이 바람직하다.

그러나 직접적인 이해관계에 있는 상사에게는 자칫하면 아부하기 쉬운 것이 직장인의 약점이다. 또 지나친 친절이나 굽신거리는 태도는 부자연스럽고 비굴하게 느껴지므로 예의를 잃지 않는 태도로 대하는 것이 좋다.

그리고 상사를 의식한 나머지 상사와 거리를 두고 행동하는 것도 좋지 못하다. 아무리 어려운 상사라 해도 같은 직장에서 일하고 있는 대등한 인간임을 의식하고 인간적인 인연을 맺도록 하여 힘써 상하 일체감을 갖도록 해야 하겠다.

(2) 상사에 대한 태도

직장의 직원관계는 공적인 것이다. 사원은 사장과의 사이에 일정한 계약을 맺고 일하게 되며 상사와 사원은 회사의 규칙에 따라 종적인 관계에 있는 것이다.

상사에게 보고하거나 서류를 결재받을 때의 대화는 단정한 자세와 공손한 말씨로 해야 하며 꾸지람을 들을 때에는 자신의 잘잘못을 떠나 순응하는 자세로 냉정히 반성할 줄 아는 태도를 보여야 한다.

그리고 상사와 차를 마시면서 대화할 수 있는 기회가 있다면 상사와 가까워질 수 있도록 적극적으로 화제를 꺼내어 이야기하여 업무에 대한 신념을 보여주는 것이 좋으며 이러한 대화를 통하여 상사의 인간적인 진면목을 발견할 수 있을 것이다. 상사와의 인간관계가 좋아지면 업무 면에서도 한층 원활한 관계를 기대할 수 있게 될 것이다.

이런 경우에 상사는 동료나 회사에 대한 질문을 하기 쉽다. 이때에는 평소에 생각하고 있던 의견을 솔직하게 말하는 것이 좋다. 그러나 조심할 것은 동료를 비방하지 말고 장단점을 들어 말하는 것이 좋다. 즉 상대의 결점을 말한 다음 장점을 구체적으로 이야기하는 것이 결점을 가려주는 효과가 있어 듣는 사람에게 좋은 여운을 남겨주기 때문이다.

6) 선배나 동료와의 관계

(1) 선배동료에 대한 마음가짐과 태도

선배사원에 대하여는 항상 존경하는 마음가짐으로 대하는 것이 올바른 예절이다. 선배가 일을 지시할 때는 상사로부터 받은 지시라고 생각하고 따르는 것이 바람직한 태도이다. 업무상 경험이 많은 선배의 말을 겸허한 자세로 응한다면 잘 알고 있는 일이라 하더라도 새로운 지식을 배우게 되기 때문이다.

피라미드로 조직된 직장에는 책임이나 역할로 인한 상사 외에도 나이의 상하라는 관계가 있다. 직분은 어떻든 간에 나이가 어린 사람은 나이가 많은 사람에게 지켜야 할 예절이 있음은 당연한 일이라 하겠다.

직장에는 대학 졸업, 전문대학 졸업, 고등학교 졸업 등 여러 가지 학력을 가진 사람이 있기 때문에 나이는 아래지만 업무상으로는 선배가 되는 경우가 있다. 자신의 나이가 많더라도 업무상 선배인 사람에게는 선배로서의 예의를 갖춰 대하는 것이 중요하다 하겠다. 나이 어린 선배가 나이가 많은 후배에게 업무상 주의를 주거나 업무에 대한 조언을 할 수 있다는 것을 명심해야 한다.

그러나 간혹 기대 이상의 실망을 주는 선배사원을 만날 수도 있다. 자기가 해야 할 일을 후배에게 맡겨버리거나 무리한 일을 시키는가 하면 일의 성과를 혼자 처리한 것처럼 생색내는 선배를 가끔 볼 수 있다. 이럴 경우 그 선배의 행위는 미워하더라도 선배 자체의 인간성에 대하여는 미워하는 생각을 갖지 않도록 너그러움을 가지는 것이 바람직하다 하겠다.

(2) 동료에 대한 마음가짐과 태도

동료 사이란 회사 안에서는 서로 협력하며 업무를 수행하는 동시에 자기 성장을 위하여 경쟁의식을 갖는 공적인 관계를 가지며 회사 밖에서는 친구로서 대하게 되는 사적 관계를 지닌다.

① 모든 동료와 사귀어라

직장에서는 마음이 맞는 사람만 골라 교제하는 개인적인 태도는 바람직하지 못하다. 동료라면 남녀를 구별하지 말고 고루 교제하는 마음가짐이 필요하다. 일반적으로 직장에서는 인간관계에 민감하기 때문에 업무를 원활히 진행하기 위해서도 모든 동료들과 사귀는 것이 가장 중요하다.

② 자기 자랑을 하지 마라

직장에서는 자기 자랑거리가 있다고 하더라도 동료들에게는 삼가야 한다. 자기 자랑을 자주 하면 동료들에게 따돌림을 당하여 인간관계가 나빠지기 마련이다. 대체로 직장에서 자랑을 늘어놓는 사람은 업무를 제대로 처리하지 못하는 사람에게 많다는 것을 알아야 한다. 따라서 직장에서는 절대로 자랑삼아 이야기하는 일은 없어야 한다.

③ 퇴근시간보다는 업무가 우선이다

어느 직장이나 근무시간은 정해져 있지만 일이 시간에 맞추어 끝날 수 없는 경우가 많다. 퇴근시간이 되었다고 해서 하던 일을 중단하고 퇴근하는 것은 무책임하다. 조직 속에서 일하는 이상 업무 우선이라는 것을 명심해야 동료에게 폐가 되지 않는다. 또 야근을 하게 되면 불평없이 협력한다는 즐거움을 가지고 임해야 한다.

④ 동료가 바쁠 때는 업무에 협조한다

직장은 동료 모두가 힘을 합하여 일하는 곳이기 때문에 자신에게 주어진 일이 없다고 하더라도 팀 내의 중요한 업무로 다른 동료가 바쁠 때는 동료의 일을 도와주는 것이 바람직하다. 이러한 적극적인 사고방식을 가진다면 팀의 분위기를 위해 예정되었던 휴가계획도 바꾸어 업무에 협력하는 것이 신뢰를 얻는 길이다.

⑤ 건강관리에 유의한다

업무를 잘 처리하여 스스로의 능력을 발전시키려면 직장인은 심신의 건강이 무엇보다 중요하므로 건강관리에도 유의해야 한다. 밤늦게까지 동료와 만나느라 수면부족이 되거나 술을 과음하여 건강을 해치는 일이 있으면 자연히 얼굴표정이나 동작도 밝지 못하게 되어 동료들에게 불쾌감을 주기 쉽다.

⑥ 동료와 금전관계는 삼간다

동료와는 적당한 거리를 두고 사귀며, 지나친 간섭이나 비판은 절대로 삼가야 한다. 또 동료 사이에는 돈을 빌려주거나 빌려 쓰는 일을 피하는 것이 절대적이다. 돈 때문에 동료 사이의 우정을 잃거나 자신의 신용에 손상을 끼치는 일이 일어나기 쉽기 때문이다. 실제로 직장 내에서 이러한 금전적인 사고가 빈번히 발생한다.

직장인으로서 돈에 관해 주의할 점은 사회인으로서 부끄럽지 않도록 적당한 돈을 가지고 다니고 인색하다 해도 돈을 빌려주는 행위는 가능한 피하고, 빌려준 돈은 잊어도 빌린 돈을 잊지 말 것과, 돈에 여유가 없으면서 있는 체하지 말 것, 돈을 계획적으로 사용하는 방법을 습관화할 것 등이다.

7) 거래처와의 관계

(1) 거래처 직원과의 식사 시 상사와 꼭 의논한다

거래처 손님에 대하여 친절히 안내하고 대한다. 거래처 사람이 함께 식사하자는 권유를 받았을 때는 반드시 상사와 의논하는 것이 바람직하다. 거래처 고객은 회사로서는 가장 중요한 상대이지만 어디까지나 상사나 동료와는 다른 남이라는 점을 명심해야 한다. 오해받을 일은 하지 않는 것이 최선이다.

(2) 회사의 기밀사항은 철저히 보안을 지킨다

아무리 친한 사이라도 자신은 회사의 한 사람임을 명심하고 업무에 관한 이야기는 하지 말아야 한다. 직장이야기를 전혀 안 할 수는 없지만 어디까지 이야기하는 것이 옳은가를 냉정하게 판단할 필요가 있다. 회사의 동태나 방침, 다른 거래처나 물량, 취급하는 상품 또는 가격 등 중요한 사항은 절대로 이야기하지 않아야 한다.

또 상대가 상사와 친숙한 사이라든지 지위가 높아 보이는 사람에게는 자신도 모르게 상대방의 말에 끌려들어 무심코 회사의 기밀사항을 말하는 등 말이 많아지기 쉬우므로 특히 주의해야 하겠다.

(3) 예의를 갖추어 친절하게 대하자

거래처 손님은 자칫 잘못하면 오해받기도 쉬운 대단히 어려운 상대임을 명심하여 친절하고 공손하게 진심으로 대하되 어느 정도의 선을 긋고 예의 바르게 대하는 것이 가장 중요하다고 하겠다.

(4) 상대국가의 문화를 이해해야 한다

거래처가 외국 사람인 경우에는 풍습이나 언어, 습관 등 문화적인 차이에서 오는 예절에 신경을 써야 한다. 때문에 상대방 국가에 대하여 사전에 연구할 필요가 있으며 외국인이라고 해서 열등의식을 갖거나 인종 차별을 하지 말고 대등하게 대하는 것이 바람직하다.

제3절 직장인의 고객맞이 매너

방문고객에 대한 정중함은 회사에 대한 호의와 직결된다. 그러므로 방문고객을 접했을 때 자신이 주는 인상이 회사의 이미지에 많은 영향을 끼친다는 점을 염두에 두고 항상 정중하고 친절해야 한다.

1 방문고객 접객태도

1) 회사의 방문고객 맞이에 담당자가 따로 있는 것은 아니다

고객이 찾아오면 자기가 제일 먼저 일어나서 맞이해야 하겠다는 마음가짐이 필요하다. 고객이 찾아온 것을 알면서도 다른 사람이 마중하겠지 하는 태도는 버려야 한다. 만일 직원 모두가 그런 생각을 갖고 있다면 아무도 손님을 맞이하지 않게 될 것이다. 고객은 환영받고 싶어 하는 심리가 있다는 것을 명심해야 한다.

2) 업무를 멈추고 일어서서 정중하게 맞이한다

직장에 찾아오는 사람들은 대개 용건이 있어서 오는 사람들로서, 직장에서는 한 사람도 소홀히 대할 수 없는 존재이다. 고객이 사무실에 찾아오면 하던 일을 멈추고 바로 일어나서 '어서 오십시오' 하고 정중히 인사하는 습관을 길러야 한다. 자주 찾아오는 고객일 때에는 고객의 소속과 이름을 기억했다가 반갑게 아는 척하면 기분이 좋아질 것이다. 더구나 상대가 단골고객일 경우 '이 회사가 나를 대우해 주네' 하는 생각이 들어 조금의 잘못 정도는 이해해 줄 것이다.

3) 상사에게 불청객이 찾아온 경우

고객이 상사를 찾아왔을 때는 우선 상사와 사전 약속이 되어 있는지를 파악하는 것이 좋다. 늘 반가운 고객만 찾아오는 것이 아니기 때문이다. 만약 상사가 만나기를 꺼리는 고객이라면 '회의에 참석하셔서 나오시기가 곤란합니다. 나중에 연락드리도록 하겠습니다'는 식으로 사양의 뜻을 정중하게 전하도록 한다.

4) 급한 업무수행 중 손님이 찾아왔을 때

급한 업무수행 중 고객이 찾아왔을 때는 자리를 권하고 나서 기다리시게 한 후 업무를 최대한 빨리 처리하고 손님을 응대하면 된다. 기다리는 분이 지루함과 어색함을 덜 느끼도록 회사 사보나 신문 등의 읽을거리와 차 등을 권하는 것이 좋다.

5) 고객이 찾는 사원이 계속 자리를 비운 경우

우선 고객을 적당한 장소로 안내한 후, 사원이 사내에 있는 경우 곧바로 연락을 취한다. 담당사원이 업무상 외출했을 경우에는 부재 이유를 밝히고 귀사 예정시간을 알려주는 것이 좋다.

◈ 고객 접견 시 삼가야 할 태도
① 일하면서 고객을 맞이하는 것
② 고객에게 무관심하고, 양해도 구하지 않고 기다리게 하는 경우
③ 동료와 전화하면서 손님에게 인사하지 않는 태도
④ 앉아서 인사하는 태도 등

2 고객맞이 요령

1) 인사하기 : 내가 먼저 일어나 정중히 인사한다

　처음 고객은 '안녕하십니까?', 안면이 있는 고객은 '어서 오십시오'

2) 용건 확인하기 : 무슨 일로 찾아온 방문객인가를 확인한다

　처음 방문객은 '누구를 찾아오셨습니까?' '무슨 일로 오셨습니까?' 안면이 있는 고객은 '○○를 찾아오셨나요?' 하고 묻고 약속을 했는지 확인한다.

3) 안내하기 : 고객의 왼쪽 앞을 두 걸음쯤 앞서서 걸어가며 안내한다

　'제가 안내해 드리겠습니다. 이쪽으로 모시겠습니다.'

4) 응접실 이용 : 소회의실이나 응접실 상석에 앉도록 권한다

　'잠시만 기다리십시오. 곧 오시도록 하겠습니다.'

5) 차 대접 : 상대가 원하는 차 종류를 물어본다

　'음료는 무엇으로 준비해 드릴까요?' 'OO는 어떻습니까?'

6) 배웅하기 : 휴대품(가방, 우산 등)을 잊고 가는 일이 없도록 점검한다

3 좌석 안내 매너

1) 고객을 상석으로 안내해야 한다

응접실에서는 출입구에서 먼 쪽이 상석이므로 안쪽으로 권해야 한다. 경치가 보이는 창문을 볼 수 있는 자리, 계절에 따라 따뜻하거나 시원한 곳이 상석이다.

2) 자리를 권할 때는 손으로 그 자리를 가리킨다

고객에게 자리를 권할 때는 고객의 옆에 서서 '이쪽으로 앉으시면 됩니다'라고 오른손으로 착석할 곳을 가리킨다. 만일 권하기 전에 고객이 하석에 앉았을 때는 '그 자리는 불편하니 이쪽으로 앉으시겠습니까?'라고 말하며 상석을 권한다.

3) 기다리는 동안 고객이 무료하지 않게 한다

고객이 착석하면 '○○님이 곧 오십니다. 잠시만 기다려주십시오'라고 말한다. 기다리는 동안 지루하지 않게 차 또는 음료, 신문, 잡지 등을 권한다.

◈ 찾아오는 고객 중 불청객은 단 한 명도 없다

어느 은행지점에 자주 들러 잔돈을 바꾸어가는 초라한 모습의 한 노파가 있었다. 이 노파는 올 때마다 여기저기 주머니를 뒤져서 구겨진 돈을 꺼내 지폐로 바꾸어 달라고 한다. 이런 광경을 본 은행직원들은 귀찮은 존재라 생각하고 사무적으로만 대했다.

그러나 한 여직원만은 달랐다. 자기 어머니가 은행에서 저런 꼴을 당한다면 하고 생각하니 나라도 잘해야겠다는 생각에 그 노파의 일을 도맡아했다. 그 후부터 노파가 은행문을 열고 들어오면 재빨리 자기 자리로 오도록 하여, 꺼내주는 지폐를 한 장씩 정리하여 잔돈으로 바꾸어주었다. 때로는 바쁘더라도 틈을 내어 친절하게 대하자, 그 노파는 올 때마다 그 여직원에게로 와서 볼 일을 보게 되었다.

이런 일이 계속된 지 2년쯤 지난 어느 날, 그 노파가 여직원을 외부에서 만나 '○양이 진심으로 대해준 덕택에 2억 원이 모아졌어. 어느 은행이나 마찬가지지만, ○양의 예절바른 태도를 보니 이 은행이 믿음직하게 느껴져. 그래서 그 돈을 지금 예금하려고 만나자고 한 거야' 하며 수표와 현금을 내밀었다. 물론 ○양의 직속상사가 노파를 모시려고 달려왔고 지점장한테 크게 칭찬을 받았다. (박연차, 생활예절에 있는 내용을 저자가 정리)

〈코멘트〉

○양은 은행에 찾아온 고객은 모두 같은 고객이라 생각하고 성심껏 예의 바르게 책임을 다했던 것이다. 손님을 대할 때에는 그 직장의 직원이라면 누구나 상대방의 입장이 되어 예의 바른 태도를 취하는 것이 직장인의 올바른 태도이다.

제4절 방문 매너

직장생활을 하다 보면 남의 사무실을 방문해야 할 일이 많다. 방문하기 전에 반드시 만나고자 하는 사람과 날짜, 시간을 약속하고 용건을 알린다. 방문은 상대가 요청하는 경우가 있고 방문하는 측의 필요에 의한 경우가 있다. 어느 경우든 방문하는 사람은 직장을 대표하고 있다는 생각으로 당당하게 행동한다.

1 방문자의 마음가짐

1) 방문 일시 약속하기

방문 시에는 사전에 약속을 하고 방문하는 것이 예의다. 약속시간은 정확하게 지키고 근처에 도착한 후 들어가기 전에 전화로 도착했음을 알린 후에 방문하는 것이 좋다.

2) 적당한 시간에 도착하기

상대방은 약속시간에 맞춰서 손님맞이 준비를 하고 있기 때문에, 일찍 도착하였을 경우는 근처에서 시간을 보내다가 적절한 시간에 맞추어 방문한다. 약속시간에 늦을 경우에는 전화를 걸어 사전에 양해를 구하고 도착시간을 알려준다.

3) 식사시간을 피하여 약속하고 방문하기

초대에 의한 시간이 아니고 스스로 방문하는 경우는 식사시간과 아침저녁의 바쁜 시간대는 피해야 한다. 방문하기 가장 좋은 시간은 오전 10시에서

11시 사이와 오후 3시에서 5시 사이이다.

4) 방문 준비물을 잘 챙겨서 방문하자

방문할 때에는 필요한 서류, 명함, 회사 브로슈어 등 빠진 것은 없는지 확인을 한다. 회사에서 만든 기념품이 있다면 준비해서 가지고 가는 것도 좋다. 기념품을 전달할 때는 담당자가 타 직원들에게 오해를 받을 수도 있으니, 주위 사람들이 들을 수 있게 '이건 우리 회사 기념품입니다. 별거 아닙니다.'라며 전해줘야 한다.

2 방문장소에서 주의할 점

1) 방문지에 도착해서는 복장을 다시 한 번 체크한다

코트를 입었을 경우에는 현관 밖에서 벗은 다음 팔에 건다. 장갑도 벗어서 가방 속이나 양복주머니 속에 넣는다.

2) 안내하는 데로 앉는다

실내에 들어서면 이곳저곳 두리번거리지 않고 권하는 자리에 앉도록 한다. 자리를 권하지 않더라도 출입구 쪽이 하석이고 그 반대가 상석이므로 상황에 맞게 앉는다.

3) 처음 방문 시 오래 있지 않는다

처음으로 방문한 경우 15~20분 정도의 대화시간이 적당하다. 되도록 짧은 시간 내에 용건을 간단하고 신속하게 처리하고 일어서는 것이 좋다.

4) 작별인사는 짧게 조용하게 한다

마치고 돌아갈 때는 정중하고 짧게 작별인사를 하는 것이 예의이다. 너무 길게 작별인사를 해서 상대방이 오래 서 있는 일이 없도록 주의한다. 그리고 다른 직원들 업무에 방해되지 않도록 작은 목소리로 인사를 하고 주위 사람들께는 목례로 대신한다.

◈ 직장인의 올바른 매너 점검 리스트

번호	항 목	1	2	3
1	30분 전에 출근하여 근무 준비를 한다.			
2	늘 밝은 목소리로 "안녕하십니까?" 하고 인사를 한다.			
3	복도에서 상사를 만나면 가벼운 목례를 습관화한다.			
4	용모, 복장은 직장과 어울리도록 관리를 한다.			
5	상사가 부르면 "네" 하고 즉시 밝게 대답을 한다.			
6	손님이 방문 시 "안녕하십니까?" "어디를 찾으십니까" 라고 적극적으로 응대를 한다.			
7	동료나 후배에 대한 호칭이나 대화에도 신경을 쓰며 손님 앞에서는 반말을 하지 않는다.			
8	사무실에서는 휴대폰을 진동으로 해놓고 사적인 전화는 복도에 살며시 나가서 받는다.			
9	전화 응대 시 "안녕하십니까" " ○○회사 ○○○입니다" 라고 밝게 받는다.			
10	퇴근 전 책상 주변 정리를 하고 남아 있는 상사나 동료에게 따뜻한 인사를 건넨다.			

합계 :

제 **11** 장　테이블 매너

　테이블 매너는 즐거운 식사 분위기를 위해 자연스럽게 만들어진 것이며 식탁에서 발생할 수 있는 남을 배려하지 않는 불쾌함이나 실수로 생길 수 있는 안전사고 등을 미연에 방지하기 위한 것이다.

　동서양을 막론하고 식사 시의 예절은 모든 매너의 기본이라 할 수 있다. 식사 때의 태도로 그 사람의 교양 정도를 파악할 수 있으므로 특히 신경을 써야 한다. 테이블 매너를 지키는 가장 큰 이유 중에 하나는 상대방에게 불쾌감을 주지 않고 편안함을 느끼게 하며 맛있게 식사를 하려는 데 있다.

　각 나라, 각 민족에 따라 식사예절 등에 다소 차이가 있으나 서양식 식사예절이 가장 보편화되어 있으므로 양식 테이블 매너에 대해 알아보기로 한다.

제1절 메뉴

1 메뉴의 의의

메뉴는 식사 때 나오는 차림표로, 정식 만찬의 메뉴는 오늘날도 프랑스어로 쓰는 것이 관례이다. 국제회의 등 대규모 만찬의 메뉴는 둘로 접은 메뉴 겉장에 누구를 위한 만찬이라는 것과 그 밑에 주최자, 일시, 장소를 기입하고 그 아래나 다음 페이지 좌측에 그날 식탁에서 서브되는 포도주의 이름을 적고 우측에는 서브되는 요리 순서대로 기입한다. 여흥(entertainment)이 있을 때는 그 프로그램도 인쇄한다.

메뉴는 음식의 차림표 즉 식단이란 뜻으로, 요리에 관한 상세한 목록인 동시에 가격표다. 메뉴에는 정식, 일품요리, 특별요리 그리고 뷔페가 있다.

2 메뉴의 유형

1) 정식요리(table d'hote)

풀코스 세트메뉴로 특별 연회석에서 서비스되는 정식 메뉴를 말하고 코스와 가격이 일괄적으로 정해진다.

◈ 정식 만찬(full course dinner) 순서

No.	영어/한국어	불어
1	Aperitif/식전주	
2	Appetizer/전채요리	Hors D'Oeuvres
3	Soup/수프	Potage
4	Fish/생선요리	Poisson

No.	영어/한국어	불어
5	Main Dish/주요리	Entree
6	Sherbert/셔벗	Sorbert
7	Roast/육류요리	Roti
8	Salad/샐러드	Salade
9	Cheese/치즈	Fromage
10	Dessert/디저트	Dessert
11	Coffee or Tea/커피 또는 홍차	Cage
12	French Pastry/프렌치 페이스트리	Petits Four

♠양식 풀코스의 테이블 세팅

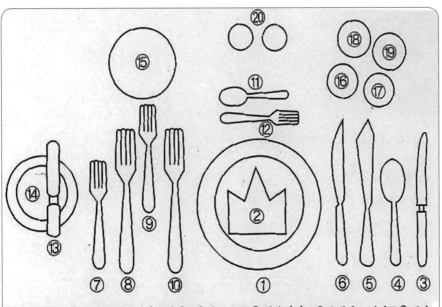

①쇼 플레이트 ②냅킨 ③애피타이저 나이프 ④수프 스푼 ⑤생선 나이프 ⑥스테이크 나이프 ⑦애피타이저 포크 ⑧생선포크 ⑨샐러드 포크 ⑩스테이크 포크 ⑪디저트 스푼 ⑫디저트 포크 ⑬버터 나이프 ⑭빵 플레이트 ⑮버터 볼 ⑯물 잔 ⑰화이트 와인 잔 ⑱레드 와인 잔 ⑲샴페인 잔 ⑳소금과 후추

2) 일품요리(a la carte)

프랑스어로 일품요리라는 뜻으로 메뉴 중에서 자기가 좋아하는 요리를 주문하는 형식이며 세트 메뉴와 상반되는 개념이다. 통상 레스토랑에서 메뉴표를 보고 독자적으로 자기가 먹고 싶은 음식을 선택하여 주문하는 것이다. 음식순서는 오드블→수프→앙트레(생선 또는 육류)→커피 순으로 주문한다. 프랑스에서는 메뉴를 carte라고도 한다.

3) 특별요리(special menu)

계절이나 호텔의 요리 행사와 관련해서 특별요리를 두세 가지 코스로 만들어 그중에서 손님이 선택할 수 있게 한 것이다.

① 축제메뉴(gala & festival menu)

특정 나라의 축제일이나 기념일에 특별히 제공되는 메뉴이다.
(예: 추수감사절 때 칠면조요리 등)

② 계절메뉴(seasonal menu)

식자재의 성숙기인 계절을 선택하여 일정기간 운영하는 메뉴이다.
(예: 가을철에 송이버섯 요리 등)

③ 메뉴 주문 시 매너와 방법

메뉴는 천천히 골라도 실례가 되지 않는다. 일반 양식 코스에서 다 주문할 필요가 없고 soups와 salads 중에서 하나, meats와 seafood 중에서 한 가지만 택하면 된다. 음식이름을 모른다고 해서 다른 사람이 먹고 있는 것을 손가락으로 가리키며 주문하는 것은 실례이다. 웨이터에게 추천을 받아서 주문하는 것이 바람직하다.

레스토랑에서 세트 메뉴(soup, salads, main dish, coffee)로 만들어놓은 '오늘의 특별요리(Today's special)'를 주문하는 것도 좋다. 초대받은 손님은 너무 비싸거나 너무 싼 것은 피하고 자신이 좋아하는 요리를 선택한다. 여성을 동반한 남성은 여성의 메뉴 선택을 도와주고 웨이터에게 여성의 음식을 함께 주문한다. 웨이터나 웨이트리스를 부를 때는 손을 가볍게 들어 표시하거나 이쪽을 보지 않을 때는 작은 소리로 "Excuse me."라고 부른다.

웨이터가 메뉴를 가져오면 우선 마실 것(drinks)부터 주문한다. 일류 레스토랑에는 Wine list가 있으므로 그중에서 고르고 식전주가 나오면 마시면서 메뉴를 보고 천천히 주문하도록 한다. 먼저 메인 코스부터 정한 다음 기호에 맞게 생선 또는 육류 요리 중에서 한 가지를 정하고 그에 맞는 소스를 선택한다. 다음에 전채요리 또는 수프를 선정한다. 주문할 때 영어에 자신이 없으면 메뉴판을 가리키면서 "I'll have this and this…"라고 말하면 된다.

◆ 메뉴 주문 방법

① 메인코스(main course)를 먼저 선택한다.

② 스테이크는 익히는 정도에 따라 rare, medium rare, medium, midium welldone, welldone 중에서 기호에 따라 선택한다.

③ 메인코스에 맞춰 전채요리를 선택한다. 메인이 스테이크라면 전채는 차갑고 소량인 오이스터(oyster, 굴)나 캐비아(caviar, 철갑상어 알) 등을 주문하고, 메인이 생선요리일 경우 육류 계통의 전채요리(foie gras, 거위간)를 선택하는데 음식의 종류와 온도를 고려하여 조화롭게 선택한다.

④ 디저트는 메인 코스 식사를 마친 후에 주문한다.

제2절 양식코스별 메뉴

☐ 애피타이저(Appetizer), 오드블(Hors-D'Oeuvres)

애피타이저 또는 오드블이란 식욕을 돋우기 위해 식사 전에 먹는 가벼운 음식으로 서양요리에서 전채요리를 말한다. 타액의 분비를 촉진시켜 식욕을 돋울 수 있도록 약간 짜거나 시고 양이 극히 적게 나온다. 오드블은 주로 오찬에 내놓는 것으로 만찬의 경우는 대개 식사 전의 아페리티프(aperitif)의 안주로 생선이나 치즈 등을 빵조각이나 크래커 위에 얹은 카나페(canape)가 나온다.

1) 오드블의 종류

차가운 전채요리와 따뜻한 전채요리로 나눌 수 있다.

(1) 차가운 전채요리

① 캐비아(Caviar, 철갑상어알)

러시아의 볼가강에서 잡은 상어 알이 좋으며 청어 알보다 약간 크고 빛깔은 흑색과 홍색이 있는데 흑색에 약간 금색이 나는 것이 상품이다. 토스트를 작게 썬 모양의 멜바토스나 한입 크기의 블리니 위에 작은 스푼으로 캐비아를 얹고 레몬즙 등을 뿌린 후 손으로 먹는다. 이와 곁들여서 고명(가니쉬, garnish)으로 나온 삶은 달걀이나 파슬리, 다진 양파 등을 캐비아와 함께 얹어서 먹는다.

② 푸아그라(Fois Gras, 거위간 요리)

특수방법으로 기른 거위 간 요리를 말하며 핑크빛의 푸아그라가 특히 좋다. 푸아그라가 날것으로 나올 때는 빵에 얹어서 먹는다. 프랑스를 대표하는 음식의 하나이며 트뤼프(Truffe, 송로버섯), 캐비아와 함께 세계 3대 진미로 꼽힌다.

③ 생굴(Oyster)

대개 껍질째 나오는데 오른손으로 껍질을 잡고 오른손의 포크로 관자 부분을 떼어내어 레몬즙이나 식초(wine vinegar)를 뿌려 먹으면 맛이 산뜻하다. 먹고 난 후 껍질 속에 남아 있는 국물은 들고 마셔도 된다.

생굴이 맛있는 철은 영어로 -er, -ry로 끝나는 달(예 : 10월 중순부터 2월 중순)로써 기온이 낮은 겨울철로 이때가 굴이 단단하고 향이 좋다. 원래 영어로 달력표기에 있어서 'r'자가 들어가지 않은 달은 생굴을 먹으면 절대로 안 된다고 한다(예 : May, June, July, August).

④ 카나페(Canape)

작은 토스트나 크래커에 치즈, 연어, 캐비아 등을 얹어 한입에 먹을 수 있는 조그만 프랑스식 오픈 샌드위치이다.

⑤ 샐러드나 과일류

샐러리, 파슬리, 당근 등의 야채나 프루츠 칵테일, 그레이프 프루츠 등의 과일이 있다.

(2) 따뜻한 전채요리

① 에스카르고(Escargot, 식용 달팽이)

주로 부르고뉴식 달팽이요리가 유명하고 껍질째 제공될 경우는 전용집게(tong)로 껍질을 고정시킨 후 전용포크로 꺼내 먹는다. 소스는 마셔도 되고 빵으로 찍어 먹어도 좋다.

② 라비올리(Ravioli)

이탈리아식 만두요리이다.

2 수프(Potages, Soup)

본격요리 순서에서 제일 먼저 나오는 음식이다.

1) 수프의 종류

① 콩소메(Consomme)

쇠고기, 생선, 닭고기 등을 재료로 만든 맑은 수프로 포타주 클레어 (potages clair)라고 하며, 만드는 과정이나 시간에 따라 맛의 차이가 있으므로 주방장의 수준을 알 수 있다. 맑은 수프는 진한 맛의 앙트레에 어울리며 코스가 많은 정찬요리에 알맞다.

② 포타주(Potages)

차우더(chowder)라고도 하며, 보통 수프를 총칭하는 말이다. 걸쭉한 수프로, 감자, 옥수수 등 채소가 첨가된 담백한 요리에 어울린다.

2) 수프 먹는 법

① 수프는 마시는 것이 아니라 먹는 기분으로 소리를 내지 않는다.
② 수프가 뜨거울 때는 입으로 불어 식히지 않고 스푼으로 저어서 식힌다.
③ 스푼으로 한 번 뜬 음식은 한 번에 먹고 스푼 바닥을 빨아서도 안 된다.
④ 스푼은 펜을 손으로 잡는 형태로 잡는다.
⑤ 스푼은 오른손으로 쥐고 왼손으로는 수프 bowl의 앞쪽(자기 앞쪽)을 살짝 들고 앞에서 뒤로 밀어서 떠먹는다.
⑥ 수프가 얼마 남지 않았을 때 그릇 바닥을 긁는 소리를 내지 않는다.
⑦ 수프를 다 먹은 다음에는 스푼 손잡이를 오른쪽으로 하여 그릇 안에 스푼을 놓아둔다.

3) 수프를 소리나지 않게 먹는 비결

수프그릇 앞에서 뒤쪽으로 스푼을 약간 밀듯이 푼 다음 스푼의 최선단으로부터 입안에 넣어 수프를 흘러내리게 하여 먹는다. 이때 스푼에 수프가 조금 남았다고 해서 스푼을 빨면 소리가 난다. 소리를 안 내기 위해서 조금씩 먹는 것도 안 좋고 단번에 흘러 들어가게 하는 것이 좋다.

3 빵(Bread)

◆ 빵을 먹을 때 에티켓

우리나라 사람들은 좌석에 앉자마자 빵을 먹기 시작하는데 이것은 잘못된 매너이다. 또한 빵은 수프와 함께 먹는 것도 아니며 수프 다음에 나오는 요리와 함께 먹기 시작해서 디저트 코스가 시작되기 전에 끝내야 한다.

① 빵이 처음부터 빵 바구니에 담겨 식탁 가운데 놓여 있을 때에도 전채요리나 수프 코스가 끝난 후 옆에 있는 여성에게 먼저 권하고 먹는 것이 예의이다.

② 자기 왼쪽에 놓인 빵 접시가 자기 몫이다. 옆에 있어 불편하다고 해서 중앙으로 옮기지 않는다.

③ 빵 전체에 버터를 바르고 입으로 잘라 먹는다든지 나이프로 썰거나 포크로 찍어서 먹지 않는다.

④ 소프트 롤은 손으로 한입에 들어갈 크기로 뜯고 하드 롤은 손으로 가운데 부분을 손바닥으로 눌러 쪼개 4등분하여 먹기 좋게 손으로 뜯어 버터 나이프를 사용하여 버터를 발라 먹는다.

⑤ 토스트는 식기 전에 전체에 버터를 바르고 버터 나이프로 반으로 자르고 다시 또 반을 잘라 손으로 먹는다.

⑥ 빵은 수프 다음에 먹기 시작하고 접시에 묻은 소스를 찍어 먹어도 좋다.

⑦ 빵을 뜯으면서 테이블에 떨어지는 빵부스러기는 줍지 않는다. 웨이터가

빵 접시를 치울 때 빵부스러기를 치워준다.

4 생선요리(Fish)

1) 생선류와 어패류의 영어 명칭

국 어	영 어	국 어	영 어
뱀장어	Eel	연어	Salmon
송어	Trout	혀넙치	Sole
농어	Sea Bass	게	Crab
넙치	Flatfish	새우	Prawn
대구	Cod	바닷가재	Lobster
가자미	Flounder	가재	Crawfish
도미	Sea Bream	굴	Oyster
광어	Halibut	대합	Cram
청어	Mackerel	조개	Shell
고등어	Herring	고동	Snail
명태	Pollack	새우	Shrimp
가오리	Ray	조갯살	Scallop
전복	Abalone	참새우	Scampi
오징어	Cuttlefish	상어	Shark
김	Laver	달팽이	Snail
문어	Octopus	다랑어, 참치	Tuna

2) 생선요리의 소스

서양과 한국의 생선요리 차이점은 소스가 있고 없는 차이이다. 서양의 생선요리에는 소스가 직접 얹어 나올 때도 있지만, 별도로 나올 때는 소스가 나올 때까지 기다렸다가 먹는다. 생선요리 소스의 종류에는 Hollandaise 소스, Maitre d'hotel 소스, Tartar 소스 등이 있다. 소스가 묽으면 생선요리에 끼얹어 먹고, 진한 소스는 접시 한쪽에 떠놓고 생선을 찍어 먹는다.

3) 레몬즙 짜는 법

생선의 담백한 맛과 레몬의 신맛이 잘 어울려 좋은 맛이 난다. 생선요리에는 레몬이 나오는데 얇게 저며 나온 레몬 슬라이스는 포크로 살짝 잡고 스푼으로 눌러서 즙이 나오게 한다. 레몬 조각으로 나왔을 때는 오른손 엄지, 중지, 집게손가락으로 즙을 내어 생선 위에 뿌린다. 이때 주위로 즙이 튀지 않도록 왼손으로 오른손 바깥쪽을 막아준다.

4) 생선요리 먹는 법

① 통째로 요리된 생선요리는 일단 머리와 꼬리, 지느러미 부분을 나이프로 자른 후에 접시 윗부분에 올려놓는다.

② 뼈를 따라 왼쪽에서 오른쪽으로 나이프를 수평으로 이동하면서 생선 윗부분의 살과 뼈를 발라 놓는다.

③ 발라 놓은 생선의 몸통에 곁들여 나온 레몬을 즙을 내어 뿌려 놓고 좌측으로부터 먹을 만큼 잘라가며 먹는다.

④ 생선은 위쪽을 먹고 난 후 아래쪽은 뒤집지 않고 나이프를 뼈 밑에 넣어 뼈를 떠내어 뼈는 접시 위쪽에 머리와 꼬리 사이 두어 물고기 형태가 유지되도록 한다.

⑤ 남은 생선의 살은 같은 방법으로 조금씩 잘라가며 포크로 찍어 먹는다.

⑥ 가시까지 먹었을 경우, 왼손으로 입을 가리고 오른손으로 빼내거나 포

크로 받아내어 접시 한쪽에 놓는다.

5) 새우요리 먹는 법

왕새우는 미리 껍질이 벗겨져서 나오므로 나이프를 이용해 한 번 정도 잘라서 먹으면 된다. 간혹 껍질째 제공되는 경우에는 머리 부분을 포크로 고정시키고 새우 살과 껍질 사이에 나이프를 넣어 살을 벗겨내듯 하면서 꼬리 쪽까지 옮기며 껍질을 벗겨낸다. 나이프를 사용하기 힘들면 손으로 껍질을 발라내어 먹은 다음 핑거볼에 손을 닦으면 된다.

6) 바닷가재 먹는 법

집게발을 손으로 잡고 바닷가재 전용가위로 가볍게 자른 후 전용포크로 살을 꺼내어 나이프와 포크로 잘라 먹는다. 그러나 풀코스 서비스에서는 껍질이 발라져 나오는 경우가 많으므로 편하게 먹을 수 있다.

5 셔벗(Sherbet, Sorbet)

풀코스의 생선요리와 육류요리 사이에 제공되는 단맛이 적고 알코올 성분이 있어 입맛을 자극하는 셔벗(Sherbet)을 말한다. 아주 고급 레스토랑이 아니면 생략되고 있긴 하지만 다음 코스의 식사를 위해 입안을 산뜻하게 하고 미각을 새롭게 하기 위한 코스이다. 대개 다리가 긴 글라스에 담겨져 나오므로, 왼손으로는 글라스의 다리를 잡고 오른손으로 디저트용 스푼을 이용해서 떠먹는다.

6 앙트레(Entree, Main Dish)

생선요리 다음이 앙트레 코스이다. 서양요리의 코스 중 주된 메뉴로 우리가 양식당에서 주문하는 고기 요리코스가 여기에 해당된다.

1) 조리상태에 따른 명칭

① Saute : 프라이팬에 고기를 볶는 것
② Griller : 석쇠에 구운 것
③ Roast : 간접열(오븐)로 구운 것

2) 육류의 종류

① 소고기 : Pan-Fried Beef Fillet
② 양고기 : Grilled Lamp Chop
③ 닭고기 : Chicken Breast with Morel Mushrooms
④ 오리고기 : Roasted Duck Breast with Braised Endives
⑤ 돼지고기 : Pork with Cream and Prunes

3) 소고기의 부위에 따른 명칭

① 샤토브리앙(Chateaubriand) 또는 영어로 텐더로인(Tenderloin) : 소의 허리부분으로 요리한 안심 스테이크로 스테이크 요리 중 최고다.
② 토르네도(Tournedos) : 베이컨을 무늬로 한 스테이크
③ 서로인(Sirloin) : 등심고기
④ 필레미뇽(Fillet Mignons) : 안심고기 중 연한 부분
⑤ 티본(T-bone) : 안심과 등심 모두 즐길 수 있는 'T'자 모양의 갈비부위의 살로 양이 많은 편이다.

4) 스테이크를 구운 정도에 따라 주문

① 스테이크는 약간의 불 조정에 따라 구워진 고기상태가 달라지고 또 맛이 달라진다. 자신의 기호에 따라 고기 굽는 정도를 말해주어야 한다.

② 서양 스테이크의 진미는 고기즙에 있다고 해도 과언이 아니고 설익은 것일수록 즙이 많고 맛이 있다.

- 로(Raw) : 표면의 붉은 빛만 없앤 것(1~2분)
- 레어(Rare) : 덜 구운 것. 센 불로 굽는데 피가 보일 정도로 겉만 살짝 익힌 상태. 고기 표면은 갈색이나 속은 빨간 날고기가 보인다(2~3분).
- 미디엄 레어(Medium Rare) : 레어와 미디엄의 중간 정도로 익힌 것. 고기 가운데가 핑크색과 빨간 부분이 섞인 상태를 말한다(3~4분).
- 미디엄(Medium) : 중간 정도로 구운 것. 중심부 전체가 핑크색이며 나이프로 썰면 피가 묻어나올 정도로 구운 것으로 고기 맛을 알맞게 유지하고 있다(5~6분).
- 미디엄 웰던(Medium Welldone) : 한국인이 선호하는 상태(8~9분)
- 웰던(Welldone) : 고기 속까지 잘 구워진 갈색 상태(10~12분)

5) 스테이크 요리 식사법

① 스테이크는 미디엄 레어나 미디엄 상태가 연하고 맛이 있다.

② 스테이크는 미리 전부 잘라놓고 먹는 것이 아니라, 우선 처음에 가운데를 자르고 왼쪽의 고기부터 오른쪽으로 먹을 때마다 한입에 먹기 좋게 한 조각씩 잘라 먹는다. 가운데를 잘라 보아 자신이 주문한 것보다 덜 익었을 경우에는 더 구워오도록 요청한다.

③ 고기를 자를 때는 잘라 먹을 부분을 포크로 살짝 누르면서 나이프를 약간 세워 나이프 앞쪽 톱날을 이용해서 앞쪽으로 날을 당기듯이 썬다.

6) 고기요리의 소스(Sauce)

서양요리에 있어서 소스는 아주 중요한 역할을 한다. 소스는 요리의 맛을 좋게 하기 위한 것으로 요리의 재료나 조리법과 조화를 이루어야 하므로 서양에는 소스가 요리 종류만큼 많다. 묽은 소스는 요리 위에 얹어 나오기도 하나 묽지 않은 소스는 직접 위에 모두 묻히지 말고 조금씩 묻혀가며 먹는다.

7 샐러드(Salade)

샐러드는 고기요리에서 빠질 수 없는 요리로 고기 냄새를 중화시키므로 육류요리와 같이 먹게 되어 있다. 드레싱에는 식초가 들어 있으므로, 고기요리가 따뜻할 때는 고기를 다 먹고 난 후에 샐러드를 먹는 것이 좋고 찬 고기요리는 샐러드와 번갈아가며 먹는 것이 맛이 있다.

1) Salad Dressing의 종류

샐러드의 소스를 드레싱이라고 한다.
① 오일 앤 비니거(Oil and Vinegar) : 올리브유 또는 샐러드유에 식초와 후추를 섞은 것
② 사우전드 아일랜드(Thousand Island) : 토마토 수프에 피클, 셀러리, 파슬리 등을 잘게 썰고 우스타 소스와 머스터드를 조금 넣고 혼합한 것
③ 프렌치(French) : 올리브유 또는 샐러드유, 레몬즙 또는 식초, 강판에 간 양파를 혼합한 것. 오렌지색으로 신맛이 난다.
④ 이탈리안(Italian) : 올리브유 또는 샐러드유, 식초, 후추, 마늘을 혼합한 것. 황갈색으로 조금 맵다.
⑤ 블루치즈(Blue Cheese) : 블루치즈, 마요네즈, 레몬즙, 크림을 혼합한 것. 치즈를 좋아하는 미국 사람들이 가장 좋아하는 것으로 영양가가 높다.

2) 채소의 명칭

국 어	영 어	국 어	영 어
완두	Green Pea 그린피	당근	Carrot 캐럿
강낭콩	String Bean 스트링 빈	꽃양배추	Cauliflower 콜리플라워
시금치	Spinach 스피나치	뚱단지	Artichoke 아티초크
양배추	Cabbage 캐비지	모란	Broccoli 브로콜리
상추	Lettuce 레터스	미나리	Water Cress 워터크레스
마늘	Garlic 갈릭	양겨자	Horseradish 호스래디시
파슬리	Parsley 파슬리	오이	Cucumber 큐컴버
셀러리	Celery 셀러리	호박	Pumpkin 펌프킨
아스파라거스	Asparagus 아스파라거스	가지	Eggplant 에그플랜트
감자	Potato 포테이토	토마토	Tomato 토마토
둥근파	Onion 어니언	파프리카	Pimento 피멘토
사탕무	Beetroot 비트루트	송이버섯	Mushroom 머시룸
무	Turnip 터닙	옥수수	Corn 콘

3) 샐러드 먹는 법

샐러드는 웨이터가 왼쪽에 놓는다. 접시를 자기 앞쪽으로 당겨 놓고 먹지 말고 원위치에 놓고 먹는다. 한입에 먹기 힘든 것만 나이프를 쓰고 보통은 포크로 먹는다. 여러 사람 몫이 한 그릇에 담겨 나올 때는 오른손의 스푼으로 샐러드를 뜬 다음 왼손의 포크로 받쳐서 자기 접시에 옮겨 담는다.

4) 감자요리의 종류

① 매시드 포테이토(Mashed Potato) : 삶은 감자를 버터와 함께 으깬 것

② 베이크드 포테이토(Baked Potato) : 껍질을 벗기지 않고 은박지에 싸서 오븐에 구운 감자로 일종의 채소요리다. 왼쪽 손의 포크로 감자를 누르고 나이프로 감자 위 중심부분을 'X'로 갈라 버터를 넣어 녹은 감자를 먹는다.

③ 프라이드 포테이토(Fried Potato) : 잘게 썰어 기름에 튀긴 감자.

④ 홈 프라이드 포테이토(Home Fried Potato) : 1cm 크기로 자른 감자를 삶아 기름, 버터, 소금, 후추와 얇게 썰어 볶은 양파를 넣고 프라이팬에 볶으면서 감자를 으깨어 갈색이 날 때까지 익힌 것

8 치즈(Cheese)

프랑스에서는 디너 때 반드시 치즈를 먹는다. 그러나 일반적으로는 생략되는 코스다. 대표적인 것으로 카망베르(Camembert), 브리(Brie), 로크포르(Roquefort) 등이 있다. 치즈 껍질은 냄새가 강하나 취향에 따라 먹기도 하고 남겨도 된다.

9 디저트(Dessert)

요리 최종코스는 디저트이다. 구미에서는 디저트가 그날의 음식 맛을 총결산한다고 여기며 대단히 중요하게 생각한다. 디저트는 과자와 과일이 나오는데 과자류는 프랑어로 앙트르메(Entremets), 영어로는 스위트(Sweet)라고 한다.

① **과자류** : 디저트는 달콤하고 부드러운 것이어야 하며, 쿠키나 빵 등의

딱딱하고 마른 과자는 디저트로 사용하지 않는다. 푸딩, 스펀지케이크, 파이, 아이스크림 등이 있다.

② **과일류** : 대부분의 메뉴에는 과일이 기재되어 있지 않으므로 웨이터에게 따로 주문한다.

1) 과일 먹는 요령

(1) 수분이 많은 과일

① 멜론 : 왼손으로 껍질부분을 누르고 스푼으로 오른쪽부터 떠먹는다.

② 수박, 파파야 : 멜론과 같은 방식으로 먹고 씨는 포크 끝으로 살짝 빼내 접시에 놓는다.

③ 그레이프 프루츠 : 톱니 모양의 스푼으로 하나씩 파먹는다.

(2) 수분이 적은 과일

① 사과와 배 : 칼로 잘라 씨를 발라내고 손가락으로 집어 먹는다. 즙이 많으면 칼로 잘라서 포크로 먹는다.

② 바나나 : 나이프와 포크로 껍질을 모두 벗기고 조각조각 썰어서 포크로 먹는다.

(3) 손가락을 이용해서 먹는 과일

① 오렌지 : 껍질을 벗기고 여덟 토막을 내어 칼끝으로 씨를 뺀 후 손가락으로 집어 먹는다.

② 포도 : 한 알씩 따서 먹고 껍질과 씨는 손으로 받아 접시 가장자리에 둔다. 거봉은 포도 알맹이를 그릇에 놓고 한 손으로 잡고 나이프 끝으로 가운데를 찔러 씨를 뺀다.

◈ 핑거 볼(Finger bowl)

손으로 먹는 과일이나 가재요리 등이 나올 때는 보통 유리잔보다 조금
크고 둥근 유리잔에 물을 담아 나온다. 이것을 핑거 볼이라 하며 과일을
먹고 난 후 손가락을 씻는 용기로 가볍게 손가락을 적시는 정도로 담가
씻고 두 손을 함께 담그지 않는다. 씻은 후에는 냅킨으로 손을 가볍게 닦
는다.

10 커피(Coffee) 와 홍차(Tea)

식사 코스의 피날레는 커피가 된다. 디저트 후에 커피나 홍차가 나오면 담
소를 나누며 가볍게 조금씩 마신다.

1) 커피의 종류

① 카페로열(Cafe Royal) : 코냑과 오렌지향을 가미해서 마시는 커피
② 아이리시 커피(Irish Coffee) : 커피에 아이리시 위스키를 넣은 후 생크
　림을 얹은 커피
③ 디카페인 커피(Decaffeine Coffee) : 카페인을 제거한 커피
④ 에스프레소(Espresso) : 데미타스(Demi-tasse : 1/2컵)에 마시며 신
　맛이 적고 쓴맛이 강하다.
⑤ 레귤러 커피(Regular Coffee) : 아침에 마시는 연한 커피
⑥ 카페오레(Cafe au Lait) : 커피에 밀크를 넣은 것
⑦ 비엔나 커피(Vienna Coffee) : 커피에 생크림을 띄운 커피
⑧ 아메리칸 커피(American Coffee) : 레귤러 커피보다 엷은 맛을 내는
　커피로 미국인들이 즐겨 마신다.
⑨ 카푸치노(Cappuccino) : 우유 거품과 계피향을 넣은 커피

2) 커피를 마실 때

① 기호에 따라 설탕과 크림을 넣은 후 살짝 젓고, 저을 때 소리가 나지 않게 하고 차 스푼으로 맛을 보지 않는다.

② 젓고 난 스푼은 찻잔 뒤쪽에 놓고 손잡이를 바깥쪽으로 돌려 오른쪽으로 오게 하여 마신다.

③ 너무 뜨겁다고 해서 불면서 소리내어 마시지 않는다

④ 커피나 홍차 등을 마실 경우 두 손으로 컵을 잡지 않는다.

⑤ 스푼을 찻잔 속에 넣은 채 마시거나 흘리는 것이 두려워 너무 숙여서 마시지 않는다.

3) 홍차의 종류

① 레몬티(Lemon Tea) : 홍차에 레몬 슬라이스를 띄운 것으로 설탕을 넣어 젓고 나서 마시기 전에 레몬을 건져내고 마신다.

② 밀크티(Milk Tea) : 따뜻한 밀크를 넣어서 마신다.

4) 홍차를 마실 때

① 홍차는 조금 진하고 뜨거워야 제맛이 난다.

② 티백은 물이 흐르지 않게 스푼으로 짜낸 후 접시 뒤쪽에 가로로 놓는다.

제3절 양주

서양음식에는 각종 술을 곁들여 먹는다. 우리가 흔히 양주라고 일컫는 술은 식전에 마시는 술, 식탁에서 마시는 술, 식후에 마시는 술의 세 가지로 크게 나눌 수 있다. 일반적으로 식전에 식욕을 돋우기 위하여 응접실 등에서 마시는 술을 Aperitif 또는 Cocktails라고 하며, 식탁의 술은 Table wine, 그리고 식후에 마시는 술은 Brandy와 Liqueur로 한다.

> ◈ 양주잔 선정 시 유의사항
>
> 　양주잔은 식전주, 식탁주, 식후주에 따라 잔의 모양이 달라진다. 글라스의 모양이 너무 요란한 것보다는 단순하고 산뜻한 것이 술의 빛깔이 그대로 돋보여 좋다. 그리고 글라스의 윗부분이 두꺼운 것보다는 얇을수록 입술에 술이 닿는 감촉이 좋다.

1 식전주(식사 전에 마시는 술, Aperitif)

식전주는 식사 전에 식욕을 돋우려 마시는 술이다. 위액의 분비를 활발하게 하는 자극적인 것이 좋다. 보통 남성은 마티니, 여성은 맨해튼이나 가벼운 칵테일을 주문한다. 와인 종류는 본 식사를 할 때 마시고 코냑 등은 식사 후 입가심용으로 마시는 술이다.

1) 식전주의 종류

① 마가리타 : 데킬라를 칵테일한 술
② 셰리(Sherry) : 스페인산 백포도주로 카나페나 수프에 잘 어울린다. 여성용 크림 셰리와 남성용 드라이 셰리가 있다.
③ 베르무트(Vermouth) : 와인에 여러 가지 약초와 향료를 넣은 술로 담백한 프렌치 베르무트와 달콤한 맛의 이탈리안 베르무트가 있다.

2) 칵테일(Cocktails)

① 롱 드링크스(Long drinks)

얼음을 담은 텀블러(Tumbler)잔에 양주와 탄산수를 넣고 양을 많게 하여 마시는 것을 말한다. 술을 묽게 타는 경우 보통 기본주의 분량을 싱글과 더블로 나눈다. 원 핑거(One finger), 투 핑거(Two finger)라고도 하는데 이는 손가락을 글라스 측면에 대었을 때 기본 주를 손가락 마디의 어느 부분까지 오게 하느냐를 말한다.

종류로는 하이볼(Fighball), 진피스(Gin Fizz), 톰콜린스(Tom Collins), 블러드 메리(Bloody Mary), 위스키 사워(Whisky Sour) 등이 있다.

② 쇼트 드링크스(Short drinks)

스트레이트나 칵테일과 같이 양주를 묽게 타지 않고 마시는 것으로 알코올 도수가 높은 것이 많으므로 한 잔 이상 마실 때는 간격을 두고 마신다. 종류로는 올드 패션드(Old Fashioned), 스크루 드라이버(Screw Driver), 핑크 레이디(Pink Lady) 등이 있다.

3) 식전주 마시는 요령

① 그날의 주빈이 '건배'를 청할 때까지 마시지 말고 기다려야 한다.

보드카와 캐비아(caviar)

- 무색, 무미, 무취
- Straight
- 러시아/ 아메리카/ 네덜
  란드

② 식전주는 보통 한두 잔이면 적당하다.

③ 계속 마실 때는 처음 주문한 것과 같은 종류를 주문해서 마신다.

④ 식전의 위스키는 물이나 소다수로 희석하여 약하게 마신다.

⑤ 술을 못 하는 사람도 진저엘이나 세븐업, 콜라 등을 마신다.

⑥ 식전주에 나오는 올리브, 레몬, 버찌 등은 먹어도 좋다.

4) 양주의 종류

① 스카치 위스키(Scotch whisky) : 양주 하면 위스키, 위스키 하면 스카치 위스키가 떠오른다. 스카치 위스키는 증류주류에 속한 것으로 원산지가 영국의 스코틀랜드이기 때문에 붙여진 이름이다. 알코올 도수는 43도

Whisky의 산지와 원료

	원료	제조법	Peat	도수
Scotch whisky	보리	Malt		40%
Irish Whiskey	보리	Grain	x	40%
American Whiskey	옥수수	Bourbon		80proof
Canadian Whisky	호밀	Rye	x	40%
Blended Whisky	Malt + Grain			40%

② 아이리시 위스키(Irish whisky) : 영국 아일랜드의 특산 위스키로 스카치와 맛이 약간 다르다.

③ 캐나디안 위스키(Canadian whisky) : 제품으로는 Canadian club(C. C)과 씨그람 V.O.(Seagrams V.O.)가 유명하다. 알코올도수는 43도

④ 버본 위스키(Bourbon whisky) : 미국 켄터키주 버본에서 생산되며 전체 곡류 원료 중에서 51%를 옥수수가 차지한다.

⑤ 브랜디(Brandy) : 브랜디는 포도주를 증류하여 만든 술로 양주 중에 왕자다. 프랑스 샤랑트 지방의 대평원의 중심에 있는 코냑시에서 생산된 브랜디를 "코냑"이라 부른다. 코냑에 버금가는 브랜디로 프랑스 피레네 산맥에서 가까운 아르마냑 지방에서 나온 아르마냑(Armagnac)이라는 것이 있다.

◈ 브랜디 상표에 표시된 약어의 의미

약자	의미
C.	Cognac 코냑
E.	Especial 특별한
F.	Fine 양호한
O.	Old 오래된
P.	Pale 엷은
S.	Superior 우수한
V.	Very 대단한
X.	Extra 각별한

브랜디 제조회사는 헤네시, 마텔, 쿠르부아지에 회사가 유명하다. 세계적으로 유명한 나폴레옹 코냑은 쿠르부아지에 회사의 제품이다.

2 식탁주(식사 중에 마시는 술), 포도주(Wine)

포도의 수확시기에 따라 와인을 1년에 한 번 만든다. 기후조건이나 토양상태에 따라 포도의 질에도 차이가 있어 같은 밭에서 수확한 포도라도 매년 품질이 다르다. 따라서 같은 브랜드의 와인이라도 양조시기(vintage)에 따라 전혀 다른 와인으로 취급되므로 다른 술에 비해 종류가 많아지는 것이 특징이다.

위스키나 브랜디는 통 속에서는 계속 숙성하지만 일단 병에 담으면 숙성을 멈추나 와인은 병에 담아도 계속 숙성하는 특징이 있다. 숙성기간이 길수록 그 수가 적어지므로 당연히 귀하고 비싸다.

◈ 와인의 상표

와인의 품질 규격은 법률(원산지통제호칭법)로 정해져 있다. 포도의 품종, 재배법, 알코올 최저도수, 생산량, 양조법, 원산지 호칭 등을 법률로 규정한 것으로 지정지역 우량와인이라 한다. 지정된 지역에서 생산된 우량와인은 값도 비싸고 수량도 적다.

와인 원산지 호칭은 지방(보르도 지방 등), 지구(보르도 지방의 메도크 지구 등), 마을(메도크 지구의 마르고 마을)의 3단계로 구분된다. 지역을 좁히면서 품질 규제를 엄격하게 하고 있다.

◆ 지정지역 와인과 테이블 와인의 비교

구분	지정지역 와인(Vin de pays)	테이블 와인(Vin de table)
산출비용 (100%)	20%	80%
생산형태	한정된 지역 안에서 포도의 품종, 알코올도수 등의 제한을 조건으로 생산된 와인	원산지가 다른 와인을 섞어 만든 와인
장점	AOC 와인과 같은 개성있는 맛을 느낄 수 있다.	여러 사람의 입맛에 맞는다.
단점	아주 적은 양이 생산된다.	AOC 와인처럼 개성이 강한 맛이 없다.

※ AOC : Appellation d'Origine Controlee(원산지지정제한)

1) 와인 선정 지식

와인에 대해 잘 모를 경우는 House wine을 주문하는 것이 가장 좋다. 하우스 와인은 레스토랑에서 음식과 가장 잘 어울리는 와인으로 추천하는 것이다.

생선에는 산뜻한 백포도주, 육류에는 텁텁한 적포도주만이 최선의 선택은 아니다. 백포도주에도 무겁고 텁텁한 종류가 있고, 적포도주에도 가볍고 산뜻한 종류가 많으므로 색상으로만 구분하지 말고 음식과 와인의 종류로 선택하도록 한다. 와인에 대한 지식이 있다면 와인 리스트를 보고 소믈리에(Sommelier) 또는 웨이터와 상담하여 음식에 맞는 와인을 선정한다.

- 적포도주 : 육류요리와 같이 마시는 붉은색 와인으로 실온에서 저장한 것을 그대로 서비스한다. 적포도주를 따를 때는 병 밑에 찌꺼기가 있으므로 끝까지 따르지 않는다.
- 백포도주 : 생선요리 식사 시 마시는 와인으로 항상 차게 해서 제공된다.

2) 와인 선정 시 주의사항

와인의 가격은 천차만별이므로 예산을 분명하게 세운다. 스위트(달콤한)한 맛 또는 드라이(씁쓸한)한 맛, 가볍고 산뜻한 맛, 또는 묵직하고 깊은 맛 등의 기호를 어느 정도 지정해 주는 것이 좋다.

3) 와인 주문요령

서양사람들은 식사 중 와인을 즐겨 마시는데 식사종류에 따라 적포도주(Red wine)로 할 것인지 백포도주(White wine)로 할 것인지를 결정한다. 그날의 주요리가 생선인지 육류인지에 따라 어느 한쪽만 택하면 된다. 따라서 주요리를 선정할 때 가급적 같은 계통의 메뉴를 선택해서 쉽게 와인을 선정하게 하는 것도 예의이다. 보통 초청자가 와인을 주문해야 하지만 포도주에 대한 상식이 풍부한 사람이 있으면 조언을 구해서 신청한다.

4) 와인 테이스팅(맛보기) 순서

① 웨이터가 주문한 와인을 가져와 라벨을 보여준다.
② 주문한 사람이 O.K. 사인을 보이면 병을 따서 주문한 사람의 잔에 술을 따라준다.
③ 잔의 긴 스템(stem) 부분을 들고 와인의 투명도를 살펴본다.
④ 잔을 테이블 위에 놓고 잔의 스템 부분을 잡은 채 원을 그리듯 돌린다.
⑤ 조용히 잔을 들어 향기를 맡는다.
⑥ 입에 조금 넣고 맛을 음미한 후 소믈리에 또는 웨이터에게 사인을 준다.
※ 테이스팅한 결과 자신의 입맛에 맞지 않더라도 O.K. 사인을 주는 것이 예의이다.

5) 와인 마실 때 매너

① 와인 첫잔의 맛을 보는 것은 남성이 한다.

웨이터가 와인을 가져와 주문한 와인이 맞는지 상표 쪽을 주빈에게 보여주고 나서 일단 한 잔을 따라 주빈(남성)이 맛을 보게 한다. 주빈이 맛과 향이 좋다는 표시로 고개를 끄덕이면서 O.K. 표시를 하면 그때부터 테이블 전체의 와인 글라스에 따른다.

② 와인 잔은 스템 부분을 잡는다. 와인이 담긴 부분을 잡으면 와인 온도가 변하기 때문이다.

③ 와인을 따라줄 때 잔은 테이블 위에 둔 채로 받는다. 상사나 나이 많은 분이 따라준다고 해서 잔을 들고 받지는 않는다. 살짝 한쪽을 기울이는 제스처만 한다.

④ 식사를 하면서 와인을 마실 때마다 마시기 전에는 반드시 냅킨으로 입가를 살짝 닦는다. 와인 잔에 기름기가 묻으면 보기가 좋지 않고 또한 묻은 음식의 기름기가 와인의 맛을 떨어뜨릴 염려가 있기 때문이다.

6) 와인 상식

① 보르도는 여성적, 버건디는 남성적인 풍미가 있다.
② 와인 병은 보통 750ml이며 와인 잔으로 8잔 정도 나온다.
③ 와인을 조금 마시고 싶을 때는 하프사이즈 병으로 주문한다.
④ 와인은 종류에 따라 사용하는 글라스가 다르다.

3 식후주(식사 후에 마시는 술)

식전에 마시는 술이 식욕촉진주(Aperitif)라고 하면 식후주는 소화촉진주(Digestif)라고 할 수 있다. 커피나 홍차를 마시고 나면 식후주를 주문받는다. 자리를 옮겨 바(Bar)나 라운지에서 식후주를 마시는 것이 보통이다.

식후주는 크게 브랜디(Brandy)와 리큐르(Liqueur)로 나뉘는데 브랜디는 남성이, 리큐르는 여성이 즐겨 마신다.

1) 브랜디(Brandy)

브랜디란 네덜란드어로 '불에 태운 와인'이란 뜻으로 와인을 증류한 것이다. 입에서는 순한 데 비하여 알코올성분이 40도나 되는 강한 술이다.

(1) 브랜디의 종류

① 코냑(Cognac) : 프랑스 코냑 지방에서 생산되는 브랜디를 말한다.
② 코냑으로 유명한 회사 : 레미 마르탱(Remy Martin), 헤네시(Hennessy),
　쿠르부아지에(Courvoisier), 카뮈(Camus), 마르텔(Martell) 등
※ 이 중에서도 쿠르부아지에, 레미 마르탱의 나폴레옹표가 최상급품이다.

(2) 코냑의 등급

코냑은 숙성기간에 따라 등급을 정하고 그 등급을 상표에 표기해 놓았다.
따라서 코냑을 주문할 때는 예를 들어 Hennessy X.O.라고 등급까지 주문을 해야 하는데 등급에 따라서 가격의 차이가 크다는 것을 알아야 한다.

(3) 숙성기간에 따른 등급

등급	숙성기간
☆	3~4년
☆☆	5~6년
☆☆☆	7~10년
V.O. (Very Old)	12~15년
V.S.O. (Very Superior Old)	15~20년
V.S.O.P. (Very Superior Old Pale)	25~30년
V.V.S.O.P. (Very Very Superior Old Pale)	40년
X.O. (Extra Old)	70년 이상

(4) 코냑 마시는 법

잔을 흔들어 둘째와 셋째 손가락으로 잡고 코냑이 안에서 돌게 한 다음 손바닥을 잔에 대어 손의 온기로 코냑을 데우면서 천천히 아주 조금씩 색과 향과 맛을 눈과 코와 혀로 음미하면서 마신다. 코냑을 데우는 것은 향을 짙게 느낄 수 있도록 하기 위한 것이다. 코냑 잔은 두 손으로 감싸듯이 잡아도 좋다.

2) 리큐르(또는 리쾨르, Liqueur)

리큐르는 증류주에 과즙, 약초, 꽃, 천연향료 등을 가미하여 만든 술로 당도가 있고 빛깔이 아름다운 술로 여성들이 주로 마시는 혼성주이다.
  • 리큐르의 종류 : 베네딕틴(Benedictine D.O.M.), 쿠앵트로(Cointreau), 드람브이(Drambuie), 크렘 드 망트(Creme de menthe)

4 양주잔(Glass ware)

서양에서는 식전에 마시는 술, 식사 중에 마시는 술, 식사 후에 마시는 술의 종류와 용도에 따라 사용하는 잔의 모양이 다르다. 양주에 대한 상식과 더불어 어떤 술잔에 담아 마시는가에 대한 조예가 있어야 한다.

1) 양주잔의 종류

(1) Champagne Glass

주로 샴페인을 축하주로 건배할 때 사용하며, 보통의 샴페인 글라스는 Saucer 형태로 되어 있으나 최근에는 샴페인의 거품이 흘러내리지 않도록 튤립 모양으로 위가 오므라진 잔도 쓰고 있다.

(2) Blandy Glass

코냑을 마실 때 사용하여 코냑 글라스라고도 하며, 튤립형의 유니크한 글라스로 브랜디의 유일한 향기가 밖으로 쉽게 새어 나가지 않도록 하기 위해서 고안되었다. 술은 가득 채우지 않고 1~2 온스가량 부어 조금씩 마신다.

| 레드와인-보르도 | 레드와인-부르고뉴 | 상파뉴 | 화이트와인 | 세리, 포트 |
| Red wine-Bordeaux | Red wine-Bourgogne | Champagne | White wine | Sherry, Port |

〈와인 잔(Wine Glass)의 종류〉

(3) Wine Glass

와인의 산지에 따라 각 와인의 성질에 맞는 Glass를 사용하며, 브랜디 글라스보다 스템과 잔 모양이 길다.

(4) Cocktail Glass

주로 칵테일에 많이 사용하며, 대개 삼각형(V-Shaped)으로 술이 들어가는 면이 넓고 밑은 매우 좁은데다 스템이 붙어 있어 매우 우아한 모양

(5) Sherry Glass

Sherry 포도주를 마시는 데 사용하며, 잔의 윗부분이 넓고 밑은 좁아지면서 깊게 생겼으며 Liqueur Glass와 비슷하다.

(6) High Ball Glass

술에 얼음을 넣어서 마실 때 사용하며, 텀블러 글라스로 둥글고 높다고 해

서 붙여진 이름이다. 용기의 용량에 따라서 음료의 종류도 달라진다.

(7) Old Fashioned Glass

위스키 베이스가 되는 주류와 얼음만 넣어 마시는 온더록(on the rocks)에 사용하며 스템부분이 없는 글라스이다.

(8) Liqueur Glass

일명 Cordial Glass라고도 하며, 식후주 Liqueur를 마실 때나 여성용 혼성주를 마실 때 사용하며 국내에서는 위스키를 스트레이트로 마시는 데 사용하기도 한다. 스템이 짧고 아주 작은 튤립형으로 되어 있다. 용량이 1온스라 하여 각종 술의 용량을 재는 데에도 사용된다.

(9) Tumbler Glass

High Ball Glass라고도 하며 알코올성분이 없는 Soft Drink를 마실 때 광범위하게 사용하는 가장 평범한 물컵 모양의 잔을 말한다.

2) 양주관련 용어

(1) 에이지(Age, 年代)

위스키나 브랜디 등의 증류가 끝난 뒤 햇수가 5년, 10년 등으로 저장된 연도를 에이지라고 한다. 포도주에 쓰일 때는 빈티지(vintage)라고 한다.

(2) 프루프(Proof)

영미식 알코올 함유량의 표시단위이다. 영국과 미국은 약간 차이가 있으나 일반적으로 미국식을 사용하고 있다. 이것은 퍼센티지의 배가 숫자가 되기 때문에 100프루프라고 하면 50%를 의미한다. 예를 들면 스카치가 거의

86.8프루프이므로 이를 환산하면 43.4도가 된다.

(3) 푸어러(Pourer)

양주병에서 술을 글라스에 따를 때 자칫 술이 병 옆으로 흐르게 된다. 이를 방지하기 위해 병마개 대신 푸어러를 이용해 술을 잔에 따르면 편리하다.

(4) 스토퍼(Stopper)

양주병의 마개를 일단 딴 후에 각국의 민속모형을 한 병마개를 갈아 끼워 보관하면 모양도 좋고 공기가 들어가지 않아 좋다.

제4절 식탁에서의 올바른 자세

식사를 할 때는 마음의 여유를 갖도록 한다. 식사는 즐겁게 해야 식탁 분위기도 밝아지고 소화도 잘된다. 긴장된 얼굴이나 굳은 표정으로 식사를 하면 타인을 불안하게 한다. 식탁에서는 몸을 너무 자주 움직이거나 아주 경직된 듯한 태도는 실수를 하게 되어 좋지 않다. 식탁에 모인 모든 사람이 아주 편안하게 앉아서 즐겁게 대화하며 식사를 아주 맛있게 하여 서로 자연스럽게 즐길 수 있도록 하는 것이 바로 테이블 매너의 기본이다.

1 일반적인 자세 매너

음식을 먹을 때도 음식이 있는 접시로 몸을 숙이는 것이 아니라 음식을 입으로 가져와 품위 있게 먹는다.

1) 앉는 자세

의자에 앉을 때는 너무 의자 앞쪽에 걸터앉으면 나이프나 포크를 사용하는 데 부자연스럽고 양팔을 식탁에 의지하게 된다. 따라서 의자 등받이에 등을 대고 깊숙이 단정하게 앉는다. 식탁과의 간격은 주먹 두 개 정도 여유를 두는 것이 바람직하고 식사 시 식탁에서 자기의 영역은 보통 어깨넓이(50cm)에서 양쪽으로 5cm씩 여유를 둔 60cm 정도라고 생각하면 된다. 식사를 시작하기 전에 편안한 자세로 앉고 식사 시작 후에는 의자의 위치를 변경하지 않는다.

2) 다리의 자세

양다리를 되도록 붙이고 두 발을 자연스럽게 모은다. 다리를 포개서는 안 된다. 이와 같은 태도가 여성들이 무릎 위에 백이나 소지품을 놓기도 쉽고 냅킨을 펼쳐놓았을 때 자연스럽다. 두 발을 앞으로 쭉 뻗어서 앞사람의 다리와 닿게 앉거나 너무 옆으로 벌리고 앉는 모습은 보기 흉하다.

3) 팔이나 손의 자세

식사가 끝날 때까지 두 팔을 몸에 편안하게 붙이고 양손은 되도록 큰 접시를 사이에 두고 가볍게 테이블 끝에 손바닥을 아래로 해서 놓도록 한다.

식탁 위에 팔꿈치를 올려놓지 않고 또한 식사 중에도 팔꿈치를 지나치게 옆으로 뻗지 않도록 주의한다. 또한 식사 중간중간에 식사를 잠시 멈추고 대화를 나눌 때 간혹 팔장을 끼는 사람이 있는데 이는 예의에 어긋난다. 식탁에서는 머리카락을 만지거나 손으로 입을 닦는 행동은 하지 않는다.

4) 식사 대화

서양에서는 식사하는 곳을 대화의 장으로 생각하고 주위 사람들과 조용히 즐겁게 대화를 하면서 천천히 먹는다. 식사하면서 말 없이 먹기만 하는 사람은 식탐이 많은 사람으로 보이고 다른 사람까지 불안하게 한다. 화제는 주로 날씨, 여행, 스포츠, 최근 시사나 뉴스, 문화, 음악 등 가벼운 이야기가 적당하고 의견 대립이 될 수 있는 정치, 종교문제, 개인의 신상문제 등은 삼가는 것이 좋다. 되도록 음식의 맛과 식탁의 와인 선정에 대한 칭찬 등을 얘기하면서 분위기를 화기애애하게 이끌도록 한다.

5) 식사 시 주의사항

① 입안에 음식을 가득 넣은 채 상대방과 이야기하지 않는다.
② 대화를 위해서는 음식을 조금씩 입에 넣어 먹는 것이 요령이다.
③ 식사 중에 말을 건네거나 상대방으로부터 질문을 받으면 천천히 손에 들고 있는 스푼, 포크, 나이프 등은 잠시 내려놓은 뒤에 이야기한다.
④ 상대방이 음식을 먹고 있을 때는 말을 걸지 않으며 자신에게 말을 시켰는데 입안에 음식이 있으면 입안의 음식을 삼킨 후 "Excuse me"라고 양해를 구하면서 얘기를 한다.
⑤ 소리 내어 음식을 먹지 말고, 멀리 있는 소금, 후추, 설탕, 버터 등은 손을 뻗어서 집어 오지 않고 가까이 있는 사람에게 전해달라고 부탁한다.
⑥ 식사 도중이나 끝난 후에 트림을 하지 말아야 한다. 만약 트림을 하게 되면 실례했다는 표시를 한다.
⑦ 그리고 기침이 계속되거나 코를 풀 때에는 양해를 구하고 자리를 뜬다.
⑧ 실수를 했을 때는 직접 처리하지 말고 웨이터에게 도움을 구한다.
⑨ 식사 속도는 다른 사람과 보조를 맞추고 음식을 남기지 않는다.

6) 냅킨 사용법

손님들이 모두 자리에 앉은 뒤 주최측의 주빈이 냅킨을 펴기 시작하면 이야기를 나누면서 천천히 따라서 펴는 것이 원칙이다. 손님이 먼저 펴는 것은 분위기 파악을 못한 너무 앞선 행동으로 실례가 된다. 식사 전에 기도, 인사말, 건배 등을 할 때는 나중에 편다.

냅킨을 펼 때는 무릎 쪽으로 내리면서 살살 편다. 테이블 위에서 털면서 펴면 실례가 된다. 냅킨은 반으로 접은 상태에서 접힌 쪽이 자기 앞으로 오게 하고 쓸 때는 열린 쪽을 살짝 들어 사용하고 다시 내려놓는다. 냅킨은 입술에 묻은 기름기를 제거하는 데 사용하는 정도로 살짝 눌러서 사용한다. 입술을 강하게 문지르거나 얼굴의 땀을 닦는 모양은 보기에 좋지 않다. 입술의 루즈나 코를 닦을 때는 손수건이나 휴지를 사용하고 냅킨을 사용하지 않는다.

식사 중에는 냅킨을 식탁 위에 올려놓으면 안 된다. 중도에서 식사를 끝낸다는 오해를 받게 된다. 식사 중 부득이 잠깐 자리를 떠야 할 때만 "실례합니다.(Excuse me)"라고 말하면서 냅킨을 살짝 접어 의자나 식탁에 놓고 일어난다. 식사가 끝나 모두 일어설 때까지 냅킨은 그냥 무릎 위에 둔다. 식사가 모두 끝나 일어나기 전에 냅킨은 곱게 접어 식탁의 왼쪽이나 오른쪽 앞에 둔다.

식사 중   식사 후

⟨냅킨 사용법⟩

7) 나이프와 포크 사용법

① 식당에 세팅된 나이프(오른쪽)와 포크(왼쪽)는 양쪽 바깥쪽의 나이프와 포크부터 순차적으로 사용한다.

② 포크는 왼쪽 손에서 오른쪽 손으로 옮겨 사용해도 무방하다.

③ 바닥에 떨어뜨린 나이프나 포크는 줍지 않는다. 종업원을 불러 새것을

가져다줄 것을 요청한다.

④ 식사 중 나이프나 포크는 '八'자 모양으로 엎어 접시에 걸쳐 놓는다.

⑤ 식사가 끝나면 나이프와 포크를 가지런히 바로 하여 접시 중앙에서 오른쪽에 오게 한다.

〈나이프, 포크, 스푼 쥐는 법〉

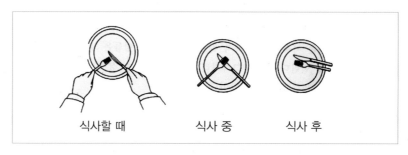

| 식사할 때 | 식사 중 | 식사 후 |

〈식사 시의 매너〉

(1) 포크나 나이프 사용 시 주의사항

① 채소는 반드시 포크로 먹는다. 채소가 너무 커서 한입에 먹기 어려울 때는 나이프로 잘라 포크로 찍어 먹는다.

② 포크에 음식을 올려놓은 채 이야기에 열중하지 않는다.

③ 나이프를 이용해 음식을 스푼 모양으로 만든 뒤 포크 등에 얹는다.

④ 식탁 위에 음식을 떨어뜨린 경우 집어 먹어서는 안 되며 포크로 접시 한구석에 놓는다.

⑤ 나이프의 날에 혀를 대지 않고 나이프로 음식을 찍어 먹어도 안 된다.

⑥ 포크나 나이프로 접시 바닥을 소리가 나게 긁지 않는다.

제12장 글로벌 매너

제1절 항공권과 호텔 예약(reservation) 매너

구미 등 선진국을 여행할 때 어려운 점 중 하나가 예약에 관한 사항이다. 국제무대를 자주 접하게 되는 글로벌 세계인으로서 항공권과 호텔 및 레스토랑 예약에 관한 사항을 올바로 익혀서 예약문화를 철저히 실천하도록 하자.

1 항공권 예약

1) 항공편 선택

(1) 국적기가 취항하는 국가일 경우

우리 항공편을 이용하면 자유로운 언어소통으로 기내에서 충분한 정보를 취득할 수 있고 항공여행 중에 맛볼 수 있는 특식인 기내식을 우리 입맛에 맞는 식사로 제공받음으로써 컨디션 조절이 가능한 장점이 있다. 그러나 자국

기의 경우 타국기보다 할인율이 적은 단점이 있다.

(2) 국적기가 취항하지 않는 국가일 경우

우리 항공편이 없을 경우에는 외국항공사 중 운항 편수가 많은 항공사로 항공사의 서비스 질과 신뢰도 등을 따져보고 고르고 모든 조건이 비슷할 경우 목적지 국가의 항공편 중 연결편이 용이한 항공사를 이용하는 것이 좋다. 비행거리에 따라 항공사마다 마일리지 누적 프로그램(상용고객 우대서비스)이 있으니 본인한테 특혜가 많은 항공사를 선정하는 것도 하나의 방법이다.

① 갈아타는(환승) 항공사 선정 시 유의사항

중간 경유지가 많거나 환승할 시간적 여유가 부족한 항공편은 삼가고 최소한 1시간 30분에서 2시간 이상 시간적 여유가 있는 연결편이 있는 항공사를 선정한다.

그리고 우리나라 서울의 김포공항과 인천공항, 도쿄의 하네다 공항과 나리타 공항이 복수공항체제로 운영되고 있듯이 세계 유수의 공항은 한 도시에 여러 개의 공항이 운영되고 있기 때문에 항공사 선정 시 매우 유의해야 한다. 또한 동일한 공항 내에서도 동일 청사에서 탑승하는지 청사를 이동해서 갈아타야 하는지에 따라 소요시간이 다르기 때문에 환승시간을 반영해서 항공편을 선정해야 한다.

② 세계 주요 도시 환승 최소 소요시간

도시명	최소 소요시간(분)	도시명	최소 소요시간(분)
로스앤젤레스	45~60	샌프란시스코	60~100
뉴욕	70~120	시드니	60~75
도쿄	60~90	파리(드골)	100~130

◈ 통과(transit)와 환승(transfer)의 차이점	
통과(transit)	중간기착지에 머물지만 동일 항공기로 목적지까지 계속 여행하는 것
환승(transfer)	중간기착지에서 항공기를 갈아타는 것

2) 항공권 예약

여행 일정이 확정되는 대로 여행사나 항공사를 통해 바로 예약한다. 예약할 때에는 목적지, 항공기의 등급, 출발일자 및 시간과 함께 본인의 성명과 전화번호도 알려줘야 한다. 예약 시 예약상 영문 이름과 여권상 이름이 다를 경우 나중에 항공권 발권 시나 외국공항 이용 시 혼선을 빚을 우려가 있으니 반드시 일치시켜야 한다. 그리고 예약한 후 변경이 필요할 때에는 지체하지 말고 즉시 변경 요청을 한다.

예약을 하면 예약번호(PNR : Passenger's Name Record)를 적어두었다가 예약 재확인 시 이 예약번호로 확인하면 편리하다. 또한 이 번호는 성수기에 항공사가 예약된 손님이 공항에 늦게 나타날 때 초과예약 받아놓은 다른 승객에게 좌석을 넘겨줄 경우 항의(claim)의 자료가 된다. 이런 경우 항공사에서 대체항공편을 마련해 주든가 보상금(DBC : Denied Boarding Charge)을 지급해 주는 제도가 있다.

3) 항공권 구입

항공권 클래스는 1등석(first class), 2등석(business class), 일반석(economy class)이 있으며 항공사마다 명칭을 달리하고 있고 서비스를 다양하게 차별화해서 운영하고 있다. 예를 들면 Executive class, Prestige class 등으로 다양하다.

항공요금은 성수기, 비수기와 개인, 단체에 따라 큰 차이가 있고 여행 연결편에 따라 요금 체계가 복잡하므로 여행 일정을 세울 때는 이 점에 유의해서 경제적인 방법을 택하도록 한다.

항공권의 유효기간은 1년이고 이 기간 중에는 취소나 환불이 가능하다.

보통 출발지부터 도착지까지 동일 항공사 또는 공동운항 항공사의 티켓을 사용하는 것보다 중간에 타 항공사를 이용할 경우 항공요금 체계가 달라 할인혜택이 많지 않다.

◈ 항공권 싸게 구입하는 요령

항공사나 일반 여행사에서 구입하는 것보다 항공권 발권 전문업체를 이용하면 단체할인 티켓을 싸게 구입할 수 있다. 그리고 인터넷을 활용한 On-line 여행사에서 구입하는 것도 싸게 구입하는 요령이다. 하지만 항공권이 싼 티켓일수록 최소 체재기간이나 최대 체재기간 등 제한조건이 많다는 것도 알아야 한다.

4) 항공권 취소 또는 변경 통보

취소 사유가 발생할 경우 다른 급한 승객이 이용할 수 있도록 하기 위해서 또는 취소 통보가 없으면 취소 요금를 청구하는 항공사도 있기 때문에 반드시 예약 취소를 통보해야 한다. 그리고 노선이나 시간을 변경할 때에는 항공사나 여행사에 필요한 수속을 밟아 신속하게 처리한다.

☑ 호텔 예약

1) 호텔 선정

경제적 여유가 많으면 상관없지만 한정된 경비로 여행을 하는 경우에 가능한 가장 좋은 방법은 현지에서 좋은 호텔을 선정하고 호텔 내에서 가장 싼 룸을 선택하는 것이다.

호텔 룸은 높은 층에 있는 것이 비싸고 낮은 층이 저렴하며, 또한 전망이 좋은 룸과 그 반대쪽에 있는가에 따라 값의 차이가 크다. 이처럼 룸의 위치나 전망(seaview, bayview, riverside 등)에 따라 값의 차이가 많으므로 경제를 고려해 적당한 호텔과 룸을 결정한다. 호텔 전산망을 이용해 예약하면 수수료를 내지 않고 호텔을 이용할 수 있다.

2) 호텔 예약

호텔 예약은 여유 있게 충분한 일정을 두고 출국 전에 예약을 하고 가는 것이 상식이다. 예약 시 필요한 사항은 숙박 일수, 룸의 종류, 항공편 및 도착시간, 지불 방법 등과 본인의 연락처도 함께 알려준다. 예약 시 주의할 사항은 다음과 같다.

유럽 지역의 경우, 관광시즌이나 박람회, 전시회 기간 중에는 몇 달 전에 예약이 끝나므로 주의한다. 늦게 예약할 경우 룸 예약도 어려울 뿐만 아니라 룸 요금도 상상을 초월할 정도로 비싼 요금을 지불해야 한다.

3) 호텔 예약 취소 및 변경

출장이나 여행 등의 일정이 취소되었을 때 반드시 예약 취소 통보를 해주어야 한다. 일부 호텔은 24시간 전에 취소 통보를 하지 않았을 경우 클레임을 걸어온다. 취소 요금을 받는 호텔이 증가하고 있으므로 신중히 처리한다.

또한 현지 도착시간이 예정보다 많이 늦어질 경우, 호텔에 먼저 알려야 한다. 사전 통보 없이 늦게 도착한 경우, 호텔 측에서 일방적으로 예약을 취소해 버릴 수 있기 때문이다.

제2절 공항 수속

1 출국 절차(CIQ 순서)

1) 공항 도착

대부분의 외국공항에는 공항청사가 두 개 이상 심지어는 네다섯 개 이상 있으므로 출발하는 청사를 확인하고 항공사에 따라 수속시간에 차이가 있으므로 미리 확인하고 여유 있게 공항에 도착한다.

> ◆ 도심공항 터미널 이용의 편리성
>
> 공항에서 탑승수속을 하기가 힘들 경우에는 도심에 있는 터미널을 이용해서 출국수속을 할 수 있다. 보통 이동하기 힘들 정도로 짐이 많거나 공항에서의 혼잡성을 피하고자 하는 승객은 강남의 삼성동이나 서울역에 있는 도심공항터미널에서 탑승수속을 하면, 공항세도 감면받고 또한 직행 지하철이나 공항리무진을 이용하여 공항에 도착하여 전용 통로로 쉽게 출국할 수 있어서 편리하다.

2) 탑승 수속(check-in)

공항에 도착하여 출국 수속 층의 항공사 카운터에서 항공권과 여권, 위탁 수하물을 제시하고 탑승 수속을 하면 탑승권(boarding pass)과 수하물표 (claim tag)를 받는다. 수화물의 중량 제한은 출발지역에 따라 다르므로 사전에 파악하여 반드시 지키도록 하고 만일 중량이 초과했을 때는 초과분에 대해 따로 요금을 지불한다.

탑승 수속 시 좌석 배정을 함께하므로 창측 좌석(window seat)이나 복도 측 좌석(aisle seat) 중 희망하는 좌석을 요구한다. 계속 잠을 자고 싶을 때 는 창측, 책을 보거나 복도를 운동 삼아 자주 움직이려면 복도 측 좌석이 보 다 자유롭다. 항공사에 따라 일반석도 사전에 좌석배정을 해주는 곳도 있으 니 예약 시 문의를 하여 사전에 좌석을 배정받도록 한다.

◈ 사전 좌석배정제도

사전 좌석배정제도(Advance Seating Product : ASP)는 모든 국내선 및 국제선 항공편의 모든 class 고객에 대해 예약 시 좌석도 함께 배정받 을 수 있는 제도이다. 해당 class별 좌석배치도를 컴퓨터에 입력시켜 예 약 시에 직원이 고객에게 날개 · 출입문 · 화장실 등의 위치를 설명하여 고객이 원하는 좌석을 확보할 수 있도록 하고 있다.

단, 비상구를 비롯한 일부 좌석은 사전 좌석배정이 제한된다. 이용방 법은 홈페이지에 항공권 구매를 완료하고 사전 좌석배정화면을 통해 원 하는 좌석을 선택할 수 있으며 또한 항공사 서비스센터나 지점을 방문해 도 사전 좌석배정 서비스를 받을 수 있다. 일등석(first class)과 프레스 티지석(business class)은 출발 24시간 전까지 가능하며, 일반석은 출발 48시간 전까지 신청해야 한다.

3) 수하물(baggage) 탁송 및 휴대

일반적으로 수하물을 미국은 baggage, 영국은 luggage라고 한다. 여행 짐은 항공사에 맡길 짐(baggage claimed)과 본인이 직접 기내에 들고 들어 갈 짐(carry-on baggage)으로 구분해서 짐을 꾸린다. 이때 해당 항공편의 무료 수하물 허용량을 체크하여 가방의 크기나 무게에 신경을 써서 짐을 싸 야 한다. 쉽게 깨지거나 잘 구겨지는 물건은 기내에 들고 들어가도록 별도로 준비한다.

◈ 무료 수하물 허용량(free baggage allowance)

항공사 노선마다 무료로 수하물을 실을 수 있는 범위를 제한하고 있 다. 미국 발착편에는 서류가방 등 수하물의 크기와 무게로 제한하고, 기 타 다른 항공편은 일정한 중량으로 정하고 있다. 또한 초과중량(excess baggage)은 1kg마다 어른 편도 운임의 1%를 지불하여야 하므로 짐을 꾸릴 때 유의해야 한다. 그리고 스키용품이나 골프가방 및 1m 이내의 악 기 등은 한 개의 수하물로 취급한다는 것을 명심해야 한다.

◈ 기내 휴대물품

기내의 공간제약 때문에 크기나 수에 제한이 있으므로 사전에 항공사 에 확인을 해야 한다. 휴대 수하물을 본인 좌석 밑이나 선반 위에 보관하 고 주의가 필요한 물건은 승무원에게 보관 협조를 구한다. 항공기 비상시 를 대비해서 비상구 입구나 복도에 짐을 놓아두어서는 안 된다. 또한 헤 어스프레이 같은 폭발성 물질이나 스위스 나이프 등은 기내에 반입되지 않으므로 유의해야 한다.

4) 세관(customs) 신고(휴대품 반출신고)

고급 카메라, 시계, 귀금속류 등 고가품이나 귀중품을 휴대할 경우, 세관 담당자에게 여권, 탑승권을 제출하면 휴대물품 반출 확인 신고필 스탬프를 찍어준다. 이 서류는 잘 보관했다가 귀국 및 재입국 세관신고 시 신고품목에 대한 면세조치를 받는다. 반드시 휴대품 반출신고를 하여 귀국 시 불이익이 없도록 한다.

5) 출국심사(immigration)

세관검사와 보안검색을 마친 후에는 출국심사대에서 출국심사를 받는다. 여권과 탑승권을 제출하면 여권 만기일과 비자 유효 여부 등 출국 요건에 적합한지 판단하고 날인을 해준다. 공항의 심사관은 최종적인 출입국 허가권자이므로 정중하고 명료한 태도로 임해야 한다.

6) 검역(quarantine)

검역심사는 출입국자의 전염병 예방 접종에 대한 체크 이외에도 동식물 반입여부를 신고하는 곳이다. 북미나 유럽, 일본은 예방 주사를 맞지 않아도 되나, 동서남아시아, 중동, 남미, 아프리카 등으로 여행하는 사람은 예방접종을 해야 한다.

7) 면세물품 인도

시내 도심 면세점에서 구입한 면세품은 국제선 청사 출국장 중간에 있는 면세물품 인도장에서 항공기 탑승 전에 찾을 수 있다.

8) 항공기 탑승

모든 수속이 완료되고 나면 보딩패스에 적혀 있는 탑승구에서 탑승하면 된다. 보통 항공기 출발 30분 전부터 탑승을 시작하나 승객의 수에 따라 다르며 만석일 경우 40분 전에 탑승하는 경우도 있다. 또한 항공기 접속 및 정비 등으로 출발이 지연되는 경우가 있으므로 항상 출발안내 방송에 귀를 기울이거나 모니터에서 보딩시간을 확인하고 대기하도록 한다. 탑승순서는 항공사의 규정에 의해 정해진다. 통상 장애자, 노약자 및 어린이를 동반한 승객, 일등석 승객, 비즈니스 승객, 일반석 승객 순이다.

2 도착지 입국 매너(QIC순서)

1) 입국심사 서류 준비

항공기가 목적지 공항에 도착하기 전에 승무원들이 입국에 필요한 서류(입국카드와 세관 심사용 카드)를 나누어준다. 단체는 인솔자가 써주지만 개별 여행의 경우 직접 작성해야 한다.

입국카드 내용은 이름(name), 생년월일(date of birth), 출생지(place of birth), 국적(nationality), 여권번호(number of passport), 여권 발급일(issuing date), 여권 발급처(issuing place) 및 유효기간(term of validity), 방문목적(purpose of visit), 체제일수(dates of stay), 출발지 도시명(city of origin), 도착항공편(flight No.) 체재 장소(place of stay) 등을 기록하도록 되어 있다.

서류 작성 시 주의사항은 한국식 표기인 '년/월/일'이 아니라, 월/일/년 순서로 작성하고 1~9 숫자 앞에는 0을 붙여 1월은 01로 표기한다. 그리고 성명을 기입할 때는 last name, family name, sir name 등의 칸에는 성을 기록하고, first name 칸에는 이름을 기록한다.

2) 주변 정리정돈

사용한 베개나 담요 등은 잘 접어두고 앞좌석 주머니 속의 버릴 물건 등은 승무원이 수거 시 버리도록 한다. 그리고 꺼내놓은 짐은 다시 가방에 넣어두고 내릴 짐을 다시 확인 점검한 다음 자리에 앉아 좌석 테이블과 등받침을 원위치로 하고 좌석 벨트를 맨다.

3) 착륙 후

항공기가 무사히 착륙해서 유도로를 지나 게이트 앞까지 이동하여 로딩 브리지(LB : Loading Bridge)가 연결되면 승객하기를 위해 안전한 위치에 있음을 알리는 차임벨이 울린다. 그때부터 일어나서 하기 준비를 하면 된다. 하기 시에는 탑승할 때처럼 1등석 승객, 비즈니스 승객, 그리고 일반석 승객 순으로 하기한다.

4) 입국 수속

공항청사 도착	• 검역이 필요한 국가는 Quarantine 표시 쪽으로, 그렇지 않은 국가는 Immigration 표시 쪽으로 간다.
검역(Quarantine)	• 예방접종 증명서를 제시한다.
입국 수속 (Immigration)	• 여권, 입국카드를 제시한다. • 체류일수나 방문 목적을 물을 수도 있으므로 당황하지 않는다.
짐 찾기 (Baggage Claim)	• 항공기편명의 표시가 있는 턴테이블에서 짐을 찾는다. • 짐수레(Push Cart)를 이용할 경우 다른 사람에게 방해가 되지 않도록 각별히 주의한다.
세관(Customs)	• 세관신고서를 내고 짐 검사를 받는다. • 신고품의 유무 등을 질문받을 수도 있다.

※ 국가에 따라 세관신고서가 없는 나라도 있다.

제3절 항공기 내에서의 매너

기내는 세계 각국의 풍습이 서로 다른 많은 나라의 사람들이 좁은 공간에 모여 있는 곳이므로 각 국가를 대표하는 민간 외교의 장소라고 생각하고 매너를 지켜서 행동하는 것이 중요하다. 그러기 위해서는 공동으로 사용하는 기내 시설물과 비품을 올바로 사용하고 서로 예의를 지켜 상대방의 기분을 불쾌하게 하는 일이 없어야 한다.

1 좌석과 화장실에서의 매너

1) 좌석

기내 좌석은 항공사마다 다르지만 보통 어퍼데크(2층)에 비즈니스 클래스가 있고, 메인데크(1층) 제일 앞쪽이 일등석, 그 외 뒤쪽으로 동체 끝까지가 일반석으로 되어 있다. 일반석 좌석 배열은 뒤로 갈수록 숫자가 높아지고 횡렬은 A, B, C, D…로 오른쪽 왼쪽 좌석을 구분한다. 통로가 두 개인 항공기에서는 어느 통로를 사용하면 좋은지 판단하고 이동하여 좌석을 찾도록 한다.

우선 기내에 탑승하면 귀중품을 제외한 휴대 수하물 중 무거운 짐은 좌석 밑에 가벼운 것은 머리 위 선반(overhead bin) 속에 보관하고 편안한 자리를 만들도록 한다. 좁은 기내 좌석은 불편하여 피곤해지기 쉬우므로 담요나 베개를 이용하여 편안하게 쉬는 것이 가장 좋은 방법이다. 또한 슬리퍼로 갈아 신거나 콘택트렌즈를 빼고 눈을 편하게 하는 등 컨디션 조절에도 유의할 필요가 있다.

앞좌석 등받침 주머니에는 항공사 매거진, 기내 면세품 책자, 항공기 구조 및 비상시 탈출요령 안내서가 있다.

2) 화장실 사용 매너

화장실은 이륙이나 착륙 중에는 사용할 수 없고, 이륙해서 좌석벨트 사인이 꺼져야 사용할 수 있다. 기내 화장실은 남녀 공용이지만 최근에 여자 화장실을 별도로 설치해서 차별적으로 운영하는 항공사도 있다. 안전벨트 착용 사인이 켜져 있을 때는 원칙적으로 화장실 사용을 할 수가 없고 화장실에 있는 동안에도 좌석벨트 사인이 켜지면 빨리 제자리로 돌아가서 좌석 벨트를 매야 한다.

화장실의 사용가능 여부는 좌석에 앉아서도 통로 위의 천장에 나타나는 사인을 보면 화장실을 현재 사용하고 있는지(occupied), 비어 있는지(vacant) 등을 알 수 있다.

3) 화장실 사용 시 주의사항

① 내가 서 있는 쪽의 화장실이 먼저 비더라도 나보다 일찍 와서 화장실 입구에서 기다리는 사람에게 양보하는 것이 미덕이다.

② 화장실 문은 내부에서 잠가야 불이 들어오므로 반드시 잠그고 사용한다.

③ 화장실을 사용하고 나서는 수세용 단추(flushing button)를 꼭 누른다.

④ 세면을 빨리 끝내고 수건으로 세면대의 물기를 닦아 깨끗이 해주는 것이 상식이다. 사용한 휴지는 반드시 쓰레기통에 넣는다.

⑤ 기내가 전부 금연구역이지만 특히 화장실에서는 절대 금연이다. 화장실에는 연기감지 장치가 있어서 신호음과 함께 경고등이 켜지게 되어 있다.

⑥ 화장실 시설 및 비품(화장품, 수건, 종이컵, 일회용 시트커버, 물 내리는 버튼, 콘센트, 위급용 버튼, 쓰레기통 등)의 사용방법을 알고 사용한다.

4) 기내에서 지켜야 할 기본 에티켓

① 기내에서는 불편하더라도 좌석을 갑자기 뒤로 젖히지 말고 뒤를 돌아

봐서 젖혀도 괜찮은지 살핀 후에 조심스럽게 뒤로 젖혀야 한다.

② 식사 시에는 좌석 등받이를 반드시 원위치로 돌려놓아야 한다.

③ 식사 때 양팔을 너무 벌려서 옆사람과 부딪치지 않도록 주의한다.

④ 창가에 앉았을 경우 필요 이상으로 자리를 뜨지 않는다.

⑤ 편한 슬리퍼로 갈아 신는 것은 좋으나 맨발이나 양말 차림으로 기내를 돌아다니지 않는다.

⑥ 승무원을 부를 때는 호출 버튼을 누르거나 가벼운 손짓 또는 눈짓으로 살짝 부르는 것이 좋다. 손을 크게 흔들거나 소리쳐서 부르는 것은 삼간다. 특히 승무원이 지나칠 때 툭 치는 것은 더욱 좋지 않다.

⑦ 서비스를 받을 때는 "Thank you.", 내릴 때에도 그동안 수고해 준 승무원들에게 "Thank you." 또는 "Good-bye." 하고 인사하는 것이 예의이다.

2 기내 서비스

승객의 입장에서는 많은 항공요금을 지불한 만큼 기내에서 서비스되는 내용을 알고 요청하도록 한다. 앞좌석 포켓에 있는 항공사 기내 서비스 잡지를 보고 미리 해당 항공편에 어떤 서비스가 제공되는지 알아본다.

1) 기내식 서비스

장거리 노선의 경우 시차를 고려하여 정식식사와 스낵 등을 1일 5~7식 정도로 서비스하는 것을 원칙으로 하고 있다. 첫 번째 식사 서비스는 출발지 식사시간에 따르고 두 번째부터는 도착국의 시간에 따라 식사 서비스가 이루어지므로 시차 적응을 위해 양을 조절하며 먹는 것이 좋다. 국내선에서는 식사 서비스가 없고 국제선의 경우 통상 6시간 미만은 1회, 6시간에서 12시간까지는 2회, 그 이상 시간은 3회 서비스를 하고 있다.

① 식사시간에 따라 다음과 같은 형태의 기내식이 제공된다

기내식 형태(Meal Type)	제공시간(Serving Time)
조식(breakfast : BT)	03:00~09:00
이른 점심(brunch : BH)	09:00~11:00
점심(lunch : LH)	11:00~14:00
스낵(snack : SK)	14:00~18:00
석식(dinner : DR)	19:00~21:00
야식(supper : SR)	21:00~24:00
헤비스낵(heavy snack)	24:00~03:00

② 기내에서 주문이 가능한 특별 기내식

정규 메뉴 외에 특별주문에 의해 제공되는 기내식은 크게 종교식과 건강식으로 나누고 유아식과 어린이용 기내식도 가능하다. 출발 하루 전까지 요청하면 언제든지 가능하다.

특별식 메뉴는 30여 가지가 있으며 야채식(vegetarian meal), 유대 정교도 음식인 코셔밀(kosher meal), 당뇨병 환자, 위궤양 환자, 심장질환 환자 등을 위한 음식과 이외에도 저지방식, 저칼로리 다이어트식 등이 제공된다.

2) 음료와 주류 서비스

음료 서비스는 정식으로 식사 서비스가 시작되기 전과 승객이 휴식을 취하는 중간중간에 수시로 서비스하고 특히 승객이 요청하는 대로 서비스된다. 기내 습도는 10~20%로 매우 건조하기 때문에 수시로 음료수를 마시는 것이 좋다. 음료수는 보통 차류(커피, 홍차, 녹차 등), 주스류(토마토, 오렌지, 파인애플, 구아바 주스 등), 탄산음료(코크, 세븐업, 다이어트 코크 등) 등이 있다.

주류 서비스는 맥주, 와인, 샴페인, 스카치, 진, 보드카 등이 있다. 커피, 주스 등의 소프트 드링크는 무료이지만 알코올류는 유료로 제공하는 항공편도 있으므로 확인할 필요가 있다. 그리고 알코올의 경우 지상보다 공중에서 마실 때 알코올의 흡수가 빨라서 지상보다 두 배 이상 빨리 취하므로 각별히 유의해야 한다.

3) 기내 엔터테인먼트 서비스

기내에는 여행의 즐거움을 더하기 위해 다양한 프로그램의 엔터테인먼트 서비스를 하고 있다. 기내 영화 및 음악 감상 외에 인터넷 등 통신 서비스와 개인용 비디오 장착에 따른 오락기기 프로그램 등을 즐길 수 있다. 영화는 한 달을 주기로 교체하고 있고 음악도 승객의 국적과 연령을 고려하여 다양한 취향이 고루 반영되어 있다.

그 외에도 국내 인기 프로그램, 뉴스, 어린이 만화 등 다양한 단편물이 제공되고 화면을 통해 현재 비행고도나 이동경로 등을 실시간으로 볼 수 있는 air show를 감상할 수 있다. 또한 장거리 여행의 지루함을 덜어드리기 위해 신문, 잡지, 기내지, 신간소설, 도착국가의 관광정보 등 다양한 독서물 서비스가 제공되고 있다.

4) 기내 판매(In-Flight Sale) 서비스

승객의 선호도가 높은 술, 담배, 화장품, 향수 등 세계 유명상품을 면세가로 구입할 수 있도록 면세품을 판매하고 있다. 또한 출발 전에 예약을 통해 주문하여 기내에서 구입할 수 있는 면세품 사전 예약 제도를 실시하는 항공사도 있다. 면세품 반출 제한량을 미리 확인하고 구입하도록 한다.

③ 건강한 여행을 위한 안전수칙

1) 출발 전 과음과 과로를 피한다

여행 준비로 신경을 많이 쓰기도 하고 여행 전 주위 사람들과 식사나 음주 등으로 무리하게 되는데 여행 전에는 출발 시에 경쾌한 컨디션을 유지해야 한다. 그리고 비행기 탑승 1~2시간 전에는 위에 부담이 안 가는 가벼운 음식을 먹는 것이 바람직하다. 또한 가급적 가스가 많이 생기는 청량음료나 음식물, 소화가 잘 되지 않는 음식 등 위에 부담을 주는 음식은 삼간다.

2) 충분한 휴식과 수면을 취한다

여행에서 오는 긴장감과 스트레스뿐만 아니라 시차변경 및 환경변화로 인하여 생체리듬의 균형을 잃게 되므로 사전에 충분한 휴식과 수면을 취해 쾌적하고 안락한 여행을 할 수 있도록 신경을 쓰도록 한다.

3) 여유를 가지고 출발한다

여행 출발 당일 서두르다 보면 크게 당황하게 된다. 특히 혈압이 정상적이지 않거나 심장이 약한 사람들은 여행 전에 너무 초조한 상태로 서두르다 보면 건강이 악화될 수 있다. 공항까지의 복잡한 교통상황 및 공항에서의 혼잡한 탑승수속절차 등을 고려해서 여유 있게 출발하는 것이 좋다.

4) 기본적인 상비약을 준비한다

장거리 여행을 하면 시차로 인한 생체리듬의 불균형으로 불면증, 소화불량, 두통, 기억력 저하 등과 같은 이상증상이 나타날 수도 있고 저항력이 떨어진다. 이럴 때를 대비해서 해열제, 항생제, 위장약이나 수면제 같은 기본적인 상비약을 준비해 간다. 그리고 평소에 지병이 있는 사람은 떠나기 전 처방전을 영문 처방으로 받아 가면 외국병원에서 진찰 시 도움이 된다.

5) 이등석 증후군을 예방하기 위해 기내에서 운동을 한다

제한된 좌석에서 고정된 자세로 오랫동안 앉아 있으면 혈액순환이 다소 저하된다. 신체의 하중이 아래쪽으로 쏠려 다리의 혈관에서 정체 현상이 나타나고 혈전이 생기게 되는데 이것이 폐동맥을 막아 호흡곤란이나 심폐정지 등 폐색전을 일으키는 증상이 이코노미 증후군이다.

이 질환을 예방하려면 7~8시간 이상 비행 시 수분을 많이 섭취하고 다리를 굽혔다 폈다 하는 운동과 스트레칭을 해주면 많은 도움이 된다. 주로 통로를 걷거나, 비행기 뒷부분의 공간을 이용하여 가볍게 운동해 주는 것이 좋다. 항공사마다 승객의 건강을 위해 체조를 소개하는 브로슈어를 비치하기도 하고, 비디오 시청을 하면서 체조를 따라 하도록 하는 항공사도 있다.

제4절 호텔에서의 매너

1 숙박 절차 및 투숙 시 주의사항

1) 호텔 현관

호텔 현관에서 제복을 입고 대기하고 있던 도어맨이 문을 열어주며 맞이한다. 짐을 내리고 벨보이에게 짐을 카트에 싣게 하고 숙박계(reception, front desk, 또는 registration desk)로 간다. 벨보이가 룸까지 짐을 옮겨주고 안내해 주는 역할을 수행하므로 팁을 1~2불 준다.

2) 객실 체크인

예약을 한 경우 이름을 대고 여권을 보여주어 예약을 확인하고 객실의 종류(single, double, twin, suites), 객실의 위치(전망과 층에 따라 요금이 크게 다름)와 여러 조건들을 물어보고 원하는 대로 룸을 정해준다. 숙박신고서 양식에 성명, 주소, 직업, 도착일, 출발일, 여권번호, 생년월일 등을 기입하고 서명란에 사인을 해서 제출한다.

◈ 숙박확인증(registration confirmation)

숙박신고 절차가 끝나고 나면, 호텔에서는 방 번호, 숙박요금 등이 기입된 숙박확인증을 준다. 이 확인증은 보증금을 예치했을 경우에 영수액도 기록되어 있어 퇴실 시 제시하고 정산하면 되고 객장 내에서 식사 후 후불 사인을 할 때나, 외출 후 호텔로 돌아올 때 택시기사에게 보여주면 무사히 호텔로 돌아올 수 있다. 그리고 룸 키를 주고 아침이 객실요금에 포함된 경우 식사 쿠폰과 레스토랑의 위치를 알려준다.

◈ 체크인(check-in)과 체크아웃(check-out) 타임

체크인은 보통 2시께 시작되므로 늦어질 경우에는 사전에 연락을 한다. 만일 도착 항공기 지연 등의 이유로 호텔 도착시간이 늦게 될 경우 사전에 전화하는 것을 잊지 말아야 한다. 연락을 하지 않고 저녁 6시가 지나면 취소되는 경우가 있다. 체크아웃은 오전 11시부터 정오 사이에 한다. 시간을 초과했을 경우, 추가 할증료나 하루치의 초과요금을 지불해야 하므로 주의한다.

3) 객실요금 지급 요령

객실요금을 현금(cash)으로 할 것인지 아니면 카드(credit card)로 지불할 것인지 물어본다. 환율이 떨어지고 있을 때는 카드로 결재하고 나중에 지불하는 것이 좋지만 환율이 계속 올라가고 있을 때는 현지에서 현금으로 계

산하는 것이 유리하다. 카드로 지불할 때는 카드를 제시하면 카드번호와 유효기간을 확인한다. 현금으로 할 경우는 예약기간에 해당하는 지불 보증금을 예치(deposit)하고 체크아웃할 때 정산해서 차액을 추가로 내거나 되돌려주거나 한다.

4) 호텔 숙박 시 유의사항

① 객실의 냉·난방기를 조절해서 쾌적한 온도로 맞춰 놓고 외출한다.
② 객실 안쪽 문에 있는 비상시 대피요령과 비상구의 위치를 파악해 둔다.
③ 호텔 이용안내서를 읽어보고 식당과 부대시설의 이용시간을 알아둔다.
④ 귀중품은 객실에 두고 나가지 않는다. (호텔 측에 분실 배상책임이 없다.)
⑤ 환전은 프런트캐셔한테 24시간 연중 이용이 가능하나 수수료가 시중 은행 적용 환율보다 10% 비싼 단점이 있다. 휴일에 환전이 필요한 경우나, 급히 현지 화폐가 필요한 경우가 아니면 크레디트 카드를 사용하거나 평일에 은행을 이용한다.
⑥ 체크인과 체크아웃 시간을 알아둔다.
⑦ 호텔 룸을 나올 때는 꼭 룸 키를 소지해야 한다. 룸 키를 안에 두고 복도로 나오면 잠겨버려 난감한 경우가 생긴다는 것을 명심한다.

② 호텔의 서비스

1) 호텔의 기본 서비스

(1) Makeup service, room cleaning(룸 청소)

룸 메이드가 아침 9시부터 10시 사이에 객실의 청소 희망 유무를 체크한다. 룸 청소가 필요하면 미리 door에 걸려 있는 도어놉(door knob) 카드를 "Makeup please!" 쪽으로 보이게 룸 바깥쪽 문고리에 걸어놓으면 외출할 때 청소를 해준다. 그리고 방해를 받고 싶지 않을 때는 "Do not disturb!" 카드를 문 밖으로 내걸어 둔다.

(2) Wake-up call(모닝콜)

호텔 교환원에게 객실번호와 일어날 시간을 알려주고 깨워줄 것을 요청하면 손님이 받을 때까지 계속 전화벨이 울린다. 그러나 교환원의 실수로 call 이 오지 않는 경우도 간혹 있으니 휴대폰 알람기능을 사용하는 것이 더 정확하다. Morning Call이라고도 하지만 Wake-up Call이 정확한 표현이다.

(3) 물품 보관

체크인 시간이 남았을 때나 체크아웃 후 식당 등을 이용 시 큰 짐은 프런트 물품보관소에 보관하고 일을 보도록 한다.

(4) 휴대품 보관(clock room)

큰 짐은 아니고 작은 물건 등을 잠시 보관시킬 수 있는 곳이 클로크 룸이다. 코트, 우산, 모자, 서류가방 등 회의장이나 식당 등 부대시설 이용 시 필요하지 않은 물건은 보관하는 것이 편리하다.

(5) 운동시설(fitness center)

여행 중에도 피로 회복과 체력 단련을 위해 체력단련장, 사우나, 수영장, 조깅 코스, 골프연습장, 테니스장 등 이용해 보도록 한다. 호텔에 따라 무료인 경우도 있으며 소정의 할인된 입장료만 내는 곳도 있다.

(6) 여행안내

호텔 리셉션 데스크에서 근무하는 컨시어지(concierge)가 여행안내 등 각종 정보를 제공하는 임무를 맡고 있는 직원이다. 시티 맵이나 식당 등 관광 안내 정보를 얻을 수 있다.

(7) 귀중품 보관함(safety box)

호텔은 맡기지 않은 물건에 대하여는 객실 도난 사고에 일체 책임을 지지 않으므로 귀중품이 있을 때는 프런트에서 safety box를 개설(open)하고 고가품이나 귀중품, 현금 등을 맡겨두고 필요시 꺼내 쓰는 것이 안전하다.

2) 호텔의 부대시설 서비스

(1) 레스토랑

대개의 경우 여행 중 점심과 저녁은 외부에서 식사를 하게 되지만, 아침은 호텔에서 먹는 경우가 많다. 아침식사 요금이 호텔 객실요금에 포함된 경우(콘티넨탈식 : continental plan)와 포함되지 않은 경우(유러피언식 : european plan)의 두 가지로 구분된다.

① 콘티넨탈식 : 소프트롤, 하드롤, 크루아상과 같은 간단한 빵과 커피를 제공하며 객실요금에 포함되어 있다.

② 유러피언식 : 아침 식사요금을 별도로 계산해야 하며 미국의 일부 호텔과 일본, 동남아 지역이나 한국 호텔 등이 여기에 속한다.

특히 주의해야 할 점은 호텔에 따라 다르지만 식사요금이 포함되어 있다고 해서 식당의 조식 뷔페를 먹으면 별도로 계산되는 곳이 있다는 것을 명심해야 한다. 식사요금이 포함된 경우에도 콘티넨탈식만 해당되는지 조식 뷔페를 이용해도 되는지 꼭 확인할 필요가 있다.

그리고 식사시간은 나라마다 차이가 있다. 미국에서 아침은 보통 오전 7시부터 10시, 점심은 낮 12시부터 오후 2시, 저녁은 오후 6시부터 8시까지이다. 유럽의 경우 점심은 낮 12시부터 오후 3시, 저녁은 6시경 시작된다. 우리나라와 달리 외국은 식사시간이 아니면 식사가 불가능한 경우가 많다.

빵이나 스낵류 등 가벼운 식사를 원할 때에는 커피숍이나 카페테리아 등을 이용한다.

(2) Room service

간단한 식사와 음료 등은 객실에 비치되어 있는 룸 서비스 메뉴를 보고 전화로 주문하여 객실에서 편하게 먹을 수 있다. 아침 6시부터 밤 11시까지 이용할 수 있으며 레스토랑보다 10~15% 정도 비싸다. 청구서에 사인하고 퇴실 시 일괄 지불하면 된다. 식사 후 식기는 냅킨으로 덮은 후 문 밖에 내놓는 것이 예의다. 그리고 아침시간이 촉박할 때에는 Hanger menu(비치되어 있는 메뉴)를 이용하면 편리하다.

(3) 객실 내 미니바

객실에는 '미니바'라는 작은 냉장고 안에 각종 주류를 포함한 음료와 안주가 비치되어 있다. 사용량에 대한 체크는 매일 아침에 룸 메이드가 룸 청소 시 점검해서 호텔 요금 정산 시 계산을 한다. 품목과 가격이 적혀 있는 계산서가 냉장고 위에 있다.

(4) Laundry service

세탁물을 옷장 안에 있는 비닐주머니에 넣은 후 세탁물 의뢰서에 의류표시, 성명, 객실번호, 의뢰 일자 등을 써서 룸 베드 위에 두거나 전화로 요청을 하면 직접 가지러 온다. 오전 10시 이전에 의뢰하면 다음날 아침까지 배달이 가능하다. 급한 경우에는 세탁 의뢰표에 Express Service 또는 Same day Service라고 표기하면 당일에 되돌려 받을 수 있는데 요금은 보통 세탁요금의 2배가량 된다. 그리고 고급의류는 되도록 맡기지 않는 것이 좋다.

(5) Business service

호텔에는 business center가 있어서 사무를 보조해 주는 직원과 각종 사무용 기자재를 보유하고 typing이나 copy, fax, e-mail 등을 대행해 준다. 또한 회의장과 첨단 사무용 기기도 대여해 주고 통역, 메신저 등의 각종 비즈니스 관련 비서업무를 제공한다.

③ 호텔에서 지켜야 할 매너

1) 객실 사용 매너

객실 안에서는 라면 등 취사는 절대로 금지되어 있고 객실 안에 비치되어 있는 시설물이나 비품은 용도에 맞게 사용하고 원위치로 해두어야 한다. 또한 객실에 손님을 끌어들여 놀음을 하지 않는다. 그리고 사용한 침대는 매일 대강 정리하고 외출하도록 하고 외출 시에는 반드시 룸에 팁을 1~2불 놓아두어야 한다.

2) 화장실 사용 매너

욕실 안에 있는 비품과 소모품의 용도를 알고 올바로 사용한다.

(1) 고무매트와 바스매트

먼저 고무매트가 있을 때는 욕조 안의 미끄럼 방지를 위해 욕조 바닥에 깔아둔다. 그리고 바닥에 물기가 있을 때 지저분하거나 위험하므로 두꺼운 바스매트를 이용하여 닦거나 발바닥의 물기를 제거할 때 사용한다.

(2) 샤워 커튼과 수도꼭지 사용

샤워를 할 때는 샤워 커튼을 치고 탕 안으로 드리워 샤워할 때 탕 밖으로 물이 흘러나오지 않게 한다. 그리고 수돗물을 틀 때는 수도꼭지 코크의 위치가 어디에 있는지 확인하고 찬물부터 튼 다음 서서히 온도를 맞춰 나간다. 적당한 온도가 되면 샤워 쪽으로 튼다. 수도꼭지의 코크는 영어권 지역의 경우 H마크가 더운물, C마크가 찬물이나, 프랑스, 이탈리아 등에서는 C마크가 더운물, F마크가 찬물이므로 주의해야 한다.

(3) 수건의 용도별 사용

타월은 보통 대, 중, 소의 크기로 비치되어 있다. 가장 작은 것은 hand towel로 손을 닦고 세면대 주위에 물을 닦는 데 쓰고, 중간 것은 face towel로 세수하고 얼굴을 닦을 때나 목욕 후 사용하고, 가장 큰 것은 bath towel로 목욕 후 이용하거나 몸을 감쌀 때 쓴다.

3) 호텔에서의 공공 매너

(1) 목소리 조심

객실 내에서는 물론이고 복도, 로비, 레스토랑에서도 큰소리로 떠드는 것은 상식 이하의 행동이므로 주의한다. 특히 로비는 여러 나라의 많은 사람들이 모여 무언의 사교가 이루어지는 공공장소이므로 항상 조심한다.

(2) 행동 조심

엘리베이터를 타고 내릴 때는 다른 사람에게 양보하는 제스처를 하면서 이용하고 문이 닫히려는 순간에 뛰어 타거나 다른 사람을 밀면서 타거나 내리는 행위는 실례이다. 특히 노약자 여자나 어린아이들은 먼저 타고 내리는 것을 도와주도록 한다.

(3) 옷차림

잠옷이나 반바지, 슬리퍼 차림으로 로비나 복도를 활보하는 것은 스스로 비문화인이고 비교양인임을 드러내는 짓이므로 삼가야 한다.

4) 기타 주의사항

(1) 호텔에서 외출 시

호텔을 나서기 전에는 꼭 호텔명과 주소 및 전화번호가 적혀 있는 명함이나 메모지 등을 룸 키와 함께 지니고 나가는 것을 명심해야 한다. 외국에는 한 도시에 같은 이름의 호텔이 여러 군데 있기도 하고 외국어로 된 호텔명과 주소를 잊어버릴 우려도 있다. 또한 택시를 탔을 때 기사한테 보여주면 정확하게 데려다주기 때문에 편리하다.

(2) 체크아웃 지불 영수증 보관

퇴숙 시 미리 호텔 프런트데스크에 가서 캐셔에게 객실번호와 체크아웃 예정일정을 알려주고 계산서를 준비해 달라고 한다. 계산할 때는 숙박일수에 따른 숙박요금과 레스토랑 이용 등 부대시설 사용 시 사인한 청구서와 객실에서 사용한 미니바나 전화요금 등을 확인하고 카드전표에 사인을 한다. 캐나다처럼 외국인에게 세금환급을 해주는 국가에서는 지불한 카드전표나 지불 영수증은 잘 보관하고 귀국 후 1년 안에 세관당국에 세금환급을 요구하면 세금을 돌려받을 수 있다.

제5절 외국 음식 식탁 매너

1 일본 음식문화

일본의 가장 대중적인 요리로 가이세키 요리를 들 수 있는데 이는 메뉴에 따라 요리를 차례로 내놓는 가이세키 요리와 몇 개의 작은 상에 모든 요리를 차려놓고 한꺼번에 내는 혼젠 요리가 있다.

1) 가이세키 요리의 구성과 먹는 법

(1) 젠자이 : 전채요리

① 식욕을 돋우기 위한 음식으로 계절별 음식이 나온다.
② 무침도 수분이 있는 것이니 작은 그릇인 경우 들고 먹어도 좋다.

(2) 스이모노 : 국물류(맑은 국)

① 본격적인 요리에 들어가기 전에 입안을 산뜻하게 해준다.
② 먼저 국물을 맛본 후 내용물을 젓가락으로 떠서 먹는다.
※ 일본에서는 국물을 먹을 때 소리를 내도 예의에 어긋나지 않는다.

(3) 사시미 : 생선회

① 맛과 향을 위해 유즈, 시소, 보후 등이 같이 나온다.
② 사시미에 와사비를 약간 얹은 채 간장에 살짝 찍어 먹는다. 간장 접시를 손에 든 채 먹어도 무방하다.

(4) 니모노 : 조림류

① 보통 계절별 채소가 대부분이다.
② 아나고나 새우와 함께 나오는 경우도 많다.

(5) 야키모노 : 구이류

(6) 아케모노 : 덴푸라가 대표 음식

(7) 스노모노 : 초회

① 밥 먹기 전에 입안을 산뜻하게 하고 기분을 새롭게 하기 위한 음식

(8) 고항

① 술이 끝나면 밥이 나온다.
② 반찬을 집은 젓가락으로 다른 반찬을 집거나 밥 위에 반찬이나 소금 절임을 올려놓고 먹지 않는다.
※ 일본 음식은 반찬을 먹으면 반드시 밥을 먹는다. 밥→미소시루→반찬→밥→미소시루→밥→반찬→미소시루의 순서로 번갈아 먹는다.

(9) 고노모노 : 절임류(채소절임)

① 쓰게모노로서 소금에 절인 오이나 배추가 나온다.

(10) 구나모노 : 과일

① 껍질이 있는 과일은 처리에 유의한다.
② 멜론은 껍질이 상대방에게 보이도록 놓는다.
③ 귤은 먹고 난 후 껍질을 동그랗게 모아둔다.

2) 일본인과 술 마시는 법

① 잔을 들 때 남성은 한 손(오른손)으로 들고 여성은 왼손으로 받쳐 든다.
② 일본은 술잔에 술이 남아 있을 때 따라주는 것이 매너이다.
③ 술을 따라줄 때는 잔을 반드시 들고(한 손) 가슴 정도의 위치까지만 올린 채 받는다.
④ 술병은 오른손으로 잡는다. (여성은 두 손으로 술병을 잡고 따른다.)
⑤ 술을 전혀 마시지 못하는 경우 잔을 엎어두어도 된다. 그러나 축하의 자리에서는 삼간다. 못 마시더라도 술을 받아놓고 입술에만 살짝 대는 것도 방법이다.

3) 젓가락 사용법

① 일식에서의 젓가락 사용은 한식과 마찬가지로 기본 에티켓이다.
② 여럿이 함께하는 가이세키 요리에서는 공용 젓가락과 개인 젓가락 두 종류를 사용한다.
③ 밥공기를 들 때에는 일단 젓가락을 내려놓고 왼손으로 밥공기를 들고 나서 오른손으로 젓가락을 집는다. 그리고 밥공기를 든 채로 먹는다.

◈ 삼가야 할 젓가락 사용법
① 국물을 흘리며 입으로 가져가는 것
② 젓가락을 빠는 것
③ 그릇을 입에 대고 젓가락으로 요리를 집어넣는 것
④ 그릇 안의 내용물을 휘젓다가 원하는 요리만 가져가는 것
⑤ 젓가락으로 요리를 찔러 먹는 것
⑥ 그릇을 젓가락으로 움직이는 것
⑦ 그릇 위에 젓가락을 올려놓는 것

4) 일본 식탁 에티켓

① 비즈니스뿐만 아니라 가정에 초대되었을 때도 식사 매너는 동일하다. 일본 식탁에서는 웃어른이 나중에 착석하고 제일 먼저 일어난다.

② 대개의 경우 식사 전후에 차를 마신다.

③ 밥을 더 먹고 싶을 때는 공기에 밥을 한 술쯤 남긴 채 청하고, 한 공기만 먹는 것은 장례식장 외에는 무례한 일로 간주하므로 밥과 국은 한 번 더 청해 먹는 것이 좋다. 다 먹고 난 후에는 뚜껑을 덮어 원래대로 해둔다.

④ 국을 먹을 때는 그릇을 들고 건더기를 젓가락으로 누르며 마시고, 마실 때 소리를 내는 것은 무방하나 국에 밥을 말아먹지 않는다.

⑤ 밥 위에 반찬을 얹어서 먹지 않는다.

⑥ 자신의 젓가락을 이용해서 상대에게 음식을 건네는 것은 결례이며, 다른 사람이 젓가락으로 반찬을 집어들 때 같이 딸려 올라가는 음식을 우리는 선의로 떼어내도록 도와주는데 일본 식탁에서는 큰 결례가 된다.

⑦ 식사가 끝나면 젓가락은 처음에 세팅되었던 대로 하시오키에 놓는다.

2 중국 음식문화

1) 중식 주문 시 요령

① 술과 차의 종류를 확실히 알고 주문하면 좋다.

② 세트메뉴가 있는 식당에서는 요리를 하나하나 주문하는 것보다 세트메뉴를 주문하면 훨씬 경제적이다.

③ 4명이 넘을 때는 요리 중에 수프류를 넣는다.

④ 재료와 조리법, 소스 등이 겹치지 않도록 주문한다.

⑤ 해물, 상어지느러미, 제비집 등은 일단 가격이 비싸다는 것을 알아둔다.

⑥ 처음 이용할 때는 웨이터에게 자신의 취향을 알려주고 도움을 받는 것이 좋다.

※ 중식당 이용 시에는 6~8명이 함께하는 것이 좋다. 중국요리는 양이
  정해진 요리가 중심이 되기 때문에 여러 가지 요리를 즐기려면 여러
  명이 나누어 먹는 것이 더욱 경제적이기 때문이다.

2) 중국 식탁에서의 에티켓

① 주인이 먼저 든 후에 식사한다.

② 덜어 담는 젓가락으로 자기 접시에 덜어서 먹는다. 이때 그 자리에 있
  는 사람의 수를 고려하여 자기 몫을 적당히 더는 센스가 필요하다.

③ 젓가락 사용법은 한국 요리와 같으며, 세로로 놓거나 회전탁자 끝에 걸
  쳐 놓는 것은 에티켓에 어긋난다.

④ 렝게는 손자루가 짧은 자기 수저로 여러 가지 용도로 쓰인다. 수프를
  먹을 때 렝게만으로 먹어도 되며 국물이 있는 요리는 왼손에 렝게를, 오
  른손에 젓가락을 들고 먹는다.

⑤ 뼈가 붙은 닭고기 요리는 손에 들고 먹어도 상관없으며 뼈는 마련된 그
  릇에 담는다.

⑥ 탕요리는 수저로 떠서 담고, 흘리지 않도록 그릇을 들고 먹는다.
  중국요리는 짝수로 나오는데 나온 음식은 식기 전에 먹는 것이 중국요
  리를 먹을 때의 예의이다.

⑦ 젓가락을 사용한 후 접시에 걸치지 말고 테이블에 가지런히 놓아야 한다.

⑧ 그릇을 잡고 먹지 않는다.

3) 중국인과 술 마시는 법

① 중국에서는 술에 약한 사람이라도 같이 마셔야 하는 것이 에티켓이다. 따라주는 술을 마시지 못할 때는 약간 입술을 적시는 것만으로도 충분하다.

② 중국식 건배는 단번에 들이마셔서 잔의 밑을 상대방에게 보여주는 것이다. 특히 연회일 경우에는 계속 건배를 할 뿐 아니라 알코올도수가 높은 마오타이주가 건배에 사용된다.

③ 단, 술에 자신이 없으면 반드시 잔의 밑을 보이지 않아도 된다. 술에 취해 잘못 행동하면 그것이 더 큰 문제가 되기 때문이다.

4) 중국 지역별 음식의 종류

종류	특성	대표음식	해당지역
베이징요리 (北京料理)	– 튀김요리, 볶음요리가 많다. – 육류를 재료로 사용한다. – 면, 만두, 병(餅)의 종류가 많다.	– 베이징오리, 물만두 – 양통구이, 짜장면	– 베이징요리는 베이징을 중심으로 남쪽으로 산둥성, 서쪽의 타이완까지의 요리를 말한다.
상하이요리 (上海料理)	– 담백하고 품위 있는 요리가 주류이다. – 해산물, 생선을 주로 이용한다.	– 홍소육, 꽃빵 – 오향우육, 취개 – 뷔귀계, 생선요리	– 상하이요리는 중국의 중부지방 대표요리로 난징, 상하이, 쑤저우, 양저우 등이 여기에 속한다.
광둥요리 (廣東料理)	– 뱀에서 개에 이르기까지 모든 재료를 구사한다. – 산뜻한 맛이 특징이다.	– 음차와 죽, 광둥면 – 광둥식 탕수육 – 상어지느러미찜	– 광둥요리는 광주를 중심으로 한 중국 남부지방 대표요리로 홍콩요리도 포함된다.
쓰촨요리 (四川料理)	– 겨울의 추위를 이기기 위해 향신료를 많이 쓴다. – 매운 요리 발달	– 마파두부 – 새우칠리소스 – 새우누룽지튀김	– 쓰촨요리는 양쯔강 상류 산악지방의 사천을 중심으로 한 윈난, 구이저우 지방의 요리를 일컫는다.

제13장 일상생활 매너

제1절 레스토랑 매너

1 레스토랑 예절

1) 예약

　전화로 예약을 하되 보통 남자 이름으로 예약한다. 예약 시 이름, 연락처, 일시 및 참석자 수를 알린다. 그리고 6인 이상이면 메뉴에 대해 사전에 협의해 두는 것이 좋다. 예약은 적어도 2주 전에 하고 전날 예약을 재확인한다. 예약시간은 반드시 지키도록 하고 변경사항이 발생할 때는 바로 연락하고 사정이 있어서 조금 늦을 경우에도 미리 전화로 알린다.

　예약 시 함께 식사할 사람의 취향과 호스트의 경제적인 면을 고려해서 미리 메뉴를 생각해 둔다. 또한 가격을 물어보고 지불방법(크레디트 카드 또는 현금)도 미리 결정한다. 예약한 날이 특별한 날(생일, 결혼기념일 등)일 경우에는 모임의 성격에 대해 레스토랑에 미리 알려주면 레스토랑에서 케이크나 축하송 등 특별서비스를 준비해 줄 수 있다.

2) 식당에서의 매너

(1) 착석할 때

식당에 들어가기 전에 식당 앞에 마련되어 있는 보관소(cloak room)에 서류가방이나 외투 등을 맡기고 여성은 핸드백만 휴대한 채 레스토랑이나 리셉션장에 들어간다. 고급식당은 식당 입구에서 예약상황을 말하고 종업원의 안내를 받아 지정된 좌석으로 간다.

착석 시에는 종업원이 의자를 빼어 권하는 자리가 상석이다. 주빈이 남녀 둘일 때는 여성이 상석에 앉는다. 남자는 자기의 오른쪽 여성이 자리에 앉는 것을 도와준 다음 자리에 앉도록 한다.

◈ 상석과 말석 구분

상 석	말 석
• 웨이터가 먼저 빼주는 자리 • 입구에서 먼 곳 • 벽을 등진 곳 • 전망이 좋은 곳	• 통로나 출입문에서 가까운 곳 • 벽 또는 출입문이 바라보이는 곳

◈ 상석과 말석에 앉는 사람

상석에 앉는 사람	말석에 앉는 사람
• 여성(특히 나이 많은 여성) • 외국손님 • 처음 초대된 손님 • 사회적 지위가 높거나 유명한 분	• 주인 • 주인의 가족 및 친척

상석은 벽을 등지고 앉는 자리, 정원 등 전망이 보이는 자리, 문에서 먼 자리를 말하며, 식당 안에서 어느 좌석이 상석인지 이러한 조건을 따져 선택하여 귀빈을 앉게 해야 한다. 창가나 무대, 레스토랑 내부가 잘 보이는 곳은 문에서 가깝더라도 상석이다.

(2) 자리 배치

부부는 원칙적으로 떨어져 앉고 호스트와 호스티스는 테이블을 사이에 두고 마주 앉는다. 그리고 나머지 사람들은 남성과 여성이 교대로 섞어서 앉는다. 주빈이 남성일 경우에는 호스티스의 오른쪽에, 여성일 경우에는 호스트의 오른쪽에 앉는다.

5	3	1	호스티스	2	4	6
6	4	2	호스트	1	3	5

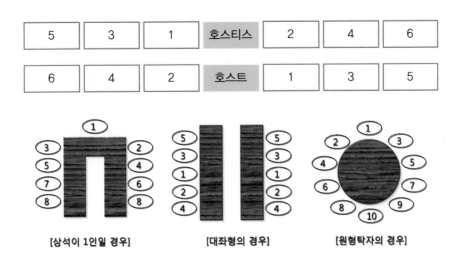

[상석이 1인일 경우]　　[대좌형의 경우]　　[원형탁자의 경우]

(3) 손가방 등 소지품 보관

여성에게 화장품이나 손수건 등을 넣어 갖고 다니는 손가방은 필수품으로 식당에 들어갈 때에도 들고 들어간다. 이 손가방은 의자와 자기 등 뒤 사이에 놓거나 부피가 작은 것은 양 무릎 위에 높고 냅킨으로 덮어도 좋다. 식탁 위에 놓는 것은 보기에도 안 좋고 서비스에도 방해가 되므로 올려놓지 않는다. 이것저것 다 불편하다고 생각이 들면 의자 밑이나 의자 옆의 바닥에 놓는다.

(4) 음식 값 치르기

① 음식에 대한 계산은 커피 혹은 식후주를 거의 다 마신 뒤 앉은 자리에

서 한다.

② 웨이터와 눈을 맞춘 후 계산을 하고 싶다는 신호를 보내면 계산서를 가져온다. 계산서에 "Pay the cashier"(계산대에서 치르세요.)라고 특별히 적혀 있지 않는 한 식탁에서 웨이터에게 음식 값을 내는 것이 원칙이며, 돈을 내기 전에 계산서가 맞는지 한번 살펴보는 것이 좋다.

③ 식탁 매너는 음식 값까지 다 치러야 식사가 끝난 것으로 간주된다. 따라서 식사가 끝났다고 계산도 하지 않고 일어서는 것은 초대한 사람을 매우 당황하게 한다.

④ 현찰로 음식 값을 치를 때는 가기 5분 전에 미리 계산하고 손님과 함께 나가는 것이 에티켓이다.

② 공연 관람 매너

1) 공연 전 매너

(1) 예약

전화로 크레디트 카드 번호를 불러주고 예매하는 방법과 인터넷으로 직접 구매하거나 또는 Ticket agency를 통해 구입하는 방법 등으로 사전 예약하도록 한다.

(2) 복장

원래 연미복과 이브닝드레스 차림이었으나 오늘날에는 턱시도 혹은 정장(Formal suit)과 디너 드레스나 칵테일 드레스로 간소해져 가고 있다.

(3) 도착

① 공연 시작 10분 전쯤에 도착한다.

② 공연 시작 뒤에 도착한 경우 한 곡이 끝난 다음이나 그 막이 끝날 때까지 밖에서 기다렸다가 막간(intermission)에 들어간다.

③ 외투 등은 클로크 룸에 보관한다.

④ 극장 안에서 남자는 모자를 벗으며 여자라도 뒷자리에 앉은 사람을 생각하여 벗는 것이 좋다.

2) 공연 중 매너

(1) 자리 배정 및 착석

오페라하우스의 Box석(특별석)에서는 앞쪽이 여성석, 뒷줄이 남성석이다.

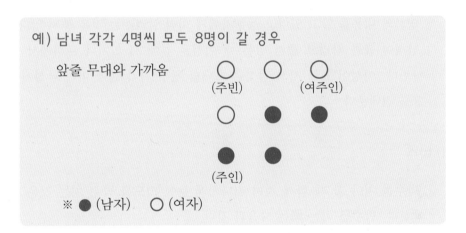

① 부부가 나란히 앉지 않는다.

② 극장에 초대한 경우, 손님의 좌석을 지정하는 것은 호스티스의 역할이다. 잘 보이는 곳을 중심으로 여성들을 나란히 앉히는 것은 좋지만 부부가 나란히 앉도록 하지 않는다.

③ 남녀 동반일 경우, 자기 자리로 갈 때는 여성이 앞에 선다.

④ 안내인이 자리까지 안내할 때는 여성이 앞장선다.

⑤ 남성이 티켓을 갖고 있는 경우 남성이 앞장서서 안내인에게 티켓을 보여주고 자리를 안내받는다. 이때 해당 좌석열까지 남성이 앞장선 뒤 그

열이 시작되는 곳에 서서 여성에게 좌석을 알려주며 먼저 앉도록 유도
한다.

⑥ 자리에 들어가거나 나올 때는 옆자리의 사람에게 "Excuse me." "Thank
you." "I'm sorry." 따위의 말을 한다.

⑦ 자리가 통로 쪽에서 멀어서 여러 사람 앞을 지나가야 할 때는 무대 쪽
으로 등을 돌리고 간다.

3) 공연 중 지켜야 할 에티켓

① 조용히 관람한다. 헛기침은 자제하고 팸플릿 등을 부스럭대며 보는 것
을 삼간다.

② 영화의 내용을 알고 있다고 동행자에게 미리 알려주는 것은 좋지 않다.

③ 남성이 표를 사려고 줄서 있을 때 여성은 곁에 서 있거나 로비에서 기
다린다. 여성이 표를 사서 남성을 초대할 경우 가기 전에 미리 남성에게
표를 건네준다.

4) 박수

① 박수를 쳐야 할 때 함께 치며 지나치게 눈에 띄도록 박수 치는 것은 자
제한다. 박수를 치는 때는 다음과 같다.
- 오페라, 연극, 발레는 막이 내린 후에 친다.
- 성악은 일반적으로 3곡마다, 기악은 마지막 악장 후에 친다.
- 판소리, 마당놀이는 언제든지 칠 수 있다.

② 영국에서는 오페라 끝의 기립박수는 드물다. (유럽과 미국에서는 일반
적인 행동이다.)

③ 특히 음악회에서는 음악이 완전히 끝날 때까지 박수를 치지 않는다.
(악장 사이에 박수는 삼간다.)

④ 앵콜은 한두 번 정도 청하면 대부분 받아주지만 받아주지 않는다고 휘
파람을 불며 고함을 치거나 소란을 피우면서 자꾸 청하는 것은 실례다.

5) 기타

① 오페라, 영화 등 정숙을 요하는 곳에 너무 어린 아이들은 주위 사람들에게 피해를 줄 수 있기 때문에 데려가지 않는다.

② 연극이 끝난 뒤 남성은 먼저 통로에 나와 함께 온 여성을 기다려 앞세운다. (붐빌 때는 남성이 앞서서 길을 터준다.)

3 사이버 예절, 네티켓(Netiquette)

회사업무를 수행할 때 정보탐색 차원에서 인터넷 사용은 절대적으로 필요하다. 이제 인터넷은 우리 생활에서 없어서는 안 되며 전 세계의 많은 인구가 동일한 시간대에 동일한 공간에서 동시에 접속하여 이용하고 있다. 따라서 인터넷 사용자끼리 온라인상에서 서로 예절을 지키지 않으면 많은 혼란이 야기될 것이다. 따라서 인터넷 에티켓을 잘 지켜 건전한 온라인 문화를 만들어야겠다. 인터넷 에티켓을 네티켓이라 하는데 이는 네트워크(network)와 에티켓(etiquette)의 합성어로 네티즌이 네트워크를 사용하면서 지켜야 할 상식적인 예절을 말한다.

1) 사이버공간의 특징

컴퓨터의 네트워크화로 컴퓨터 내에 퍼져나가는 정보세계이다. 정보화 사회를 상징하는 개념으로 현실적인 실체와 떨어진 사이버공간, 즉 가상공간을 말한다. 특정한 환경을 컴퓨터로 만들어 사용자가 실제 환경과 상호작용하듯 만들어주는 인간과 컴퓨터 간의 인터페이스를 말한다.

(1) 익명성

상대의 얼굴을 직접 볼 수 있는 현실공간과는 달리 아이디를 이용해서 어떤 행위를 한 사람이 자신의 정체나 신분이 드러나지 않게 익명으로 접촉할 수 있다.

(2) 광역성

현실공간이 갖는 지역적 한계를 벗어나 세계 어느 나라 사람들과도 만날 수 있다.

(3) 신속성

전파되는 정보의 확산속도가 매우 빠르다.

(4) 자율성

누구나 다양한 정보나 지식을 만들고 자율적으로 참여하고 활동하며 자신들만의 문화를 만들어갈 수 있다.

(5) 평등성

나이나 지위에 따른 차별 없이 수평적인 의사소통이 가능하다.

(6) 개방성

사이버공간은 자유롭게 의견을 나눌 수 있도록 개발된 공간으로 특정사람뿐만 아니라 누구나 자유로운 의사소통과 참여가 가능하다.

(7) 다양성

사이버공간에는 매우 다양하고 많은 양의 정보가 있다.

2) 정보통신 윤리

이상적인 정보사회가 되기 위해 모든 사람들이 공통적으로 반드시 지켜야 할 사회적 약속, 즉 정보사회가 일으키는 윤리적 문제를 해결하기 위한 예의와 규범이다. 이는 컴퓨터에서뿐만 아니라 휴대전화 등 모든 정보통신 기기를 사용할 때에도 해당된다.

◈ 정보통신 윤리의 기본원칙

① 자신과 타인에 대한 존중(respect)

사이버공간은 익명성으로 의사소통을 하기 때문에 상대방에 대한 존중심이 쉽게 약화될 수 있으므로 비록 눈에 보이지 않더라도 상대방의 실체나 견해를 적극적으로 존중하려는 자세가 필요한 공간이다. 정보통신 윤리의 원칙으로서의 존중은 먼저 자기 자신에 대한 존중을 의미하고, 그것은 우리 자신의 생명과 몸을 가치를 지닌 것으로 대우할 것을 요구하는 것이다.

따라서 사이버공간에 빠져 자신의 몸을 돌보지 않는 것은 자기 자신에 대한 존중을 위배하는 것이다. 또 다른 하나의 존중은 타인에 대한 존중을 뜻하며, 특히 타인의 지적재산권, 사생활, 다양성 등을 인정하고 존중하는 것을 의미하고 모든 다른 사람들을 자신과 똑같은 존엄성과 권리를 가진 인간으로 대우할 것을 말한다.

② 책임의식(responsibility)

서로를 보살피고 배려해야 할 우리의 적극적인 책무를 강조하는 것이다. 사이버공간에서는 통일적 정체감과 역할의 상실에 따른 책임 회피가 쉽게 일어날 수 있으므로 현실 세계보다도 더 높은 수준의 책임의식이 요구된다.

③ 기본적 자유와 권리 보장

정의란 모든 인간이 자율적 의지로서 공정하다고 인정할 수 있는 기준이어야 한다. 이를 사이버공간에 적용하면 모든 인간은 개인의 기본적 자유를 최대한으로 펼칠 동등한 권리를 갖고 있고, 또한 공평하고 동등한 기회와 자유로운 분위기가 보장되지만 능력차이로 인한 결과에 대해서는 차등의 원리에 따라 그에 적합한 보상을 해야 한다는 것으로 해석될 수 있다.

그러므로 사이버공간에서 각자는 자신이 제공하는 정보의 진실성, 완전성, 공정한 표현을 추구해야 하며 타인의 기본적 자유와 권리를 침해하지 않아야 한다.

④ 타인에 대해 해악의 금지(non-maleficence)

해악금지란 남에게 피해를 주지 않으며 타인의 복지에 대해 배려하는 것을 의미한다. '남에게 해로움을 주지 말라'는 소극적 의미에서의 해악금지는 흔히 '최소한의 도덕'으로 통하고 있다. 적극적 개념으로서의 해악금지란 우리가 다른 사람의 복지를 증진시키는 방식으로 행동해야 한다는 것을 뜻한다.

사이버 성폭력, 크래킹, 바이러스 유포 등의 행위는 타인에게 명백하게 해를 끼치는 것이므로 마땅히 지양해야 할 행동이다. 정보기술의 특성상, 사이버공간에서의 비도덕한 행동은 불특정 다수에게 엄청난 피해를 준다. 따라서 사이버공간이 아름다운 공간이 되기 위해서는 해악을 금지해야 한다.

3) 온라인 예절

(1) 메일 사용 예절

직장에서의 메일은 공적인 업무연락이나 업무협조 수단으로 많이 사용된다. 따라서 비즈니스에 적합한 단어를 사용하고 내용은 간결하게 핵심 용건만 요점으로 정리해서 문서를 보낸다는 마음으로 전달하도록 한다. 그리고 수신된 메일에 대해서는 반드시 답신을 하는 것을 원칙으로 해야 한다. 또한 메일은 상대방의 개인정보가 담긴 만큼 제3자한테 노출되지 않도록 하여 상대방을 보호하고 메일 내용에 대해서는 보안유지를 할 필요가 있다.

(2) 인트라넷의 커뮤니티 공간에서의 예절

사내 통신망을 통해 게시판이나 공지사항란에 정보를 게재할 때나 의견을 올릴 때에도 인터넷 예절을 지키는 것이 좋다. 인터넷 메신저, 각종 동호회, 홈페이지 가입활동 등의 커뮤니티는 현실공간만큼 강력한 결속력을 줄 수 있다. 하지만 커뮤니티 공간에서의 보이지 않는 눈과 귀가 항상 우리를 감시하고 있다.

따라서 직장 분위기에 적합하지 않은 문구를 사용하거나 지나치게 주관적인 감정에 치우친 글 등을 올리는 것은 쓸데없는 오해나 논란을 부를 여지가 있으므로 삼가야 한다. 그리고 자유롭게 의견을 개진하는 것은 순기능으로 사용하였을 경우에는 좋지만, 익명성을 악용하여 악성 댓글을 올리는 것은 타인에게 상처를 주고 명예훼손을 당할 수도 있으니 자제해야 한다.

4 회의 매너

1) 회의시간의 중요성

◈ 회의시간은 자신의 이미지를 up grade할 좋은 기회

회의란 어떤 주제나 해결할 문제를 여러 사람이 검토하여 공통된 의견으로 최종적인 의사를 결정하는 모임이라 하겠다. 따라서 참석할 때는 회의가 원만히 진행되도록 최선을 다해야 한다. 특히 직장에서의 회의는 업무 전체의 흐름을 이해하는 데에도 중요하므로 출석할 기회가 있으면 적극 참가해야 하겠다.

어떤 회의든 출석하는 사람은 회의의 목적이나 토의의 주제에 대하여 직접

또는 간접으로 관련 있는 사람이 참석하게 된다. 그러므로 참석자는 반드시 토의할 과제와 자신이 질문 또는 발언할 내용을 미리 철저히 준비하는 것이 현명한 방법이다. 회의시간은 자신의 이미지를 부각시킬 수 있는 중요한 기회라는 것을 명심해야 한다.

2) 회의 참석자의 마음가짐

① 회의 진행방법과 절차, 회의의 성격, 참석자의 범위 등을 사전에 파악하고 회의 개최 10분 전까지 회의장에 도착한다.

② 개인의 주관적인 의견이나 주장이 아니고 공통된 생각과 의견을 경청하고 존중해야 한다.

③ 자신의 의견을 말할 때는 반드시 사회자의 허락을 받은 후에 진지한 태도와 정중한 자세로 말하되 듣는 사람의 입장을 생각해야 한다. 다른 사람의 인격을 침해할 만한 말은 절대로 삼간다.

④ 상대방의 의견을 잘 듣고 상대방을 인정하고 칭찬하는 데 인색하지 말아야 한다.

⑤ 발언 내용은 주제에 어긋나지 않아야 하며 발언은 되도록 간결하게 요약하여 말한다.

⑥ 질문을 받을 때에는 메모를 하면서 성의있게 대답하되 질문과 동떨어진 대답을 하면 안 된다.

⑦ 다른 사람의 의견에 무조건 동조하는 태도를 보이는 것은 삼가야 하고 또한 깊이 있게 검토해 보지도 않고 무조건 반대만 고집해서도 안 된다.

⑧ 처음부터 끝까지 아무 발언도 하지 않는 것도 올바른 태도가 아니며 참석한 이상 협의사항이 잘 해결되도록 적극 협력해야 한다.

5 여성이나 상대방 우선주의(first) 매너

1) 상대방 우선주의(you first)

① 상대방에게 폐를 끼치지 않고 편안하게 대하는 것으로 언제 어디서나 상대방을 먼저 생각한다.

② 상대방에게 호감을 줄 수 있도록 노력하는 것으로 형식상의 편안함뿐만 아니라 상대의 감정과 정서를 고려한다.

③ 상대방을 마음으로부터 존경하는 것으로 상대방의 마음을 상하게 하는 사생활에 관한 이야기는 삼간다.

④ 상대방을 먼저 생각하는 것으로 그중에서도 노인, 약한 사람과 여자 등을 배려하는 원칙은 서양예절의 기본이다.

2) 여성 우선주의(lady first)

① 자동차 승하차 시

탈 때는 여성을 먼저 조수석에 앉히고 문을 닫아준 다음 운전석으로 간다. 다른 여성이 먼저 탈 것을 권했을 경우에는 한마디 양해를 구하고 먼저 타도록 한다.

② 엘리베이터에서

엘리베이터를 탈 때도 여성이 먼저다. 남성은 문이 닫히지 않도록 바깥에 있는 버튼을 눌러준다. 내릴 때도 물론 여성이 먼저 내린다.

③ 여성이 자리에 앉을 때

여성이 자리에 앉을 때 의자를 빼주거나 앉기 쉽게 밀어주는 역할도 남성이 한다. 여성이 자리를 뜰 때도 세심한 배려가 필요하다.

④ 음료를 대접할 때

사교의 장에서는 음료나 커피, 칵테일까지도 여성부터 먼저 대접한다.

⑤ 에스컬레이터와 계단 이용 시

여성이 미끄러져 떨어지지 않도록 남성은 여성 뒤에서 올라간다. 내려갈 때는 남성이 먼저 내려간다. 단 남성이 안내할 경우에는 나란히 걸어가거나 남성이 앞서서 가도 된다.

⑥ 문을 열고 닫을 때

문을 열 때도 남성이 열고, 문을 닫을 때도 남성이 한다. 단 회전문은 반대로 남성이 먼저 밀면서 나가서 여성이 나오는 것을 도와준다.

6 승차 매너

자동차, 기차, 항공기 등을 타고 내릴 때에도 승차 순서가 있고 승차 매너가 있다. 잘 숙지해서 상사나 웃어른을 모시고 탑승이나 하차 시 매너를 지켜야겠다.

1) 자동차

① 차 주인이 직접 운전할 경우, 반드시 운전석 옆에 한 사람은 타야 한다. 세 사람이 탑승할 경우 상석은 운전석 옆자리, 다음은 운전석과 대각선 뒷자리, 그 다음은 운전석 뒤에 앉는다.
② 택시나 자가용 기사가 있는 경우, 운전사와 대각선 뒷자리가 상석이고, 그 옆이 두 번째, 운전석 옆자리가 세 번째, 뒷좌석 가운데 자리가 마지막 좌석이 된다.

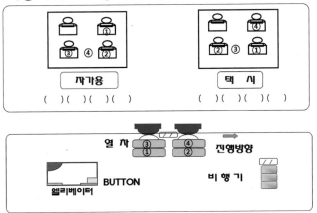

③ 운전사의 부인이 탈 경우는 운전석 옆자리가 부인의 자리가 된다.

④ 지프차의 경우 운전석 옆자리가 반드시 상석이다.

⑤ 승차 시에는 상위자가 먼저 타야 하고 하차 시에는 하위자가 먼저 내리는 것이 매너다.

⑥ 여성이 스커트를 입고 있는 경우, 상석의 위치와 관계없이 뒷좌석 가운데 앉지 않도록 배려해 주는 것이 매너다.

⑦ 여성은 자동차를 탈 경우 몸이 먼저 들어가는 것이 아니라 차 밖에서 차 좌석에 먼저 앉고 다리를 모아서 차안으로 들여놓는 것이 좋고 내릴 때도 앉은 채 다리를 차 밖으로 내놓고 나오는 것이 좋다.

2) 기차

기차 안에서는 두 좌석 중 창가 쪽이 상석이다. 네 좌석이 마주보고 앉는 좌석에서는 진행방향의 창가 쪽이 상석이고 맞은편이 두 번째이고 상석의 옆자리가 세 번째가 되며 상석의 대각선 좌석이 말석이다.

기차 안은 공공장소이므로 사람들이 이동하는 복도나 출입구 등 통로에 기대어 서 있거나 큰 가방을 놓아 통행에 불편을 초래해서는 안 된다. 그리고 대중이 이용하는 장소이므로 큰소리로 떠들거나 음식을 먹어 냄새가 나게 해서 다른 사람들의 기분을 상하게 하는 일이 없어야 하겠다. 또한 조용히 쉬고 싶은 사람에게 방해가 되지 않도록 옆사람을 팔이나 다리로 건드리지 않도록 정숙한 자세로 자리에 앉아 있어야 한다.

3) 항공기

항공기를 타고 내릴 때는 상급자나 연장자가 나중에 타고 내릴 때는 먼저 내리는 것이 올바른 순서이다. 그리고 객석 양측 창문가 좌석(window seat)이 상석이고, 통로 쪽이 차석, 상석과 차석 사이의 좌석들이 하석이다.

기내에 들어가면 지정된 좌석에 앉고 무거운 짐은 자신의 좌석 밑에 두고 양복이나 코트 등 가벼운 것은 선반에 넣는다. 항공기가 기류 변화로 흔들릴 때 떨어져 다치거나 깨지기 쉬운 물건은 좌석의 밑이나 승무원에게 별도로 보관해 줄 것을 의뢰한다.

그리고 기내에서는 금연이나 좌석벨트 착용 등 기내 규칙을 준수하도록 하며 공공장소이므로 양말을 벗는다든지 큰소리로 이야기한다든지 해서 다른 사람들에게 방해가 되어서는 안 된다.

4) 대중교통

자리가 정해져 있지 않은 버스나 지하철 등의 대중교통 수단을 이용할 때는 노약자나 여성에게 자리를 양보하는 것이 에티켓이다. 요즈음은 노인분들이 지하철을 많이 이용해서 경로석이 부족하다. 일반석이라도 웃어른에게는 좌석을 양보하는 미덕을 지녀야겠다.

버스나 지하철이 많이 붐빌 때 동행한 여성이 있다면 여성이 먼저 안전하게 탈 수 있도록 도와준 후에 타야 하고 승차 후에도 여성이 자리에 앉고 난 후에 앉는 것이 매너다. 만일 다른 승객이 동행한 여성에게 자리를 양보해 주었다면 그녀를 대신해서 목례로 사의를 표하는 것이 바람직하다.

또한 대중교통을 이용할 때는 음식물을 가지고 타서는 안 되며 특히 냄새가 나는 음식물이나 엎지를 위험이 있는 음료수는 더욱 안 된다. 큰소리로 떠들며 웃거나 전화 통화로 인해 피해를 주는 일이 없어야겠다.

7 경조사 매너

1) 축하 및 감사의 선물

(1) 선물할 때 주의사항

① 선물을 하는 데는 적절한 시기가 있다. 추석 · 설날 등 명절선물은
  5~15일 이전에 전해지도록 한다.
② 선물 목적에 걸맞은 금액의 선물을 전한다.
③ 상대방의 취향에 맞는 것, 꺼리는 사항이 있는지를 미리 알고 준비한다.
④ 선물로 받은 것을 다시 남에게 선물해서는 안 된다.
⑤ 바겐세일 등 너무 싼 선물은 차라리 안 하는 것이 낫다.
⑥ 선물은 카드에 간단히 인사의 말을 써서 함께 포장해서 전달한다.

(2) 선물할 때의 마음가짐

① 명절 선물을 받았을 경우 메모나 전화로 고맙다는 마음을 전한다.
② 윗사람으로부터 받았을 경우엔 답례를 하도록 한다.
③ 보답과 관련된 선물이거나 받고 싶지 않은 곳으로부터의 선물은 거절해
  도 좋다. 단 선물을 개봉하지 않고 거절의 사유를 적어서 정중히 사양한
  다고 보낸다.
④ 자신의 선물에 대해 상대방의 답례는 기대하지 않는다.

2) 병문안 시 매너

(1) 유의할 점

① 수술날짜나 검진일, 퇴원예정일 등을 고려해서 방문할 시기를 잘 잡는 것이 중요하다.

② 중환자일 경우 면회상황을 확인하고 면회사절 중에 있을 때는 나중에 상태가 호전되었을 때 다시 방문한다.

③ 호흡기 질환 환자에게는 꽃을 가져가지 않는다.

④ 출산한 집이나 상태가 위급한 환자를 방문할 때는 물건을 4개 가져가지 않는다.

⑤ 병문안은 되도록 짧게 하고 적절한 위로의 말을 전한다.

⑥ 문병시간은 회진시간을 피하여 되도록 병원에서 정한 시간을 준수하도록 한다.

(2) 인사말

① 사고를 당하셨다는 소식 듣고 무척 놀랐습니다. 이만하기가 다행입니다.

② 우환이 있으시니 얼마나 걱정이 되십니까?

③ 요즈음은 병환이 좀 어떻습니까? 차도는 좀 있으신지요?

④ 이전보다 많이 안색이 좋아 보이십니다. 곧 완쾌되시리라 믿습니다.

3) 문상 매너

주변의 사람이 상을 당했을 경우는 부득이한 경우가 아니면 조문을 가도록 한다. 특히 가까운 친지나 친구가 상을 당했을 경우는 가급적 빨리 상가에 가서 상제들을 도와 장례 준비를 함께하는 것이 좋다. 그리고 가까운 사이일수록 정중하게 조상하는 예절을 지키도록 한다.

(1) 유의할 점

① 조문객의 옷차림은 남성의 경우 검정색 양복에 검정 타이가 원칙이다. 그러나 부득이한 경우 감색이나 회색 복장도 실례가 되지 않는다. 여성은 검정색 슈트를 입고 가급적 가방이나 구두도 검정으로 통일시키고 색채 화장은 피하는 것이 좋다.

② 문상은 되도록 입관이 끝나고 난 다음에 가는 것이 좋다. 상가에 도착하면 코트 등은 벗어 들고 들어가고 상제에게 목례 인사한다.

③ 고인의 영좌 앞에 고객 숙여 분향을 한 다음 절이나 기도 또는 묵념을 한다.

④ 종교에 따라 맞절을 하거나 그냥 자리에 서서 상제와 잠시 슬픈 마음을 위로하는 애도의 이야기를 나눈다.

⑤ 유족에게는 말을 많이 시키거나 술을 많이 권하거나 하지 않는다.

(2) 인사말

① 상사에 어떻게(무어라) 말씀드려야 할지 모르겠습니다.

② 얼마나 망극(애통)하십니까? 삼가 조의를 표합니다.

③ 인자하신 모습을 못 뵙게 되어 참 안타깝습니다.

④ 건강하신 모습을 뵈었는데 안타깝습니다.

⑤ 고인의 명복을 빕니다. 장지는 어디로 정하셨습니까?

⑥ 호상일 경우 : 천수를 다하셨습니다. 호상입니다.

(3) 조의금

조의금은 문상을 마친 후 물러나와 부의함에 직접 넣는다. 상주에게 직접 건네는 것은 결례이다. 부의는 상부상조하는 전통적인 미풍양속으로 형편에 맞게 성의를 표하는 것이 중요하다. 무리를 하거나 과도한 금액을 하는 것은 부담스럽기도 하지만 결례가 된다.

봉투에는 일반적으로 부의(賻儀)라고 쓰는 것이 일반적이나 근조(謹弔) 또는 조의(弔意)라고 쓰기도 한다. 봉투 안에는 단자(單子)를 쓴다. 단자란 부조하는 물건이나 수량, 이름을 적은 종이를 말하고, '금(金)00원', 부조하는 사람의 이름, 이름 뒤에 근정(謹呈)이라 쓴다. 방명록에 이름을 기입하고 조의금함에 부의 봉투를 넣는다.

참고문헌

강인호 외, 글로벌 매너와 이해, 기문사, 2013.
곽봉화, 직장예절, 새로미, 2012.
김경호, 이미지 메이킹의 이론과 실제, 높은오름, 2010.
김두헌 외, 경호의전 비서학, 한올출판사, 2009.
남혜원 외, 서비스 시대에 필요한 기본 매너와 이미지 메이킹, 새로미, 2012.
미래서비스 아카데미, 서비스 매너, 새로미, 2012.
박소현 외, 커뮤니케이션 예절, 새로미, 2011.
성연미, 사랑받는 아나운서에겐 뭔가 특별한 것이 있다, 아라크네, 2013.
손일락 외, 비즈니스 매너의 이해, 한올, 2009.
유정아, 유정아의 서울대 말하기 강의, 문학동네, 2009.
이준재 외, 고객감동 서비스 & 매너 연출, 대왕사, 2012.
이향정 외, 글로벌 매너 글로벌 에티켓, 백산출판사, 2010.
조영신 외, 항공객실업무론, 한올, 2012.
William B. Martin, 고객서비스업무의 실제, 한올, 2012.
http://cafe.daum.net/tactically/fnBG/6?q=%C6%D0%BC%C7%C0%FC%B7%
        AB&re=1

■ 저자 소개

장순자

- 동신대학교 항공서비스학과 교수
- 대한항공 여승무원 동우회 이사(28대 회장)

- 한국항공대학교 일반대학원 항공경영학과(경영학박사)
- 한국항공대학교 항공경영대학원 관광경영학과(경영학석사)
- 한국외국어대학교 영어교육학과(문학사)
- 송호대학교 항공서비스학과 학과장
- 인하공전, 재능대학교, 한국외국어대학교 대학원 강사
- 평창동계올림픽 및 여수박람회 관련 특강 등
- 호텔신라 영업기획팀
- 대한항공 객실부(최선임 승무원)
- 한국공항공사 의전팀장 및 홍보실장(1급)
- 국내외 대통령 의전수행
- ICAO총회 등 다수 국제회의 대표단 참석
- 공무원 및 공기업 신입사원 채용 면접관
- 대한민국 여성항공협회 이사
- 대한관광경영학회 이사

〈수상 및 자격증〉
- 국토교통부장관상 수상
- MOT 컨설턴트(한국생산성본부)
- 서비스아카데미 강사(한국생산성본부)

〈저서〉
- 최신항공업무의 이해

저자와의
합의하에
인지첩부
생략

서비스매너

2014년 3월 10일 초판 1쇄 발행
2022년 1월 30일 초판 6쇄 발행

지은이 장순자
펴낸이 진욱상
펴낸곳 백산출판사
교 정 편집부
본문디자인 편집부
표지디자인 오정은

등 록 1974년 1월 9일 제406-1974-000001호
주 소 경기도 파주시 회동길 370(백산빌딩 3층)
전 화 02-914-1621(代)
팩 스 031-955-9911
이메일 edit@ibaeksan.kr
홈페이지 www.ibaeksan.kr

ISBN 978-89-6183-885-6 93980
값 23,000원